BIBLIOTHÈQUE SCIENTIFIQUE CONTEMPORAINE

LES THÉORIES ET LES NOTATIONS

DE LA

CHIMIE MODERNE

IMP. GEORGES JACOB, — ORLÉANS.

LES THÉORIES ET LES NOTATIONS

DE LA

CHIMIE MODERNE

PAR

ANTOINE DE SAPORTA

Avec une Introduction

PAR C. FRIEDEL

de l'Institut

PARIS

LIBRAIRIE J.-B. BAILLIÈRE ET FILS

19, RUE HAUTEFEUILLE, PRÈS DU BOULEVARD SAINT-GERMAIN

1889

Le présent ouvrage, fait pour répandre en France la connaissance et l'usage des théories et des notations nouvelles de la chimie, mérite un bon accueil de la part du public instruit auquel il s'adresse.

Par une singularité qui n'est pas d'ailleurs sans exemple dans l'histoire de la science ni dans celle de l'industrie française, une théorie dont les fondements premiers sont d'origine nationale a la plus grande peine à prendre pied chez nous. Alors que toutes les nations étrangères l'ont adoptée, l'ont fait entrer dans l'enseignement courant, et ont profité de l'essor qu'elle a contribué à imprimer aux recherches chimiques, elle rencontre encore chez nous une opposition fondée sur quelques objections bien faibles, mais beaucoup plus en réalité sur des habitudes avec lesquelles il est, nous le comprenons, pénible de rompre. Toujours est-il que, si la chimie française ne veut pas s'isoler derrière les vieilles notations comme derrière une muraille chinoise, si elle veut pouvoir comprendre la presque totalité des mémoires qui se publient à l'étranger et se faire comprendre elle-même, il faut qu'elle adopte un langage devenu universel et qui correspond à l'état actuel de la science.

D'ailleurs, les théories modernes ne sont pas seulement un admirable instrument de travail pour les chercheurs; si leur fécondité s'affirme chaque jour par les découvertes nouvelles qu'elles fournissent à ceux qui les prennent pour guides, elles sont en même temps un aide puissant dans l'enseignement.

Groupant les faits en une synthèse grandiose, coordonnant certaines propriétés physiques importantes avec les propriétés chimiques, elles fournissent du monde si varié et si riche des éléments et de leurs combinaisons un tableau fait pour satisfaire l'esprit, pour se graver dans la mémoire et pour parler à l'imagination.

On reproche souvent à la chimie d'être une science où la mémoire joue un rôle presque exclusif aux dépens du raisonnement. Toutes les sciences expérimentales font forcément une large part aux faits et, par conséquent, à la mémoire; mais, à mesure qu'elles progressent, des données de l'expérience en plus grand nombre se relient entre elles par des lois, et la connaissance des détails isolés perd de son importance relative; les grands linéaments se dessinent plus nettement, et l'esprit sent qu'il domine la matière au lieu d'être accablé sous le poids de ce qui lui semblait un chaos.

C'est ce qui est arrivé pour la chimie avec les théories modernes, et l'enseignement en est actuellement plus simple, plus facile et en même temps plus fructueux, malgré l'accroissement prodigieux des matériaux accumulés dans ces dernières années grâce au travail acharné des chimistes encouragés par les résultats industriels de recherches purement scientifiques à l'origine.

Faut-il s'arrêter à l'objection, qui a été faite parfois que dans certains cas la notation ancienne est plus simple. Il est vrai; mais beaucoup plus souvent c'est le contraire qui a lieu, et lorsque la notation atomique est plus compliquée, c'est que les faits le sont eux-mêmes. Il ne sert de rien de s'éloigner de ceux-ci sous prétexte de simplifier le langage. On a dit par exemple qu'il vaut mieux écrire le sulfate de potasse SO^3KO ($S=16$, $O=8$, $K=39$) que SO^4K^2 ($S = 32$, $O = 16$, $K = 39$), et qu'ainsi l'analogie avec l'acétate de potasse $C^4H^3O^3,KO$ (en atomes $C^2H^3O^2K$) ressort plus clairement.

Mais viendra-t-il à l'idée d'un chimiste d'écrire le sulfate d'éthyle $SO^3OC^4H^5$, au lieu de $S^2O^6(OC^4H^5)$ (en atomes $SO^4(C^2H^5)^2$), sous prétexte que l'analogie avec l'éther acétique $C^4H^3O^3.OC^4H^5$ (en atomes $C^2H^3O^2C^2H^5$) ressort mieux? L'histoire entière de l'éther en question s'y oppose; ne sait-on pas que la molécule $SO^4(C^2H^5)^2$ indivisible renferme deux groupes éthyle, dont l'un peut être remplacé par un atome d'hydrogène, de manière à donner l'acide éthylsulfurique, ce qui ne se comprendrait plus avec l'ancienne notation? On voit que ce n'est pas toujours la formule la plus réduite qui est la plus simple en réalité; la meilleure, c'est celle qui tient compte de toutes les analogies, et qui permet de rappeler et de faire prévoir le plus grand nombre de réactions.

Ce qui est vrai pour le sulfate d'éthyle l'est aussi pour le sulfate de potassium et pour tous les composés analogues. Il est impossible de soumettre la chimie organique à un certain régime et la chimie minérale à un autre, et c'est une bizarrerie des plus singulières de voir, comme cela a lieu dans un de nos grands établissements scientifiques, un même professeur se servir de l'ancienne notation pour la chimie minérale et de la nouvelle pour la chimie organique. Il y a longtemps que Dumas a affirmé, avec raison, qu'il n'y a pas deux chimies, et que les lois qui président aux combinaisons minérales sont aussi celles auxquelles obéit la formation des composés organiques.

En insistant sur ces questions de notation et de langage, mérite-t-on le reproche d'attacher une trop grande importance à une affaire de pure forme? Nous ne le pensons pas. A coup sûr de bons travaux et de belles découvertes peuvent se faire en partant des points de vue les plus divers, et même, quoique ce soit là un cas rare, en l'absence d'idées théoriques quelconques. Mais il n'en est pas moins certain que les théories sont le stimulant et l'aide le plus puissant pour les recherches nouvelles; la notation, le langage chimique, n'est autre chose que le reflet des théories. Il se modifie forcément avec elles; quand elles progressent, il doit progresser en même temps. Il ne peut pas rester aujourd'hui le même qu'il y a cent ans, sous peine d'être insuffisant, comme le serait la langue du siècle dernier pour décrire les inventions de nos ingénieurs. Il n'y a d'arrêtées et d'immuables que les langues mortes, et celle de la chimie qui n'a, sans doute, pas encore atteint sa période classique, est bien vivante et bien mobile encore.

Ici, il faut distinguer les noms et les symboles. Ces derniers sont communs, ou à peu près, à tous les chimistes et suffisent pour le moment, par leurs arrangements, à représenter la manière dont nous comprenons la combinaison. Les lettres juxtaposées, avec ou sans l'intermédiaire des signes —, =, ou de points, qui indiquent des liaisons simples, doubles, etc., figurent bien les éléments unis par leurs valences, c'est-à-dire par cette propriété mystérieuse, inexpliquée, qui réside en eux et qui fait qu'ils ont une tendance à s'unir à un nombre défini d'atomes ou plutôt de valences. Pour tous les chimistes qui ont quelque habitude de les lire, les formules développées, comme on les appelle quelquefois, celles qui prétendent exprimer toutes les liaisons entre les divers atomes qui constituent la molécule d'un composé, se comprennent facilement et l'étude des divers groupements qu'elles renferment les renseigne d'une façon précise et certaine sur bon nombre des propriétés chimiques des corps.

Ces formules — la réserve a toujours été faite d'une manière expresse — n'ont pour but de représenter que les rapports de saturation réciproque des atomes, et non leur position dans l'espace. Néanmoins, MM. Le Bel et Van't Hoff ont fait connaître une relation remarquable qui existe entre la structure chimique de certains composés organiques et le pouvoir rotatoire qu'elles présentent. Tous les corps jouissant de cette action sur la lumière polarisée, qui correspond évidemment à une dissymétrie de la molécule, renferment ce que MM. Le Bel et Van't Hoff ont appelé un carbone asymétrique, c'est-à-dire un atome de carbone dont les quatre valences sont saturées par quatre atomes, ou groupes univalents différents. En se représentant l'atome de carbone comme un tétraèdre régulier, ce à quoi l'on est autorisé par l'égalité de ses quatre valences, et en plaçant à chacun de ses sommets un atome ou groupe atomique différent, on voit aisément qu'il n'existe plus pour la figure de plan de symétrie. Le pouvoir rotatoire ne s'est trouvé, jusqu'ici, que dans des corps renfermant un atome de carbone asymétrique, et parmi ceux qui en renferment et qui ne possédaient pas, en apparence, cette propriété, plusieurs ont été dédoublés par M. Le Bel, montrant ainsi que s'ils étaient neutres, c'était par compensation, c'est-à-dire par réunion en proportions égales de deux corps isomériques ayant des pouvoirs rotatoires égaux et de sens contraires.

M. Van't Hoff, et sur une échelle plus large M. Wislicenus, ont cherché, dans ces derniers temps, à appliquer le même mode d'explication à l'interprétation de certaines isoméries, comme celles des acides maléique et fumarique et d'autres composés non saturés dans lesquels se trouve un groupement analogue à celui de l'éthylène, dans lequel deux atomes de carbone tétraèdriques se trouveraient unis, non plus seulement par un sommet, mais par une arête. Il résulterait de là, étant donné deux paires d'atomes ou de groupements univalents unis de part et d'autre aux deux valences restantes de chaque atome de carbone, deux dispositons possibles et, par conséquent, une isomérie.

Des arguments assez forts ont déjà été invoqués en faveur de cette théorie ; mais elle est sujette encore à bien des objections, et il n'y aura lieu de l'admettre définitivement que lorsqu'elle aura réussi à les lever et à expliquer des faits que les formules ordinaires fondées sur la quadrivalence du carbone ne seront pas parvenues à représenter directement.

Quant au langage parlé, il est évidemment encore dans la période d'enfantement et de tâtonnement et effraye tantôt par la longueur de ses noms composés, tantôt par le nombre exagéré de ses néologismes.

Le moment n'est peut-être pas encore venu de chercher à lui donner une forme définitive. Il est évidemment impossible de traduire par le langage tout ce qu'expriment les formules développées. Au moins pour les corps quelque peu complexes, il serait absolument impraticable de leur donner un nom qui indiquât leur constitution en partant des éléments. On tomberait dans des longueurs impossibles ou dans des confusions. Il faudra de plus en plus faire ce qui se pratique déjà, mais un peu au hasard, donner un nom à un groupement atomique jouant un rôle assez important pour mériter cette distinction et réunir autour de lui toute une famille de composés construits sur le même plan et pouvant s'en dériver par substitution.

En ce qui concerne la valence des atomes, ainsi que le montre fort bien M. A. de Saporta dans son chapitre sur ce sujet, les opinions des chimistes de l'École atomique ont été diverses. M. Kekulé, qui le premier a montré tout le parti qu'on pouvait tirer de cette notion pour la coordination des composés organiques et l'explication de leurs propriétés, a affirmé que c'était une propriété invariable de chaque matière élémentaire. Wurtz, de même que l'infortuné Couper, qui découvrait simultanément avec M. Kekulé la quadrivalence du carbone et construisait dès son premier mémoire des formules rationnelles fondées sur cette considération, admirent, immédiatement par contre, que l'atomicité (c'était le nom qu'on donnait alors et qu'on donne souvent encore à la valence), était variable par degrés avec les conditions de la combinaison et la nature des atomes mis en présence. Des faits de plus en plus nombreux sont venus donner raison aux partisans de la valence variable.

On leur a reproché d'annuler le sens et la portée de la découverte de la valence. Assurément les choses seraient plus simples si chaque élément avait une capacité de saturation parfaitement constante. Mais la nature ne s'arrête pas à ce qui paraîtrait commode à nos esprits bornés ; elle se plaît, non dans l'uniformité, mais dans une infinie variété qui n'exclut pas l'ordre ; il faut nous plier à cette variété, et là où l'expérience nous dit que la valence est variable, l'admettre comme telle et chercher si elle ne varie pas suivant une loi qui puisse être déterminée. On sait encore peu de chose là-dessus, et la loi de la variation des valences par degrés pairs que l'on avait cru pouvoir établir ne peut être maintenue, témoin la série des composés de l'Azote, et d'autres éléments encore.

D'ailleurs, s'il est vrai que la théorie de la valence perde quelque chose de sa simplicité par les variations que cette quantité peut subir, il faut reconnaître que ce n'est pas beaucoup. Avec la valence invariable, il n'y aurait, en réalité, pour chaque élément qu'un type de combinaison correspondant à celle-ci, dans lequel rentreraient tous les arrangements possibles avec les autres éléments.

Avec la valence variable, le nombre des types de combinaison de chaque élément reste unique pour beaucoup et monte à deux, trois, quatre tout au plus pour les autres. On voit que si la complication augmente, ce n'est pas de beaucoup, et que le mérite reste grand à cette théorie d'avoir ramené, en principe, les innombrables variétés d'arrangements atomiques à un nombre si réduit de types différents.

Il faut s'attendre, néanmoins, à voir ceux-ci s'accroître quelque peu, lorsqu'on en viendra à étudier les combinaisons formées à très basse température; car la valence varie avec la température et est d'autant moindre que celle-ci est plus élevée; les faits de dissociation le prouvent de la manière la plus évidente. Inversement, c'est à basse température que se produisent les combinaisons moléculaires, dans lesquelles nous voyons intervenir des molécules toutes formées qui, dans la plupart des cas au moins, ne semblent pas se détruire au moment de la combinaison, mais paraissent s'unir telles qu'elles. Les lois qui président à ces combinaisons sont les mêmes que celles des combinaisons atomiques ou ordinaires; elles doivent être ramenées à une même cause, la valence, et comme on ne peut pas les expliquer par le jeu des valences ordinaires qui sont satisfaites dans les molécules entrant en jeu, il faut bien les attribuer à des valences supplémentaires, c'est-à-dire des valences résidant naturellement dans les éléments, mais ne produisant leur effet qu'à basse température et dans des conditions données. Dans l'eau de cristallisation, par exemple, le lien avec les divers éléments des sels serait fourni par deux valences supplémentaires appartenant à l'oxygène, ce que l'analogie de l'oxygène avec le soufre, lequel fonctionne assez souvent comme quadrivalent, peut très bien porter à admettre. Il faut naturellement que la contre-partie de ces valences supplémentaires se retrouve dans les éléments du sel, ce qui n'est pas non plus difficile à concevoir, ni pour les éléments métalloïdiques, ni pour les éléments métalliques.

L'explication paraît bonne et plausible, un peu trop bonne même, car elle explique si bien toutes les combinaisons imaginables qu'elle est difficilement susceptible de vérification, à l'inverse de ce qui a lieu pour les atomicités principales ou dominantes.

On voit que tout n'est pas arrêté et fini, même dans les principes les plus simples de la chimie, et que si des progrès immenses ont été faits, des résultats définitifs obtenus, de nouveaux problèmes se sont posés à chaque pas. Est-ce un mal pour l'enseignement, et faut-il regretter qu'à côté des faits et des lois parfaitement établis, il reste des parties hypothétiques, probables, douteuses, et des parties inconnues? Faut-il restreindre la science à ce qui est établi d'une manière irréfragable ?

Assurément c'est là le fondement solide sur lequel tout doit être construit. Mais les élèves se feraient une idée bien inexacte de la science en la recevant du maître arrêtée dans ses contours, répondant à toutes les objections, fixée en apparence. En se gardant avec soin de mêler le certain et l'incertain, il importe, au contraire, de montrer le doute là où il subsiste, de faire connaître les tentatives qui ont pour but d'élargir les points de vue de la science, et d'introduire ainsi les commençants dans ce domaine indéfini dont nous sentons si bien que quelques petits coins seulement sont défrichés, laissant aux chercheurs de l'avenir l'espérance d'abondantes récoltes. C'est dans l'enseignement scolastique que le *Magister dixit* pouvait suffire pour répondre aux objections. Le seul maître auquel il appartienne aujourd'hui de parler, c'est l'expérience. A elle le dernier mot. La tâche du professeur consiste à apprendre à ses élèves à l'interroger utilement et à exercer vis-à-vis de ses affirmations, comme en ce qui concerne celles des livres, le même esprit de critique sérieuse et de contrôle qui doit régner dans le laboratoire.

Dans le résumé qu'il a fait des théories modernes, M. de Saporta s'est inspiré de pensées analogues à celles que nous venons d'exprimer.

S'il a exposé, à côté de lois bien assises, des théories nouvelles, parfois un peu hasardées, il l'a toujours fait avec les restrictions nécessaires et son livre sera des plus utiles à ceux qui veulent connaître, non seulement la science qui est faite, mais celle qui s'élabore.

Il est un chapitre qu'il eût pu ajouter peut-être à son ouvrage, mais qui aurait risqué de l'allonger beaucoup : c'est celui dans lequel il aurait fait voir comment les données de la thermo-chimie, dont M. Berthelot et M. Thomsen, son émule dans cette branche de la science, ont si bien démontré l'importance, s'accordent avec la théorie atomique et la complètent. L'une fournit la mesure de l'énergie avec laquelle s'opère la combinaison; l'autre en indique certaines conditions. Elles constituent les deux grands points de vue de la chimie, qui ne doivent pas être exclusifs l'un de l'autre, mais qui se réuniront un jour, lorsque la science sera parvenue à trouver une théorie mécanique de la valence.

C. FRIEDEL,
de l'Institut.

Juillet 1888.

L'auteur de ce petit livre tient à exprimer ici sa gratitude, non seulement à l'éminent chimiste qui a bien voulu en rédiger la préface, mais encore à tous les auteurs qui l'ont éclairé de leurs conseils ou qui lui ont fourni des documents originaux : MM. Henry, Nilson et Pettersson à l'étranger ; MM. de Clermont et Lecoq de Boisbaudran à Paris ; MM. Raoult et Engel en province. Il remercie tout spécialement M. Œchsner de Coninck, gendre de feu Wurtz et lauréat de l'Institut.

ANTOINE DE SAPORTA.

THÉORIES ET NOTATIONS

DE LA

CHIMIE MODERNE

CHAPITRE PREMIER

LES LOIS FONDAMENTALES ET LES CONVENTIONS

---

§ I. — Formules de Lavoisier, Proust, Dalton, Gay-Lussac. Principes d'Avogadro et d'Ampère. Molécules et atomes.

Lavoisier, *Proust*, *Dalton*, *Gay-Lussac*. — Les grands principes qui servent d'appui aux sciences physiques en général et à la chimie en particulier, peuvent se diviser en deux classes : les *formules limites* généralement reconnues vraies tant qu'on opère grossièrement, mais d'autant moins justifiées que l'on procède avec plus de rigueur et de minutie, et les *règles mathématiques* non susceptibles de fléchir devant les expériences, si précises qu'elles soient. En physique, les lois de Mariotte et de Gay-Lussac rentrent dans la première catégorie, tandis que la formule de la gravitation universelle se rattache à la seconde. En chimie philosophique, il faut distinguer de même le principe d'Avogadro et d'Ampère, dont nous parlerons bientôt, des règles exactes de Lavoisier, Proust et Dalton, dont il va être question tout d'abord.

A l'heure actuelle, la *loi de Lavoisier* ou *des poids*, qui sert d'assise primordiale à toute la chimie, nous semble énoncer une banalité de premier ordre. Viendra-t-il jamais, dira-t-on, dans l'esprit du sceptique le plus endurci de constater que « le poids du composé égale la somme des poids des composants » et niera-t-on que huit grammes d'oxygène combiné avec un gramme d'hydrogène fournissent neuf grammes d'eau. « Rien ne se perd, rien ne se crée. » Au XVIIIe siècle, il semblait fort naturel qu'un corps, en absorbant un nouveau principe, perdit de son poids, et la célèbre doctrine du phlogistique a été longtemps en faveur, bien qu'elle exigeât une pareille transformation. L'oxyde de mercure, par exemple, devenait plus léger en passant à l'état de métal réduit, bien qu'il fût censé, dans le cours de la réaction, acquérir une dose appréciable de phlogistique ! Grâce à son esprit judicieux secondé par son adresse d'opérateur, Lavoisier n'eut pas de peine à renverser l'hypothèse nuageuse de Stahl, et, à partir de ce jour, la balance devint et est restée l'outil essentiel du chimiste, l'instrument le plus indispensable du laboratoire.

Il va sans dire que la règle des poids s'applique aux simples mélanges ou aux dissolutions comme aux véritables combinaisons chimiques et alors son évidence n'en devient que plus éclatante. Au contraire l'étude du principe suivant va nous permettre de poser un *criterium* propre à discerner l'union physique de l'association chimique.

Nous voulons parler de la loi des *proportions définies*. Elle ne s'impose pas immédiatement à l'esprit comme le précédent énoncé ; aussi n'a-t-elle été formulée que beaucoup plus tard, vers le début de ce siècle, à la suite d'ardentes controverses (1). Chose assez singulière, elle a trouvé jusqu'à ces derniers temps des détracteurs lui refusant le caractère de principe mathématique, et, circonstance encore plus bizarre, on a vu ces mêmes contradicteurs si embarrassés par les divergences qu'ils croyaient avoir observées, qu'ils demandaient instamment à leurs collègues de vouloir bien les convaincre d'erreur.

Expliquons les faits. Lorsqu'à une température donnée, celle de 10° par exemple, on dissout dans l'eau du sel de cuisine, la fusion et le mélange s'opèrent également bien, qu'il y ait plus ou moins d'eau ou de sel, pourvu toutefois que la proportion de ce dernier ne dépasse pas une limite fixe, celle qui marque le point de saturation de l'eau. La diffusion est seulement d'autant plus prompte qu'il y a plus de liquide et on peut obtenir une série de liqueurs dont la teneur en sel aille croissant ou décroissant d'un terme à l'autre par degrés insensibles. Inversement, si l'on essaie de combiner chimiquement l'iode au mercure, ce qui n'est pas bien malaisé, puisqu'il suffit de broyer le métal dans un mortier avec de l'iode en poudre arrosé d'un peu d'alcool, on ne prépare jamais que deux corps parfaitement distincts et prenant naissance séparément ou simultanément, suivant les doses d'iode et de mercure. Le vif argent domine-t-il, de façon qu'il en reste un excès, on obtient une poudre verdâtre insoluble dans l'eau, contenant 200 parties de mercure et 127 parties d'iode. Si au contraire l'iode est très abondant, l'opération fournit un beau sel rouge soluble dans un grand volume d'eau

(1) Il est assez curieux que les savants de la fin du XVIIIe siècle, dont plusieurs ont inventé d'excellentes méthodes analytiques ou en ont usé avec succès, aient méconnu une vérité sur laquelle se fondent tous les dosages possibles.

(200 de mercure, 254 d'iode). Avec des poids intermédiaires on obtiendrait un mélange des deux sels, mais un lavage à l'eau alcoolisée suffirait à les séparer. En deçà et au-delà des proportions de mercure indiquées, il reste du métal ou de l'iode inattaqué dont il est facile de se débarrasser. Cet exemple prouve que, dans le cas des composés minéraux les plus usuels, il y a discontinuité entre les diverses doses des éléments copulés et qu'à chaque individualité correspond une constitution chimique invariable. Grâce au progrès de la science et de l'art de l'analyseur on a pu étendre la loi et la généraliser dans une foule de cas où son évidence est moins manifeste (1).

On sait qu'à l'Hôtel des Monnaies de Paris, avant de transformer en pièce un lingot d'or allié de cuivre, on « essaie » préalablement le lingot dont la composition doit correspondre à cent millièmes de cuivre pour neuf cent millièmes de métal fin. L'on n'ignore pas que l'Administration tolère la présence de 2 ou 3 centièmes d'or en plus ou en moins et ne rejette l'alliage que si, par sa composition trop pauvre ou trop riche, il se trouve en deçà ou au-delà des limites fixées. Berthollet, dont les études de philosophie chimique, poursuivies durant la Révolution, le Consulat et l'Empire, ont fait époque dans l'histoire de la science, s'était imaginé avec beaucoup d'autres savants, que la nature procédait comme les essayeurs officiels. Par exemple, dans un composé binaire, la proportion pondérale d'un des constituants à l'autre, au lieu d'être fixe aurait oscillé entre un maximum et un minimum. La loi des rapports invariables et définis fut défendue par Proust qui finit par l'emporter, grâce aux preuves inattaquables dont il

(1) Nous reviendrons sur ce point quand nous parlerons des principes généraux de la chimie organique.

accabla son illustre adversaire. Aussi le nom de *règle de Proust* (1) est resté en usage.

Un demi-siècle environ plus tard, vers 1860, un savant distingué de Genève, M. de Marignac, tout en déclarant la loi rigoureuse à un haut degré, exprima quelques doutes timides relativement à son exactitude absolue. Ses objections s'appuyaient sur quelques divergences fort minimes présentées par certaines analyses. M. Stas de Bruxelles, se livra à une longue série de travaux d'une extrême précision et la conclusion de ses recherches fut complètement favorable à la loi de Proust. Néanmoins, il y a quelques années à peine, M. Schützenberger communiqua à l'Académie des sciences un certain nombre de faits qui l'avaient fort embarrassé. Il s'agissait de différentes matières, parfaitement connues, puisque la benzine, les oxydes de plomb et de cuivre et *l'eau* elle-même figuraient dans la liste, dont la constitution ne semblait pas toujours identique à elle-même. Mais n'est-il pas naturel que la sensibilité croissante des méthodes et des instruments, surtout quand ceux-ci se trouvent maniés par de bons opérateurs, dévoile des perturbations ou phénomènes secondaires, jadis inappréciables aux appareils grossiers des chimistes d'autrefois ?

Revenons maintenant aux combinaisons iodurées du mercure, et observons que 200 parties de ce métal réclament 127 parties d'iode pour former le sel verdâtre, et 254 parties, c'est-à-dire juste *deux fois* plus pour donner lieu à la poudre orangée. En général, si l'on envisage deux éléments quelconques susceptibles d'entrer en conflit selon diverses proportions, comme le chlore

(1) Il ne faut pas confondre Proust, chimiste français, né à Angers, avec le docteur Prout, auteur anglais plus récent, lequel n'a légué à la science qu'une hypothèse très contestée.

et le phosphore, le soufre et l'arsenic, l'oxygène et l'azote, l'oxygène et le manganèse, les rapports pondéraux des diverses doses de chlore, de soufre ou d'oxygène respectivement unies à un même poids de phosphore, d'arsenic, d'azote, de manganèse sont des plus simples, et se trouvent représentées par des nombres entiers très faibles ou tout au moins par des fractions peu compliquées.

31 grammes de phosphore absorbent	ou bien 106gr 5 de chlore pour former le *chlorure phosphoreux*. ou bien 177gr 5 de chlore pour former le *chlorure phosphorique*.

$$\text{Rapport : } \frac{177.5}{106.5} = \frac{5}{3}$$

150 grammes d'arsénic sont combinés à	64 gr. de soufre dans le *réalgar*. 96 gr. de soufre dans l'*orpiment*.

$$\text{Rapport : } \frac{96}{64} = \frac{3}{2}$$

14 grammes d'azote s'unissent à	8 gr. d'oxygène (*oxyde azoteux*). 16 gr. d'oxygène (*oxyde azotique*). 24 grammes d'oxygène (*anhydride azoteux*). 32 grammes d'oxygène (*hypoazotide*). 40 grammes d'oxygène (*anhydride azotique*).

Rapports : 2, 3, 4, 5.

55 grammes de manganèse exigent	16 grammes d'oxygène pour donner lieu à l'*oxyde manganeux*. 21gr 3 d'oxygène pour donner lieu à la *hausmannite*. 24 grammes d'oxygène pour donner lieu à la *braunite*. 32 grammes d'oxygène pour donner lieu à la *pyrolusite*.

$$\text{Rapports : } \frac{21.3}{16}, \frac{24}{16}, \frac{32}{16} \text{ ou } \frac{4}{3}, \frac{3}{2}, 2.$$

Telle est la *loi des proportions multiples* ou *de Dalton*. Elle a contribué puissamment à la fondation de la théorie atomique ; on peut l'étendre et la généraliser au cas des composés ternaires ou quaternaires. Toutefois, nous répétons encore à ce sujet ce que nous disions naguère à propos de la règle des proportions définies, c'est-à-dire qu'en chimie organique la formule de Dalton perd un peu de sa rigoureuse simplicité et doit être reproduite sous une forme notablement plus complexe (1).

On pourrait renouveler une troisième fois la même restriction en ce qui concerne la *loi de Gay-Lussac* ou *des volumes*, qu'il faut se garder de confondre avec le principe du même auteur relatif à la dilatation uniforme des volumes gazeux sous l'action de la chaleur. Mais, ne l'oublions pas, si la règle des volumes n'est pas moins importante que ses sœurs, elle n'est plus mathématiquement exacte, mais seulement approximative. Voici comment on l'énonce. « Lorsque deux gaz s'unissent entre eux pour donner lieu à une combinaison également gazeuse, les volumes des composants et du résultant supposés toujours appréciés dans les mêmes circonstances de température et de pression, sont en rapport simple. » L'énoncé est fort abstrait, mais des exemples l'éclairciront.

La température d'un laboratoire est de 15°. Mesurons séparément *un* litre d'hydrogène, *un* litre de chlore et mélangeons les deux gaz en opérant à la lumière diffuse, on ne tarde pas à voir la couleur jaune verdâtre du chlore disparaître peu à peu ; au bout d'un intervalle suffisamment long, la réaction, que l'influence des rayons solaires peut précipiter jusqu'à la rendre violente, est complète et il ne reste plus ni hydrogène, ni chlore, mais seulement le gaz chlorhydrique lequel

(1) Voir le § 1 du chapitre IV.

résulte de leur union. Son volume mesuré à 15° est exactement de *deux* litres. Il est superflu de faire ressortir la simplicité des nombres 1, 1, 2.

Prenons *deux* litres de gaz ammoniac sec et dissocions-le par l'étincelle électrique en azote et en hydrogène. Faisons l'analyse quantitative des produits de destruction ; effectuons les corrections nécessaires et nous trouverons *un* litre d'azote et *trois* d'hydrogène.

L'eau est constituée de *deux* volumes d'hydrogène et d'*un* volume d'oxygène condensés en *deux* volumes de vapeur d'eau. Il faut alors, cela va sans dire, opérer au-dessus de 100°.

Deux volumes d'oxyde de carbone et *un* volume d'oxygène engendrent *deux* volumes de gaz carbonique.

Nous aurions beau citer d'autres cas, c'est à peine si nous rencontrerions des nombres entiers plus élevés d'une ou deux unités : nous sommes en présence d'une élégante loi naturelle. Mais, il y a bien peu d'années, on énonçait imprudemment trois prétendues règles absolues, qu'on présentait comme des corollaires de celle de Gay-Lussac, mais qui, par le fait, comportent des exceptions aussi nombreuses que les exemples. Ainsi, il n'est plus permis de dire : « Lorsque deux gaz se combinent à volumes égaux, la combinaison se fait toujours sans contraction. » Un volume de chlore et un d'hydrogène donnent bien deux volumes d'acide chlorhydrique ; mais en revanche deux volumes de chlore et deux d'oxyde de carbone se contractent en deux volumes de gaz chloro-carbonique. Tout ce que l'on est en droit d'affirmer, c'est que le volume final, une fois l'opération terminée, n'est *jamais supérieur* au volume initial et ne peut l'égaler que dans un petit nombre de cas si les volumes réagissants sont pareils : cette dernière condition étant toujours nécessaire, mais non suffisante (1).

Molécules et atomes. — Considérons de faibles masses homogènes formées de matières parfaitement pures, comme une goutte d'eau distillée, une parcelle de nitre, une bulle de chlore. Nous pouvons évidemment diminuer encore ces petites fractions, réduire, par exemple, l'eau à l'état de vésicules de brouillard, pulvériser le sel, raréfier le gaz et chacune des nouvelles parties qu'on séparera des autres ne différera en rien de celles-ci. Continuons toujours de même, et, lorsque les procédés mécaniques ou physiques nous feront défaut, poursuivons notre opération par la pensée. Pourrons-nous la prolonger à l'infini? Non, une limite nous arrête : nous finissons par trouver au bout du compte, une infime particule d'eau de nitre ou de chlore que nous sommes impuissants à partager. La barrière que nous invoquons n'est nullement due à l'imagination des savants, car, sans elle, les phénomènes physiques ne sauraient s'expliquer.

Les gaz, et surtout les anciens gaz permanents, les vapeurs examinées à des températures suffisamment éloignées du point d'ébullition, présentent des caractères physiques communs. Tous, sauf des écarts plus ou moins accentués, mais en somme médiocres, suivent la loi de Mariotte lorsqu'on les comprime, c'est-à-dire que leur volume est sensiblement en raison inverse de la pression qu'ils supportent ; lorsqu'on les échauffe de un degré, ou plus généralement d'un nombre de degrés constant, tous se dilatent d'une même fraction de leur volume

(1) Voici l'énoncé abrégé des deux autres principes : « Si les volumes élémentaires sont dans le rapport de 2 à 1, le volume du résultant est représenté par 2. » C'est le cas de la vapeur d'eau. « Si le rapport est de 3 à 1, le volume final est 2. » Cette règle ne peut s'appliquer en dehors de l'ammoniaque.

pour peu que leur pression demeure la même, ou si leur volume ne peut changer, tous reçoivent un même accroissement de force élastique. Sans doute les désaccords entre la théorie et l'expérience ne manquent pas; on constate des irrégularités, des dilatations anormales, des variations de pression ou de volume trop fortes ou trop faibles. Certaines vapeurs, l'eau est de ce nombre, obéissent à la loi générale, dès qu'elles sont dégagées par le liquide bouillant; d'autres, comme l'acide acétique, sont rebelles tant qu'elles ne sont pas surchauffées. Les gaz les plus parfaits sous des pressions moyennes ou fortes se compriment un peu plus que ne l'exigerait la loi de Mariotte, mais légèrement échauffés, ils se comportent mieux, ainsi que l'a prouvé Regnault, à la réserve de l'hydrogène, lequel suit mathématiquement la règle aux basses températures. Ces exemples, généralisés dans une juste mesure, nous montrent que toutes les vapeurs susceptibles de résister à la dissociation chimique finissent tôt ou tard par jouer sensiblement le rôle de gaz parfaits et souvent conservent ce caractère au travers de péripéties fort variables.

Les solides et les liquides sont à peine compressibles et les lois de leur élasticité sont loin d'être parfaitement connues; ils se dilatent, il est vrai, par la chaleur, mais dans une proportion faible et irrégulière. Leurs particules, relativement pressées les unes contre les autres, agissent extérieurement suivant leur nature intrinsèque et leurs dispositions relatives; l'individualité prend tout à fait le dessus. Au contraire, s'il s'agit d'un fluide gazeux, l'identité de propriété conduit à soupçonner l'identité de constitution. Nous ne saurions rapporter ici les calculs de thermodynamique qui justifient complètement cette hypothèse et la placent au rang des vérités établies; qu'il nous suffise d'énoncer la loi fondamentale de la théorie atomique.

« Dans les mêmes circonstances de température et de pression, tous les gaz et toutes les vapeurs qui se comportent comme les gaz contiennent à volume égal le même nombre de molécules. »

Cette règle porte le nom d'*énoncé d'Avogadro et d'Ampère*. Elle a été incontestablement proposée, sous sa forme actuelle ou peu s'en faut, par Amedeo Avogadro, chimiste turinois peu connu, dans une communication faite à l'Académie des Sciences de Paris en 1811, alors que l'auteur était citoyen français (1). Mais, deux années plus tard, le principe, déjà peut-être un peu oublié, fut de nouveau repris et soutenu avec éclat par le célèbre Ampère. La postérité oublia le nom de son modeste prédécesseur et, par un malentendu qui n'a été dissipé que de nos jours, fit honneur de la découverte à l'inventeur de l'électro-magnétisme. Rendons pleine justice à Avogadro ; il suffit largement à la gloire d'Ampère d'avoir deviné le fluor et expliqué la constitution des sels ammoniacaux.

Nous tenons à faire comprendre ce que signifie, dans son abstraction, l'énoncé précédent. Imaginons trois cloches ou récipients identiques et contenant, l'une de l'hydrogène, la seconde du chlore, la troisième de la vapeur de benzine, ces fluides étant tous soumis à une même pression, celle de 1 atmosphère, par exemple, et également échauffés à 440° pour fixer les idées (2). Dans chaque cloche seront emprisonnées un certain

(1) La priorité d'Avogadro a été établie, sans conteste possible, par M. Grimaux, avec pièces à l'appui, dans un excellent petit livre qui porte le même titre que le présent ouvrage. Notons en passant que si un savant piémontais a posé la première pierre de la construction, c'est un savant romain, M. Cannizzaro, qui a parachevé et inauguré l'édifice.

(2) C'est le point d'ébullition du soufre fondu, et cette température élevée, facile à obtenir et à maintenir invariable, joue un grand rôle dans les recherches de chimie.

nombre de molécules; qu'il y en ait cent mille, un million, un milliard dans la première, peu nous importe, mais ce qui est certain *a priori*, c'est que la seconde et la troisième en renferment autant, ni plus ni moins.

Les gaz, qui ont plusieurs caractères physiques communs, se distinguent cependant les uns les autres par le poids de leur unité de volume ou leur poids spécifique. Chacun sait quelle différence à cet égard sépare l'hydrogène de l'azote, l'oxygène du chlore; l'examen des vapeurs révèle des différences encore plus tranchées entre l'eau et l'iode, l'alcool et l'essence de térébenthine. Cette circonstance s'explique de la façon la plus simple, une fois l'hypothèse d'Avogadro admise. Si un litre d'azote pèse 14 fois plus qu'un litre d'hydrogène, un litre d'oxygène 16 fois plus et un litre de chlore environ 35 fois plus, cela prouve que la molécule d'azote est plus lourde que celle de l'hydrogène dans le même rapport, et que celles de l'oxygène et du chlore sont moins légères encore. Le quotient des poids respectifs d'un volume de chlore et d'un volume d'hydrogène, pourvu que ces volumes soient égaux, quelles que soient d'ailleurs la pression et la température, indique immédiatement, sans qu'il soit nécessaire de se préoccuper des valeurs absolues, quelle est la pesanteur de la molécule du chlore, celle de l'hydrogène étant choisie pour unité de poids. Nous venons de faire un immense pas en avant, puisque, pour résoudre une question aussi ardue, nous n'avons besoin que de mesurer une densité, opération délicate et minutieuse sans doute, mais familière aux chimistes tant soit peu exercés.

Les traités de physique et de chimie ont adopté une fâcheuse habitude qu'on verra disparaître petit à petit, il est permis de l'espérer; on choisit pour étalon des densités, celle de l'air, c'est-à-dire, d'un simple mélange d'oxygène et d'azote auquel on doit refuser le nom de combinaison chimique. Il est bien préférable de rapporter les mêmes constantes à l'hydrogène, ce qui offre deux avantages : d'abord, on arrive ainsi uniquement à des nombres entiers ou fractionnaires, puisque le gaz des marais, le plus léger des fluides connus après l'hydrogène, est encore 8 fois plus lourd que lui ; ensuite, au point de vue théorique, la densité ainsi formulée représente le *poids moléculaire* du gaz en question, c'est-à-dire une donnée concrète, tandis que l'air ne saurait se décomposer en molécules toutes pareilles entre elles et s'offre comme une juxtaposition de particules d'oxygène noyées dans un excès de particules d'azote un peu plus légères [1].

S'il s'agit — et c'est le cas le plus fréquent — d'une matière solide ou liquide à la température ordinaire, mais gazéifiable sous l'influence d'une forte chaleur, on indique le degré thermométrique auquel l'on a opéré, non que ce soit *nécessaire* en principe, comme pour les densités des substances non gazeuses, mais simplement parce que cela peut être utile à noter, beaucoup de vapeurs ne se conformant à la règle que vers de hautes températures et d'autres commençant à se dissocier quand on les surchauffe.

Cependant, si le lecteur, nous croyant sur parole, ouvre un livre de chimie écrit conformément aux idées que nous exposons, s'il consulte par exemple les *Leçons élémentaires de chimie moderne* de Würtz, il sera peut-être étonné de voir à l'article *Ammoniaque :*

Densité théorique par rapport à l'air. . . .	0,589
Poids moléculaire.	17

(1) Depuis quelques années, les mémoires de chimie et le *Dictionnaire de chimie* de Würtz lui-même, indiquent toujours l'une après l'autre les deux valeurs de la densité ; on énonce d'abord le poids spécifique par rapport à l'air, chiffre qui, multiplié par le poids du

La densité de l'hydrogène étant 0,0693, il s'ensuit que le rapport des poids de la molécule d'ammoniaque à celle de l'hydrogène se trouve égal à $\frac{0,589}{0,0693} = \frac{5890}{693}$ soit 8,5 environ. Or le nombre indiqué, 17, est exactement *double*. D'où vient cette divergence ?

Elle résulte d'une convention basée elle-même sur une loi naturelle d'une incontestable évidence. La division de la matière ne s'arrête pas aux molécules, celles-ci se subdivisent en atomes plus ou moins nombreux. Les simples agents physiques sont incapables de dissoudre la molécule, mais les agents chimiques de toute sorte, les affinités mises en jeu, la lumière, la chaleur, l'électricité parviennent plus ou moins aisément à la modifier ou à la décomposer. Que les gaz ou vapeurs composés soient formés d'atomes hétérogènes associés, cela n'est pas douteux, mais il nous faut également prouver une proposition moins aisée à concevoir. En dépit de l'opinion des premiers chimistes atomiques, la molécule de la plupart des corps élémentaires gazeux, et, en particulier, celle de l'hydrogène, n'est pas simple et peut elle-même se décomposer en deux atomes semblables entre eux.

Afin de le démontrer, donnons la liste des poids moléculaires d'un certain nombre de combinaisons hydrogénées, poids définis comme nous l'avons indiqué, c'est-à-dire en prenant pour unité la molécule d'hydrogène ; indiquons en regard les résultats de l'analyse élémentaire. Il est clair du reste, en vertu de la loi d'Avogadro, que la proportion des constituants est la même dans une molécule que dans les milliards de molécules englobées simultanément dans les opérations d'analyse.

litre d'air à la température d'observation, fournit le poids du litre du gaz à cette température ; on indique ensuite le poids moléculaire théorique.

Noms des composés.	Poids moléculaires.	Composition. Hydrogène.	Autres corps simples.
Eau	9	1	8 d'oxygène.
Acide chlorhydrique.	18,25	0,5	17,75 de chlore.
Ammoniaque	8,5	1,5	7 d'azote.
Gaz des marais . . .	8	2	6 de carbone.
Acide cyanhydrique ou prussique.	13,5	0,5	6 de carbone : 7 d'azote.

On voit que les acides chlorhydrique et prussique renferment, chacun dans sa molécule respective, une proportion d'hydrogène égale au poids d'une demi-molécule de ce gaz et que cette même quantité se retrouve triplée dans l'ammoniaque. Comme l'atome doit être défini : « la plus faible portion d'un corps simple qui puisse exister dans une molécule », que jamais l'on n'a trouvé parmi les centaines de combinaisons hydrogénées volatiles une seule dans laquelle entrât moins de 0,5 d'hydrogène, et qu'au contraire, l'on découvre toujours ce même nombre ou un de ses multiples entiers (c'est ce qui arrive dans le cas de l'ammoniaque, de l'eau, du gaz des marais) on peut et on doit en conclure que le poids atomique de l'hydrogène est figuré par 0,5, et que la molécule d'hydrogène pesant 1 contient deux atomes.

Toutefois les chimistes ont voulu éviter l'emploi d'une fraction et ils ont préféré s'en tenir à la convention suivante : l'unité adoptée pour les poids atomiques et moléculaires sera non pas la molécule, mais l'atome d'hydrogène. Le poids atomique de ce dernier égalera l'unité ; il s'ensuit que son poids moléculaire vaudra 2. Les poids moléculaires de tous les composés connus seront, comme celui de l'ammoniaque dans l'exemple cité plus haut, représentés par le double de la densité gazeuse du corps, rapportée elle-même à celle de l'hydrogène. Le poids spécifique de l'ammoniaque se trouvant 8,5 son poids moléculaire vaudra 17.

Quant aux poids atomiques des autres corps simples, on pourra facilement les calculer par la même voie, pourvu que ces éléments engendrent des dérivés gazeux ou du moins volatils. On trouve ainsi que

L'atome d'azote pèse. . .	14	L'atome de chlore pèse.	35,5
L'atome d'oxygène pèse. .	16	L'atome de carbone pèse	12

Etc.

On trouve pour les poids moléculaires correspondants

Azote. . .	28	Oxygène. .	32	Chlore. . .	71

Ce sont des molécules à deux atomes, comme celle de l'hydrogène. Mais à l'égard du carbone qui ne se laisse pas vaporiser on ne peut rien affirmer.

Dans le cours de notre résumé nous signalerons d'autres méthodes propres à renseigner les chimistes sur les poids atomiques dans les nombreux cas où la marche rationnelle notée ci-dessus n'est pas applicable. Quoi qu'il en soit, nous espérons avoir suffisamment expliqué les bases de la théorie atomique, pour que le lecteur puisse sans trop de difficulté comprendre les points essentiels de la doctrine professée par les savants modernes.

La plus petite partie d'une matière donnée qui puisse exister se nomme *molécule*.

Les molécules des gaz et vapeurs obéissent à la *loi d'Avogadro et d'Ampère*, du moins approximativement et entre certaines limites de température et de pression.

En ce qui concerne les solides et liquides, aucune règle générale analogue n'a pu être formulée jusqu'à ce jour.

Les molécules sont constituées d'*atomes* réunis ou,

dans un très petit nombre de cas particuliers, d'un atome unique. Les atomes peuvent se presser fort nombreux dans certaines molécules, mais alors celles-ci ne sont pas volatiles sans décomposition. Par le fait, les matières vaporisables les plus usuelles contiennent rarement plus de 10 ou 12 atomes agglomérés. Si, comme cela arrive le plus souvent, les atomes ne sont pas tous de même nature, le corps est *composé*. Par exemple, les molécules de l'eau, du nitre, de la benzine, contiennent chacune

Eau : 3 atomes, dont 2 d'hydrogène et 1 d'oxygène.
Nitre : 5 atomes : 1 d'azote, 1 de potassium, 3 d'oxygène.
Benzine : 12 atomes : 6 de carbone, 6 d'hydrogène.

Au contraire, si l'atome est *isolé*, ou si tous les éléments de l'association sont *pareils* entre eux, on a affaire à un corps *simple*. Exemples : la vapeur de mercure, le chlore, le phosphore. Naturellement cette circonstance est beaucoup plus rare.

Pour la commodité du langage, nous dirons qu'une molécule homogène ou hétérogène est *monoatomique* (ou *monatomique*), *diatomique*, *triatomique* (1) suivant le nombre d'atomes qu'elle possède, ou la valeur de son *atomicité*.

La molécule se compose d'atomes ou de débris de molécules soudés entre eux à la suite d'une réaction chimique, sans qu'aucun élément simple ou complexe perde son individualité. Ainsi s'explique fort simplement la loi des poids.

(1) Ces expressions, ainsi que le terme d'*atomicité*, sont fréquemment employés par plusieurs auteurs de l'école moderne dans un sens absolument différent. Pour eux, « atomicité » est synonyme de « valence ». Conformément à la règle posée par Würtz dans son livre *La Théorie atomique*, nous dirons toujours « valence » lorsque nous parlerons des caractères spécifiques des atomes.

Une molécule ne saurait s'enrichir ou s'appauvrir que par le gain ou la perte d'un atome au moins, d'où résulte toujours un changement brusque dans la composition et dans les propriétés. La loi des proportions définies s'accorde à merveille avec cette circonstance.

Il n'est souvent pas impossible d'introduire dans la molécule un à un ces atomes de même nature. D'autres fois les molécules à comparer se composent d'atomes semblables additionnés suivant diverses formules. Ainsi les molécules du sublimé corrosif et du calomel, comprennent l'une et l'autre deux atomes de chlore ; mais à la première dans laquelle ne figure qu'un mercure, ajoutez un second atome de cet élément, et vous avez le dernier composé juste deux fois plus riche en métal. L'hydrogène phosphoré gazeux possède 3 hydrogènes assemblés autour d'un phosphore ; les autres dérivés hydrogénés renferment, l'un 4 hydrogènes et 2 phosphores, l'autre 2 hydrogènes et 4 phosphores ; la progression n'est pas régulière mais les rapports pondéraux n'en sont pas moins fort simples.

Quoi d'étonnant que les gaz ou vapeurs s'unissent conformément à la belle loi volumétrique de Gay-Lussac ? Les volumes des gaz simples que l'hypothèse d'Avogadro permet de supposer réduits à des dimensions infinitésimales, représentent non des atomes, selon le faux principe qui a mis à la torture l'esprit des chimistes de la première moitié de ce siècle, mais des molécules d'une faible atomicité. Et, s'il s'agit de fluides composés, les échanges d'atomes ont toujours lieu entre des particules réagissantes peu nombreuses.

Nous abuserions de la patience du lecteur, si nous restions davantage dans le domaine de l'abstraction ; l'esprit le plus attentif se lasse à la fin d'un exposé théorique ininterrompu et réclame des exemples et des faits. Nous-même avons hâte de pénétrer dans le cœur de notre sujet et de discuter en détail les grandes lois dont nous avons retracé une esquisse sommaire. Cependant, avant que d'entamer l'étude de la philosophie chimique, il faut connaître la langue et les symboles usités dans la science ; ces notions une fois acquises permettront à l'auteur d'exposer ses idées sous une forme infiniment plus claire et faciliteront grandement l'intelligence des chapitres suivants.

§ II. — Nomenclature parlée et notation écrite.

Nomenclature moderne. — Les édifices dont les savants du XVIIIe et du XIXe siècle ont été les explorateurs, puis les destructeurs, et, en dernier lieu, les architectes, sont actuellement assez nombreux pour former une ville immense qui ne cesse de s'agrandir. Il s'agit de pouvoir se guider au milieu de ce dédale de constructions en les classant par des procédés rationnels et méthodiques. De même que dans une cité, où il aborde pour la première fois, le voyageur discerne fort bien à première vue certaines catégories de bâtiments : églises, collèges, casernes, etc., de même les alchimistes ne tardèrent pas à être frappés par les traits communs propres à certaines matières, et il leur vint tout naturellement à l'esprit de les dénommer d'une façon analogue. Ainsi, débuta dans la science la *nomenclature parlée*, encore bien vague et incomplète.

Il était difficile qu'un observateur tant soit peu attentif ne remarquât pas la ressemblance des trois sulfates de cuivre, de fer, de zinc, aussi leur attribua-t-on le nom de *vitriols*, qui n'est pas tout à fait tombé en désuétude. Solubilité dans l'eau, aspect des cristaux, mode de préparation, tous les caractères étaient communs. Seule la couleur différait d'un terme à l'autre : aussi le sulfate de cuivre fut-il baptisé *vitriol bleu*, celui de fer, *vitriol vert*, celui de zinc, *vitriol blanc*. La science moderne a confirmé en appel l'arrêt rendu autrefois par les premiers juges, en classant les trois sels à côté l'un de l'autre, et en les déclarant isomorphes, c'est-à-dire capables de se mélanger pour donner lieu à des cristaux mixtes.

Pareillement, les azotates alcalins et celui d'argent étaient tous des *nitres :* ainsi l'azotate d'argent que chacun a vu employer dans les cautérisations à la pierre infernale constituait le *nitre lunaire*. Les aluns, reliés par les analogies les plus étroites, n'ont jamais non plus été séparés les uns des autres. On voit que, jadis comme aujourd'hui, on étendait volontiers à toute une série de composés le nom de l'un des plus saillants et des plus connus ; c'est ainsi encore que le terme de chaux s'appliquait à tous les oxydes métalliques, autres que la soude et la potasse ; l'oxyde d'étain s'appelait la chaux d'étain et ainsi de suite.

Parfois, on s'efforçait de rappeler quelques-unes des propriétés les plus saillantes de la matière qu'on voulait nommer, méthode qui a longtemps été en faveur auprès des inventeurs de corps simples. Par exemple ; une substance solide (1) est-elle facile à résoudre en vapeurs sans fusion préalable et fonctionne-t-elle comme un violent poison, on lui applique le nom de *sublimé corrosif*, resté en usage dans les laboratoires de pharmacie et encore imprimé dans plus d'un mémoire scientifique. Cette marche est commode et, à certains égards, offre de grands avantages, mais elle présente l'inconvénient grave de conduire à attribuer des noms analogues aux matières les moins semblables, même aux yeux d'un

(1) Le bichlorure de mercure.

profane. Citons comme exemple l'*huile de vitriol* et l'*huile de tartre*. Il est à peine besoin de dire que le premier terme fait allusion à l'acide sulfurique ; il est au contraire nécessaire d'expliquer la deuxième expression, et de noter qu'elle se rapporte au carbonate de potasse déliquescent, extrait de la crème de tartre par calcination.

Ajoutons que ces termes anciens créés capricieusement, sans règle fixe, s'appliquaient parfois à toute une catégorie de matières aujourd'hui distinguées et séparées, tandis que, dans le cas des corps usuels, la synonymie était fort nombreuse au point de surcharger inutilement la mémoire des chimistes et de nuire à la clarté des ouvrages antérieurs à la réforme de Lavoisier, Fourcroy et Berthollet, et nous avons suffisamment fait ressortir la nécessité absolue d'une nomenclature vraiment raisonnée et scientifique. Il fallait chasser sans pitié la foule banale de termes qui se pressent encore dans les colonnes du *Codex*, et adopter pour principe : un nom et un seul pour chaque substance, lequel rappelât autant que possible la constitution chimique du corps en question.

C'est ce qu'entreprirent en 1787 les trois auteurs ci-dessus mentionnés. Depuis un siècle leur œuvre a été remaniée bien des fois et c'est justement à ces transformations graduelles qu'elle doit d'avoir été conservée malgré ses défauts.

Non seulement, nous ne suivrons pas l'histoire de son évolution, mais notre intention est moins d'expliquer la nomenclature chimique, telle qu'elle est retracée dans tous les traités de chimie, que de faire ressortir les quelques particularités spéciales au langage des atomistes.

Parlons d'abord des composés binaires en général. Prenons une substance à constitution peu compliquée :

le sel marin composé d'un atome de chlore uni à un atome de sodium. Il faut toujours finir par l'élément métallique et commencer par le métalloïde électro-négatif. On dira

Chlorure de sodium.

Le chlore ne forme d'ailleurs qu'une combinaison avec le sodium. Si les deux éléments ne se réunissent que suivant une proportion, la règle est identique, même s'il s'agit d'une molécule complexe. Ainsi la soudure de 2 at. d'aluminium et de 6 at. de chlorure donne le

Chlorure d'aluminium.

L'ambiguité est impossible. Mais, si l'on veut distinguer l'*orpiment* (deux at. de soufre et deux d'arsenic) du *réalgar* (cinq at. de soufre, deux d'arsenic), on appellera l'un

*Bi*sulfure d'arsenic.

et l'autre

*Penta*sulfure ou *quinti*sulfure d'arsenic.

L'arsenic joue vis à vis du soufre le rôle d'un métal. Toutefois les chimistes modernes ont remarqué, depuis quelques années déjà, que cette règle était encore susceptible d'une simplification notable. Il arrive le plus souvent qu'un métalloïde s'unissant à un autre métalloïde ou à un métal ne contracte que *deux* combinaisons, l'une plus *pauvre*, l'autre plus *riche* en oxygène, chlore, soufre,..... électro-négatifs. Alors l'élément à tendances électro-positives reçoit dans le premier cas la terminaison *eux*, dans le second cas la terminaison *ique*. Actuellement, presque tous les auteurs parlent couramment.

(¹) { De l'oxyde *azoteux* (2 at. d'azote, 1 d'oxygène).
De l'oxyde *azotique* (1 at. d'azote, 1 d'oxygène).

(²) { Du chlorure *ferreux* (1 at. de fer, 2 de chlore).
Du chlorure *ferrique* (2 at. de fer, 6 de chlore).

Au moyen de cette convention très commode, l'ambiguïté est impossible pour quiconque possède les premiers éléments de la science chimique.

Les règles précédentes ne sont pas applicables à deux catégories de matières qui autrefois étaient considérées comme remplissant des fonctions chimiques très-analogues, tandis, qu'en réalité, une différence profonde les sépare.

L'hydrogène s'unit au chlore, au brome, au fluor..... atome pour atome et donne ainsi lieu à des réactifs violents, doués au plus haut degré de propriétés corrosives : de plus l'hydrogène ainsi capté fait place sans difficulté à du potassium ou du sodium. On retrouve quelques tendances analogues, mais bien affaiblies, dans les composés hydrogénées du soufre, du sélénium et du tellure, lesquels d'ailleurs retiennent non plus un mais deux atomes d'hydrogène. Quoi qu'il en soit, toutes ces substances engendrent des sels, en vertu de définitions qui seront ultérieurement expliquées ; ce sont de véritables *acides* et les plus simples de tous :

Du fluor dérive l'acide fluorhydrique.
Du soufre dérive l'acide sulfhydrique.

En second lieu, presque tous les métalloïdes et même

(1) Dénominations des auteurs qui font usage des équivalents : protoxyde et bioxyde d'azote.

(2) Expressions synonymes de protochlorure et de perchlorure de fer.

un petit nombre de métaux engendrent des oxydes dénués par eux-mêmes d'aucun caractère qui leur soit commun, mais susceptibles toutefois de s'approprier les éléments de l'eau, avec plus ou moins d'avidité, en donnant lieu à une association complexe renfermant le métalloïde ou métal primitif joint à un ou plusieurs atomes d'oxygène, et contenant de plus quelques atomes d'hydrogène susceptibles de faire place à du potassium, du sodium, de l'argent. Telle est d'après la science contemporaine la définition de l'acide, — du reste, nous reprendrons plus tard cette théorie avec tous les détails qu'elle comporte — mais, autrefois, se basant sur des notions erronées imputables à Lavoisier ou à ses successeurs immédiats, les chimistes attribuaient ce même nom d'*acide* aux oxydes générateurs dont il a été question. Ce n'est que depuis un petit nombre d'années que l'on a pris l'habitude de l'exprimer avec plus de justesse, en adoptant le terme d'*anhydride* (1): actuellement on nomme

Anhydride carbonique, l'ancien acide carbonique (1 at. de carbone, 2 d'oxygène).
Anhydride chromique, l'ancien acide chromique (1 at. de chrome, 3 d'oxygène).

Naturellement, s'il y a ambiguité, les terminaisons *eux* et *ique* interviennent. Ainsi l'on connait

L'anhydride arsénieux, autrefois acide arsénieux (2 at. d'arsénic, 3 d'oxygène).
L'anhydride arsénique, autrefois acide arsénique (2 at. d'arsénic, 5 d'oxygène).

Souvent on a recours à certaines préfixes marquant le défaut ou l'excès d'oxygène.

(1) Il s'agit en effet d'acides *dépouillés d'eau* (α privatif, ὕδωρ).

L'anhydride *hypo*chloreux, contient moins d'oxygène que l'anhydride chloreux.
L'anhydride *per*manganique contient plus d'oxygène que l'anhydride manganique.

Parmi les composés ternaires, deux grandes catégories présentent un vif intérêt, tant au point de vue pratique qu'au point de vue théorique. Nous voulons parler des acides et des sels. La nomenclature des acides définis comme tout à l'heure, se trouve être exactement la même que celles des anhydrides correspondants, et nous ne reviendrons pas sur ce point. Toutefois nous croyons devoir formuler une réflexion en passant. Voilà deux classes distinctes d'acides : les uns ne renferment avec l'hydrogène qu'un principe simple (chlore, soufre...) les autres contiennent de l'hydrogène, puis de l'oxygène et en dernier lieu un métalloïde ou un métal. Il est manifeste que la composition des premiers, des *hydracides*, comme l'on disait autrefois, est plus simple que celle des seconds, jadis qualifiés *oxacides* et cependant on les désigne par des noms beaucoup plus longs. Tel est le cas, par exemple, de l'acide chlorhydrique (1 at. d'hydrogène, 1 at. de chlore) opposé à l'acide chlorique, lequel n'a pas moins de cinq atomes dans sa molécule (1 at. de chlore, 3 d'oxygène, 1 d'hydrogène). La distinction entre oxacides et hydracides est surannée ; ou plutôt, en réalité, il n'y a que des hydracides ; mais si la notion fausse enseignée jadis a disparu de la science, la nomenclature en a trop pieusement gardé l'empreinte.

Enfin les chimistes ont reconnu qu'un certain nombre de substances ternaires hydrogénées, mais non oxygénées, se comportaient exactement comme les acides usuels et surtout étaient capables de troquer atome pour atome tout ou partie de leur hydrogène, contre du potassium ou de l'argent. On les a désignés par un terme spécial rappelant leur constitution. Avec un atome de silicium, six de fluor et deux d'hydrogène, on réalise l'*acide fluosilicique* (1).

L'hydrogène d'un acide une fois remplacé par un métal, il se forme un sel et le nom du sel dérive de celui de l'acide suivant une convention des plus simples.

L'acide azot*ique* forme les azot*ates*.
L'acide azot*eux* forme les azot*ites*.

L'école dualistique, s'inspirant d'idées trop étroites que d'ailleurs nous ne voulons pas combattre actuellement, de peur de nous égarer dans d'interminables digressions, considérait les sels comme résultant de l'union de deux principes opposés : d'une part, l'anhydride qu'on appelait l'acide; de l'autre, l'oxyde métallique. Les équivalentaires étaient donc parfaitement logiques avec eux-mêmes, en qualifiant le nitre d'azotate de potasse, en nommant le vitriol vert sulfate de protoxyde de fer ; ils l'étaient moins quand ils disaient simplement sulfate de cuivre pour vitriol bleu. Tout au plus pouvaient-ils invoquer la nécessité d'abréger les termes les plus usuels, ou les avantages de l'euphonie. Actuellement la vieille hypothèse du dualisme est morte et bien morte et les sectateurs de la théorie atomique ont adopté une autre règle. Tout comme leurs prédécesseurs ils parlent de l'azotate de cuivre et du carbonate de zinc, mais ils remplacent les expressions sulfate de *magnésie* et chlorate de *potasse*, par celles de sulfate de *magnésium* et chlorate de *potassium*.

Il est juste de dire que cette manière de s'exprimer, très correcte, mais passablement puriste est surtout

(1) On disait autrefois hydrofluosilicique. L'emploi de la préfixe *hydro* est superflu : il n'existe pas d'acide sans hydrogène.

employée dans les traités, les mémoires, les articles scientifiques les plus relevés. Bannie du langage de tous les jours et encore peu pratiquée dans les cours publics, même dans ceux qui sont professés par les novateurs les plus hardis, elle est souvent négligée dans plus d'un ouvrage écrit suivant les idées actuelles. Toutefois, comme en dépit de la routine, elle tend à s'imposer peu à peu, nous en ferons désormais usage.

Les atomes du cuivre, du fer, du mercure... et de divers autres métaux sont capables, ou bien de fonctionner isolément et de faire partie des sels sous cette forme, ou bien de se lier deux par deux, de façon à produire un véritable corps simple nouveau, parfois susceptible de se déplacer sans altération d'une combinaison à l'autre; il faut pouvoir signaler cette différence. Rien n'est plus facile, puisque les sels ternaires correspondent aux chlorures et aux oxydes :

L'azotate mercureux correspond au chlorure mercureux.
L'azotate mercurique (1) correspond au chlorure mercurique.
Le sulfate ferreux correspond au chlorure ferreux.
Le sulfate ferrique (2) correspond au chlorure ferrique.

Cette manière d'énoncer a été jugée si commode que la plupart des chimistes emploient couramment des expressions analogues dans un grand nombre de cas où il ne se trouve pas d'ambiguité à éviter. On écrit tous

(1) Anciennes expressions : azotate de sous-oxyde de mercure, et azotate d'oxyde de mercure.

(2) Ces termes sont synonymes de sulfate, de protoxyde de fer et de sulfate de sesquioxyde de fer. Il est bon de faire observer que les terminaisons *eux* et *ique*, dont l'usage est si connu, ne se rapportent pas aux atomes simples ou accouplés, mais bien aux sels les plus *pauvres* ou les plus *riches en parties non métalliques*. Il y a *plus* de fer ou de mercure, et par suite *moins* d'autres matières dans le chlorure ferreux ou l'azotate mercureux, que dans un poids égal de chlorure ferrique ou d'azotate mercurique.

les jours carbonate *sodique*, sulfate *calcique* pour carbonate de sodium ou sulfate de calcium.

En somme, il n'y a pas grande différence entre les expressions usitées par les sectateurs de l'école atomiste et la nomenclature dont se servent les équivalentaires dans leurs cours ou dans leurs écrits. Quelquefois même, lorsque dans un mémoire les formules sont rares ou font défaut, on peut être en peine de savoir quel est le parti de l'auteur. Toujours est-il que l'unanimité des savants déclare d'ailleurs bien haut que la langue chimique actuelle, même amendée, ne suffit plus aux besoins actuels de la science.

Aucune règle en ce monde n'étant inflexible, l'usage a consacré de nombreuses exceptions dont personne ne songe à se plaindre. Il est plus court, plus euphonique et tout aussi clair de parler comme jadis, d'ammoniaque, potasse, soude, chaux, magnésie, alumine, que d'avoir recours aux expressions d'azoture d'hydrogène, d'hydrates de potassium, de sodium, de calcium, d'oxyde de magnésium ou d'aluminium. Enfin les innombrables dérivés dont l'étude se rattache à la chimie organique, immense troupe numériquement supérieure à l'armée du monde minéral, se nomment d'après une série de conventions particulières, dont nous dirons quelques mots dons la suite de notre exposé [1].

(1) Les termes usités par les chimistes britanniques diffèrent peu de ceux qu'emploient leurs collègues parisiens. La seule différence notable est que la terminaison *ure*, applicable chez nous à toutes les combinaisons binaires non oxygénées, est remplacée, dans tous les cas en anglais, par la suffixe *ide*, qu'on prononce comme en français. Nous disons *oxyde* d'argent et *chlorure* d'or; n'est-on pas plus logique à Londres et à New-York lorsqu'on traduit ces expressions par les synonymes *oxide of silver*, *chloride of gold?* Au surplus, les tournures abrégées *silver oxid*, *gold chlorid*, sont plus en usage. On a toujours écrit *cuprous chloride* ou *sulphuric acid*, mais depuis peu d'années, on formule plutôt *lead chromate* que *chromate of lead* pour chromate de plomb. Enfin, un certain

Notation atomique. — Il nous tarde d'être en mesure d'abréger nos explications et de les rendre plus nettes grâce à l'usage des formules chimiques si claires et si faciles à comprendre, en dépit de leur aspect rébarbatif. Remarquons-le : formules et équations chimiques ne sont que des symboles n'exigeant aucune éducation mathématique pour être parfaitement compris et appliqués. Mais, si la science par elle-même peut être cultivée avec le seul secours des quatre règles, le débutant chimiste, qui aspire à devenir autre chose qu'un préparateur adroit, est obligé d'approfondir la physique et dès lors, certaines notions d'analyse lui deviendront indispensables.

Faut-il voir dans les signes jadis usités par les alchimistes et après eux par les premiers adeptes de la vraie science, signes dont le tableau très complet figure tout au long dans les planches de l'*Encyclopédie*, un premier rudiment à la fois grossier et complexe des caractères usités actuellement dans la notation moderne? Le lecteur, à l'aide du petit nombre d'exemples que nous mettons sous ses yeux, pourra en juger par lui même. A côté de symboles astrologiques dont nous reparlerons plus

nombre d'auteurs ne distinguent plus les anhydrides des oxydes proprement dits, et pour l'anhydride sulfureux, par exemple, se servent des mots *sulphur dioxide.*

En Allemagne, conformément au génie de la langue tudesque, on soude les noms des deux éléments constituants pour en former un mot unique. *Chlormagnesium* veut dire chlorure de magnésium. Quand c'est nécessaire, on ajoute les terminaisons *ür* et *id,* qui correspondent à nos syllabes *eux* et *ique.* Il faut donc traduire *Eisenchlorür* par chlorure ferreux, et *Eisenchlorid* par chlorure ferrique. *Phosphorigesaüre* correspond à acide phosphoreux, et *Phosphorsaüre* à acide phosphorique. Leur *Chromsaüres kalium* est notre chromate de potassium (*kalium* en allemand). Au sujet des anhydrides, même remarque que ci-dessus. Comme en français, les règles relatives aux combinaisons oxygénées diffèrent un peu des conventions générales. *Stickoxydul* signifie oxyde azoteux, et *Stickoxyd* oxyde azotique. (*Stick* est l'abrégé de *Stickstoff,* azote).

tard, il trouvera des signes plus ou moins bizarres, lesquels, examinés avec attention, révèlent une fantaisie désordonnée, tempérée cependant par une vague tendance systématique (comparez entre elles les figures suivantes : phosphore et soufre, acides nitreux et nitre, acide marin et sel marin, antimoine et fleur d'antimoine). On remarquera également que bon nombre de substances métalliques ou composées sont rappelées par la lettre initiale de leur nom, ornée et enjolivée. Décoration à part, c'est le principe moderne.

La convention actuellement reçue dans la science est des plus simple. Chaque élément est représenté par un symbole distinct composé de deux lettres dont l'une majuscule est l'initiale du nom même de l'élément, tandis que la seconde, minuscule, est destinée à éviter les amphibologies et à distinguer les corps représentés par des mots débutant par la même lettre. Cependant la lettre auxiliaire se supprime, s'il s'agit d'une matière très importante et très usuelle, ou si la confusion entre plusieurs substances simples n'est pas possible. On note donc pour plus de brièveté

Le carbone	par	C
L'hydrogène	»	H
L'iode	»	I
Le potassium	»	K
L'oxygène	»	O
Le phosphore	»	P
Le soufre	»	S

Observons que les peuples de race germanique et notamment les Suédois appellent toujours *kalium* le métal que nous nommons *potassium*, de là résulte une anomalie apparente universellement acceptée chez les peuples latins et les Anglais depuis le jour où Berzélius posa les principes de la nomenclature écrite. Pour la même raison le sodium est représenté par le symbole Na (*natrium*) dans le tableau suivant qui renferme les symboles à deux lettres les plus utiles à connaître [1].

Argent	Ag	Mercure	Hg
Aluminium	Al	Lithium	Li
Arsénic	As	Magnésium	Mg
Or	Au	Manganèse	Mn
Azote	Az	Sodium	Na
Barium	Ba	Nickel.	Ni
Bismuth	Bi	Plomb	Pb
Bore	Bo	Platine	Pt
Brôme	Br	Rubidium	Rb
Calcium	Ca	Antimoine	Sb
Cadmium	Cd	Sélénium	Se
Chlore	Cl	Silicium	Si
Cobalt	Co	Étain	Sn
Chrôme	Cr	Strontium	Sr
Cœsium	Cs	Tellure	Te
Cuivre	Cu	Titane	Ti
Fer	Fe	Thallium	Tl
Fluor	Fl ou F	Zinc	Zn
Gallium	Ga		

Il n'est pas besoin d'avoir appris beaucoup de latin pour comprendre la raison des abréviations Au pour or et Sn pour étain. Beaucoup de corps simples, vulgaires, ayant des noms très différents dans les diverses langues de l'Europe, Berzélius s'est fixé avec raison aux termes latins. Les symboles Hg (*Hydragyrum*, argent liquide) et Sb (*Stibium*, antimoine) sont empruntés à l'idiôme des alchimistes.

L'azote, en France, se figure habituellement par les initiales Az, mais quelques-uns de nos compatriotes et la totalité des chimistes étrangers prefèrent la notation N,

(1) Comme le précédent, ce petit catalogue est dressé suivant l'ordre alphabétique des symboles.

qui rappelle l'expression de *nitrogenium* ou nitrogène et qui présente l'avantage d'être un peu plus courte à tracer.

Pour représenter la molécule d'un corps simple, on écrit le symbole convenable à ce dernier, et on indique le nombre d'atomes constituants au moyen d'un chiffre qu'on place à droite du signe et un peu en dessus. Si la molécule est monatomique ce chiffre se supprime.

Le mercure élément monoatomique se marque Hg.

L'oxygène diatomique se note O^2.

Le phosphore tétratomique a pour symbole P^4.

S'agit-il des corps composés? On retrace les symboles des constituants, en exprimant par des chiffres le nombre d'atomes de chaque espèce. L'absence de tout chiffre implique un atome isolé.

Le sel marin (1 at. de sodium, 1 de chlore) est noté Na Cl.

Le gaz des marais (1 at. de carbone, 4 d'hydrogène) s'écrit CH^4.

Le bichromate de potassium, ce beau sel rouge, bien connu des électriciens amateurs, contient par molécule 2 atomes de chrôme, 7 d'oxygène, 2 de potassium. Il se formule $Cr^2\ O^7\ K^2$.

Les nombres qui accompagnent les symboles élémentaires sont placés à la façon des exposants de l'algèbre, bien qu'ils n'aient *aucun rapport* avec ceux-ci. Nous autres Français suivons en cela une habitude qui nous est spéciale ; peut-être plus logiques, les Allemands, les Belges, les Anglais, disposent ces mêmes nombres au bas des lettres correspondantes, ou, comme disent les mathématiciens, les mettent en indices. Il s'ensuit que, dans un mémoire rédigé à Liège ou à Heidelberg, on lirait :

$$Cr_2\ O_7\ K_2$$

Primitivement, alors que la notation atomique était

moins répandue qu'aujourd'hui, d'autres symboles s'employaient, qui, depuis cette époque, sont peu à peu tombés en désuétude. Les chimistes n'usent presque plus des lettres barrées ~~O~~ ~~S~~, ni les minéralogistes des points ou des traits, qui faisaient ressembler leurs traités à des recueils d'hiéroglyphes égyptiens. Ils ont eu bien raison, car l'écriture $\ddot{\text{Si}}$ (pour $Si\,O^2$, silice) ou $\overset{|}{\text{Pb}}$ (pour PbS galène, sulfure de plomb), dérivait de la fausse idée du dualisme, et, par sa brièveté même, prêtait à confusion.

Notons un détail qui n'est pas sans importance. Autrefois les chimistes s'étaient arbitrairement imposés certaines règles relatives à l'ordre des symboles dans l'énoncé d'une formule, — lois que d'ailleurs ils s'étaient empressés de violer tous les premiers. Actuellement, on ne s'assujettit plus à cette contrainte inutile, et la théorie unitaire qui sert de base à tout l'échafaudage de la science contemporaine enseigne qu'il est indifférent d'écrire pour l'eau H^2O ou OH^2, pour le sel marin Na Cl ou Cl Na ; l'acide sulfurique est tantôt retracé par la notation SO^4H^2, tantôt rappelé par le signe SH^2O^4. L'essentiel est d'être aussi clair que possible, et l'on a toute latitude pour atteindre ce but.

Il arrive fréquemment que, dans l'énoncé d'une équation chimique ou le développement d'une explication, l'on envisage simultanément plusieurs molécules d'un corps simple ou composé. Comment marquera-t-on qu'il s'agit de trois molécules de phosphore ou de deux molécules d'eau ? On choisira entre l'une des notations suivantes :

$3\ P^4$	$2\ H^2O$
$3\ (P^4)$	$2\ (H^2O)$
$(P^3)^4$	$(H^2O)^2$ (1)
P^{12}	H^4O^2

(1) Dans un ouvrage allemand, on lirait $(H_2O)_2$.

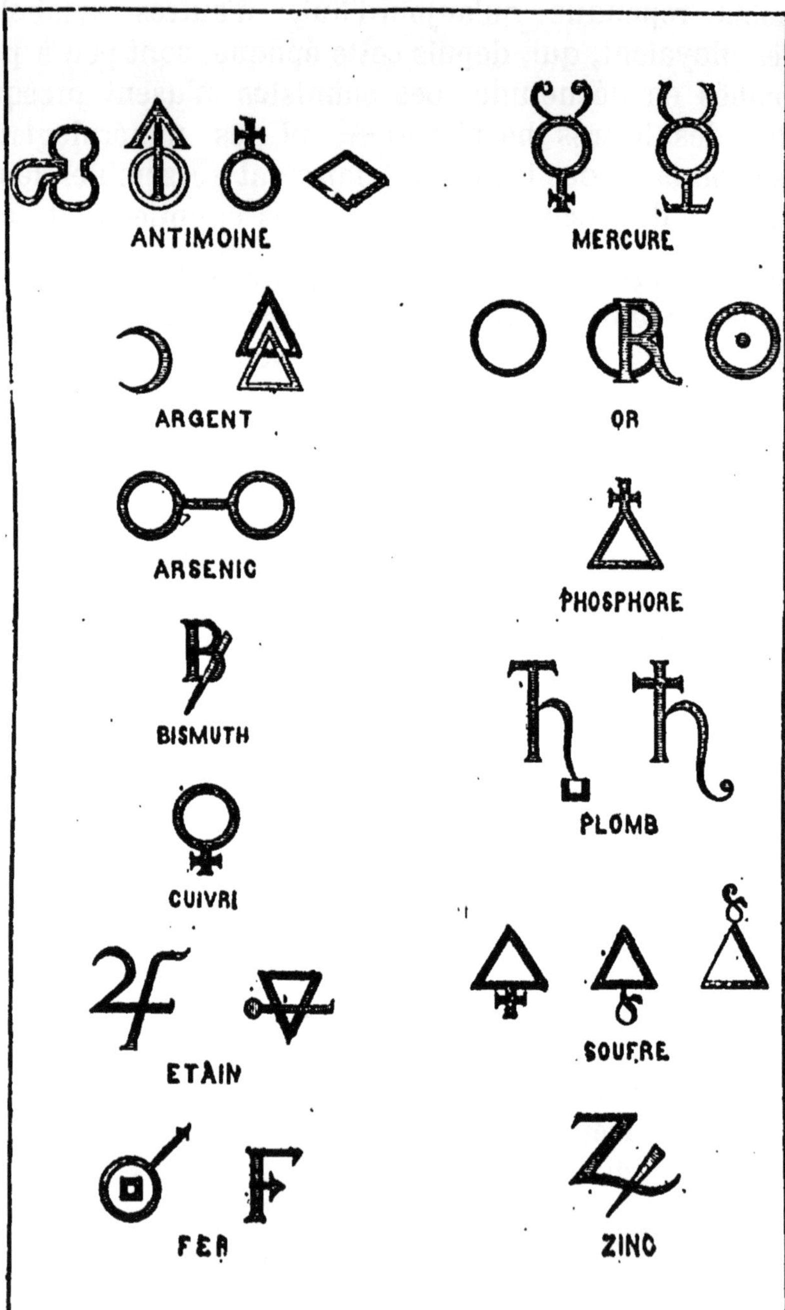

Fig. 1. — Signes conventionnels de l'ancienne chimie.
Corps simples.

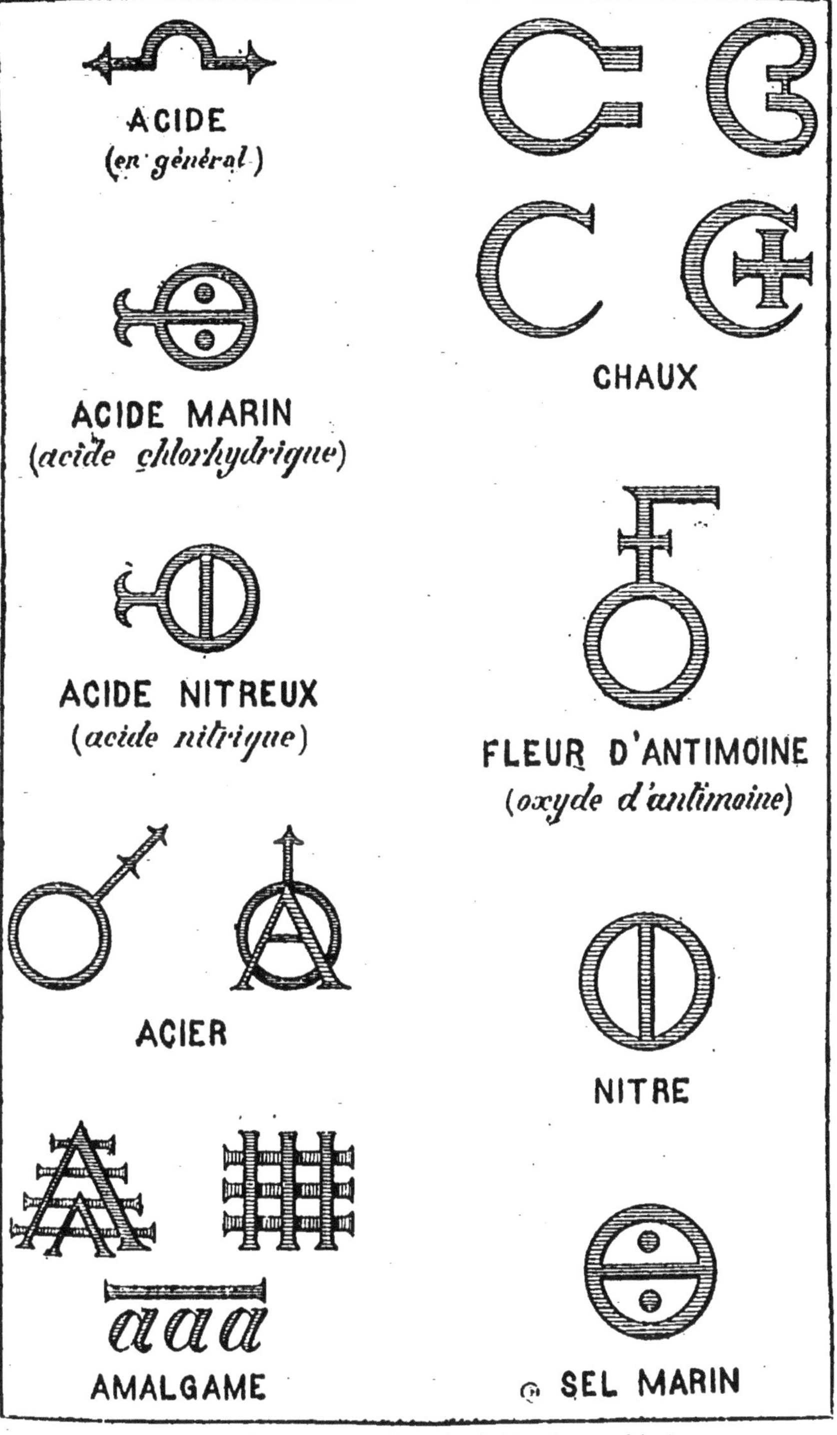

Fig. 2. — Signes conventionnels de l'ancienne chimie.
Corps composés.

Les notions sommaires que nous venons de passer en revue, une fois bien comprises, suffiront à nos lecteurs pour l'intelligence des lois et phénomènes que nous expliquerons désormais, dans le cours de cet ouvrage, avec l'aide des formules atomiques. La lecture des brochures ou traités de chimie technologique, écrits suivant les conceptions modernes, et d'où la théorie pure est bannie, n'exige pas d'ailleurs un bagage scientifique plus lourd.

CHAPITRE II

LES CORPS SIMPLES

Il n'est plus à la mode, aujourd'hui, de railler l'ignorance des Anciens, ni de se moquer de leurs quatre éléments. Les philosophes grecs, en effet, ne prétendaient pas soutenir qu'en mélangeant la terre, l'eau, l'air et le feu, il fût possible de reproduire tous les corps de la nature sans exception; cette opinion erronée n'a surgi qu'au Moyen âge. Avant cette époque, on estimait que la terre, matière passive et inerte, subissait tour à tour l'action des eaux, l'influence de l'air et du feu, agents de nature à modifier peu à peu sa surface. Peut-être encore, dans la pensée des premiers sages, l'ensemble de l'univers se composait-il de la terre recouverte d'eau sur une partie de son étendue, dominée par l'atmosphère, éclairée et chauffée par des astres en ignition. En dérobant la flamme au firmament, le légendaire Prométhée aurait commis une impiété, dès que son utile sacrilège troublait l'ordre établi par les dieux.

Six cents ans avant l'ère chrétienne, l'existence d'un principe unique, susceptible de se modifier à l'infini, était déjà considérée comme plausible, et cette idée, après avoir longtemps sommeillé, a repris faveur auprès d'un certain nombre de chimistes contemporains. Coïncidence singulière : jadis Thalès de Milet pensait que l'eau était l'élément nécessaire, et vingt-cinq siècles plus tard, les modernes ne sont pas éloignés d'attribuer cet honneur à l'hydrogène.

Nous passerons rapidement sur l'époque où la chimie, véritable fille sage d'une mère folle, en renversant la célèbre expression de Kepler, n'était pas née de l'alchimie, et nous nous contenterons de dire que Paracelse, au XVIe siècle, admettait trois substances fondamentales, qu'il désignait sous les noms de *sel*, de *soufre* et de *mercure*. Usant d'expressions mieux choisies, Becher rééditait la même idée et imaginait trois matières, dont l'une est la *terre vitrifiable* (sol, cailloux, sels, etc.), tandis que l'autre communique l'inflammabilité, et que la troisième engendre les métaux. Peu nous importe que Willis y ait ajouté le *phlegme* ou eau et le *caput mortuum* ou résidu de l'opération chimique. Si Baumé, sous Louis XV, énonce encore des définitions relativement obscures, il fait du moins observer qu'aucun des quatre éléments classiques ne contracte d'union avec l'un des trois autres. Avec Guyton de Morveau (1777), nous trouvons au contraire une excellente définition du corps simple ; il montre que le feu est plutôt un agent qu'une matière, et qu'en définitive, il n'est pas toujours homogène ni identique à lui-même. Enfin, du jour où Lavoisier démontra que les métaux ne résultent pas de leurs oxydes ou « chaux », avec l'insaisissable *phlogistique*, à partir du moment où il remplit une cloche d'oxygène dégagé par la « chaux mercurielle », redevenu vif-argent en perdant de son poids, l'idée d'élément a cessé d'être abstraite pour devenir une réalité, et la chimie, sortie du berceau, a fait les progrès que l'on sait.

§ I. — Découverte; état naturel; nomenclature.

La science actuelle appelle « corps simple » une substance qui, soumise à l'influence des agents naturels ou attaquée par les réactifs de nos laboratoires, ne se décompose pas en produits secondaires. D'un corps simple, on ne peut retirer qu'une seule espèce de matière. L'idée de corps simple n'implique nullement celle d'un solide, d'un liquide, d'un gaz inaltérables ; la plupart des éléments connus à l'heure présente sont aussi difficiles à conserver qu'à obtenir, mais ce qu'il est essentiel de remarquer, et c'est, après tout la meilleure définition qu'on puisse donner, ils ne peuvent se transformer sans augmenter de poids.

Les ouvrages de chimie qui en énumèrent la liste ne sont pas toujours d'accord entre eux ; mais on peut dire, sans risquer de beaucoup se tromper, qu'il existe environ soixante-dix éléments bien déterminés. Celui qui feuilleterait la collection des *Comptes-Rendus de l'Académie des sciences*, les *Annales de Chimie et de Physique* et autres recueils analogues, en relevant soigneusement, par ordre de dates, les découvertes annoncées de métaux nouveaux, arriverait sans doute à un total beaucoup plus considérable, s'il ajoutait les derniers venus aux corps simples connus avant 1860. C'est que les terres métalliques prétendues nouvelles, d'où l'on se flatte de réussir plus tard à dégager le futur élément, se trouvent être des mélanges de substances déjà connues, mais mal étudiées ; d'autres fois, les recherches subséquentes ne confirment pas les observations antérieures, ou même les infirment d'une manière absolue. On compte ainsi en chimie plusieurs enfants morts-nés (1), trop tôt baptisés, puis disparus, qui fournissent un ample sujet de travail aux chercheurs, dont les efforts, parfois récompensés, peuvent aboutir à des résurrections inattendues. Peut-être bien qu'une fois arrivé au chiffre de cent six, il faudra renoncer à poursuivre plus loin ; nous exposerons, en effet, plus tard, les théories de M. Newland, et les tables classées dressées par le savant anglais ne laissent place qu'à cent six termes. Quoi qu'il en soit, les corps simples qui, par eux-mêmes ou par leurs dérivés, jouent un rôle considérable dans l'économie de la nature, dans l'usine de l'industriel ou dans l'officine du pharmacien, sont au nombre de trente-six (2).

Il est bon toutefois de faire observer que les composés ou les alliages dans lesquels figurent les autres matières élémentaires souvent ne sont ni très rares, ni absolument sans emploi. Le chimiste essayeur et l'agronome trouvent des réactifs fort utiles dans les sels d'urane et de molybdène ; allié à d'autres métaux, le palladium a servi pour le plombage des dents ; certains minerais de fer sont fortement mélangés de titane, et leur qualité n'en est que meilleure ; le platine est presque toujours allié à un peu d'iridium ; le lithium, dont l'analyse spectrale dévoile jusqu'à la moindre trace, sert de base au carbonate de lithium, un remède assez usuel. Si le glucinium est parfaitement inconnu en dehors des laboratoires de minéralogie, il n'est pas de même de l'émeraude. Cette jolie gemme renferme de l'oxyde de glucinium ou glucine uni à de la silice et de l'alumine ; mais

(1) Tels sont le *davyum* et le *philippium*.

(2) En voici la liste alphabétique : aluminium, antimoine, argent, arsénic, azote, baryum, bismuth, bore, brôme, cadmium, calcium, carbone, chlore, chrôme, cobalt, cuivre, étain, fer, fluor, hydrogène, iode, magnésium, manganèse, mercure, nickel, or, oxygène, phosphore, platine, plomb, potassium, silicium, sodium, soufre, strontium, zinc.

si la pierre vert-pré cristallisée et limpide est chose rare et chère, le minéral opaque et à demi amorphe abonde dans certaines partie du terrain primitif, au point qu'on s'en sert, dit-on, pour paver les rues de Limoges.

Neuf des trente-six corps sont connus de temps immémorial. Il est à peine nécessaire d'expliquer que nous voulons parler du charbon et du soufre, ainsi que des sept métaux de l'antiquité et du moyen âge, chacun de ceux-ci étant associé à une planète et à un jour de la semaine. Le soleil était accolé à l'or et la lune à l'argent. Le vif-argent lui-même a fini par perdre son nom primitif pour adopter celui de la planète Mercure. Saturne, contemplé à l'œil nu, brille, paraît-il, d'une lueur « plombée » ; donc, à Saturne le plomb. Pour Mars, dieu de la guerre, il fallait le fer, et, du reste, la nuance rougeâtre de la planète rappelle un peu celle du métal en fusion. A Vénus, honorée dans l'île de Chypre, où le cuivre abonde, on dédie le cuivre. Il va sans dire que nous ne prétendons nullement que le choix des alchimistes n'ait pas été purement arbitraire, d'autant plus que nous avouons ne pas comprendre pourquoi l'étain est échu en partage à Jupiter. Chacun sait, ne fût-ce que pour avoir lu les étiquettes des fioles de pharmacie, que ces anciennes dénominations, premiers termes de nomenclature, bégayés par la science naissante, sont encore fréquemment usités, après avoir été les seuls employés. Sel de Saturne, vitriol de Mars, cristaux de Vénus, sont des expressions pour le moins aussi connues que celles plus scientifiques d'acétate de plomb, de sulfate de fer, d'acétate de cuivre.

Les alchimistes du moyen âge élargirent un peu le cadre étroit légué par les Grecs, les Romains, les Arabes, en découvrant l'arsenic, l'antimoine, le bismuth, qu'ils se gardaient bien de ranger à côté des sept métaux, de peur de troubler la symétrie du nombre. Mais il fallut enfin renoncer à ce chiffre fatidique quand le zinc fut connu. Nous ne pouvons nous étendre ici sur la mystérieuse légende de la première préparation du phosphore par des chimistes de Hambourg (1669), et nous ne parlerons pas des manipulations dégoûtantes à la faveur desquelles s'obtenait cette matière. Nos compatriotes peuvent revendiquer l'honneur d'avoir trouvé un certain nombre de corps simples importants; si l'iode et le brôme sont incontestablement dus à Gay-Lussac et à Balard, Lavoisier étudie l'oxygène en même temps et bien mieux que Scheele, en Suède, Priestley, en Angleterre, et, plus de deux siècles avant Cavendish, Paracelse, contemporain de François Ier, entrevoit l'hydrogène. Depuis une centaine d'années, Berzélius, Davy, Bunsen, nous ne parlons que des principaux, ont largement contribué à grossir la liste des éléments. A partir de 1860, seize ou dix-sept nouveaux métaux ont été caractérisés, grâce à la seule puissance de l'analyse spectrale, le meilleur et le plus usité des procédés d'investigation dont on dispose actuellement. Parmi les plus jolies découvertes actuelles, il convient de signaler celle du *gallium* auquel la Gaule a servi de marraine, et celle du *scandium* né sur les bords de la Baltique. A l'heure qu'il est, les noms « patriotiques » ou « géographiques » se trouvent être assez à la mode; deux des derniers venus, dont l'apparition est encore plus récente, ont été nommés l'un *thulium* (île de Thulé), l'autre *holmium* (*holme*, île en scandinave). Puis le *germanium* de M. Winckler a été jugé digne de clôturer provisoirement la catégorie des substances simples.

Moins heureux, l'*austrium* et le *norvégium* n'auront pas eu l'honneur de figurer au tableau.

Faut-il admettre que, sauf un petit nombre de matières infiniment rares, tous les corps composés ont été ramenés à leurs constituants simples? En d'autres termes, que tous les éléments de la nature, enfermés dans des flacons, des bocaux ou des cloches, pourraient être rangés à la file sur une étagère ? Non, car il existe une substance primordiale qui n'a pas encore été isolée avec certitude absolue. On connait, grâce à des raisonnements d'une portée presque infaillible, non seulement ses propriétés chimiques, mais ses caractères physiques les plus essentiels. Et pourtant, ce gaz qu'on sait être difficilement liquéfiable et faiblement coloré, dont la densité est connue avec une approximation satisfaisante, n'a été entrevu que durant quelques secondes et bien souvent entre deux explosions. Le « fluor », — tel est le nom qu'on lui a attribué pour indiquer qu'il « coule » (*fluere*) et se dérobe entre les mains du chimiste trop curieux qui s'efforce de le captiver, — détruit et ronge presque instantanément les vases où il se trouve en liberté provisoire. Gay-Lussac l'avait nommé *phtore* ou « destructeur ». Ce terme n'a pas prévalu. Les composés fluorés ne sont rien moins que rares et chers ; de plus, ils sont fort nombreux ; mais, en dépit de la variété du choix, fort peu consentent à laisser échapper le gaz hypothétique deviné grâce au génie d'Ampère, et nulle paroi matérielle ne résiste à la force dissolvante des vapeurs émises, si ce n'est peut-être le minéral nommé « fluorine » ou « spath fluor ». Les déboires, les accidents de toutes sortes, souvent même occasionnant des morts d'homme (celle des frères Knox entre autres), avaient provisoirement découragé les chercheurs, lorsque M. Moissan, déjà connu par ses études sur les fluorures, a fini par dégager de l'acide fluorhydrique par électrolyse un gaz qui, selon toute probabilité, est le fameux fluor.

L'oxygène que nous respirons constitue à peu près le cinquième de notre atmosphère ; mais l'eau des mers, lacs et fleuves, contient en réalité une masse bien plus considérable de cet élément, quoiqu'à l'état de combinaison. En effet, le poids de l'air, comme tout le monde le sait, équivaut approximativement à celui d'une hauteur d'eau d'une dizaine de mètres dont il faut prendre la cinquième partie. Le poids total du gaz vital est donc représenté par celui d'une couche d'eau épaisse de deux mètres, uniformément répandue sur la surface de la terre. Or, les mers, qui recouvrent près des trois quarts du globe et ont certainement plus de cent mètres de profondeur moyenne, renferment huit parties d'oxygène pour une seule d'hydrogène. De plus, tous les minéraux qui composent la croûte terrestre sont des matières oxygénées, à part d'infimes exceptions (pétroles, charbons, métaux natifs, sel gemme). Inversement, il n'est pas impossible de calculer assez exactement la dose totale d'azote qui est échue en partage à notre planète, car celui-ci ne contracte pas volontiers d'union avec les autres éléments. Le peu de composés azotés que renferment les terres arables, les tissus animaux ou végétaux, ne saurait en aucune façon contrebalancer l'énorme masse aérienne, qui est mélangée d'un cinquième d'oxygène seulement, jointe au fluide de même nature retenue par les eaux. Comme il est peu probable que les minéraux azotés, si rares à la superficie du globe, soient abondants vers le centre, il s'ensuit que, l'atmosphère et les mers une fois jaugés, le poids demandé s'obtient grâce à un calcul facile. On ne saurait fournir de chiffres analogues à l'égard d'aucun autre élément : ni de l'hydrogène ni du silicium, qui est véritable roi du monde minéral, de même que le carbone, tout en figurant avantageusement dans la charpente de la terre, sous forme de calcaire, domine la nature organique dont il est le noyau et la base. On a calculé que quatorze corps simples, qui semblent s'accoupler deux par deux, suivant une loi harmonique, et qui, presque tous, sont des chefs de file de groupes naturels, dominent dans notre monde d'une façon remarquable, en éclipsant leurs congénères. Par le fait, avec

L'hydrogène et le chlore,
Le sodium et le potassium,
Le magnésium et le calcium,
L'aluminium et le fer,
Le carbone et le silicium,
L'azote et le phosphore,
L'oxygène et le soufre,

convenablement mélangés, la nature réalise les eaux douces, les eaux de mer, l'air, les roches granitiques, dolomitiques, éruptives, les sables, argiles, calcaires, gypses, ainsi que les organismes des animaux et des plantes (1). N'oublions pas de dire que le centre du globe, étant plus lourd que la périphérie, renferme sans doute plus de matières denses ; par conséquent, peut-être, que les métaux précieux y sont plus répandus. Ces derniers ne sont abondants que dans certaines régions limitées où on les exploite. D'autres matières sont diffusées un peu partout. Non seulement on les retrouve grâce à l'analyse spéciale, — réactif qui n'a qu'un défaut, celui d'être trop sensible, — mais il arrive aussi qu'un chimiste soigneux fait de curieuses découvertes en étudiant de près les « cendres » ou en observant la « perte au feu ». Le fluor, par exemple, n'est pas seulement répandu dans les granits ou les roches micacées, dans lesquels il n'entre d'ailleurs qu'à petites doses, mais les savants ont signalé sa présence dans l'émail des dents et jusque dans les vins naturels.

(1) Quant au fer, suivant bon nombre d'auteurs, il constituerait la meilleure partie du noyau de la terre. Voir à ce sujet notre résumé, intitulé : *L'intérieur du globe*. (*Revue des Deux-Mondes*, 1er septembre 1887.)

Nous serions fort embarrassés de dire quel est le métal le plus précieux, c'est-à-dire le plus cher, car la valeur de l'or n'est certes pas considérable à côté du prix d'autres substances presque inconnues. On n'achète pas tous les jours du rhodium ou du ruthénium et le « cours » subit d'étonnantes fluctuations ; cependant, il y a peu d'années, l'iridium tenait la tête. Parfois un nouveau procédé métallurgique plus rapide ou moins coûteux, la découverte d'un nouveau gisement, font subir à la valeur vénale une baisse inattendue ; c'est ce qui est arrivé pour le sodium, et, plus recemment pour l'aluminium. Souvent la matière est introuvable à n'importe quel prix, il faut alors avoir recours à l'inventeur ou à un collègue complaisant, lequel consente à en concéder quelques parcelles. Et, en pareil cas, un lingot d'un petit nombre de grammes est encore un superbe présent ! Il y a environ cinq années, M. Nilson, en Suède, a pu étudier et apprécier les caractères les plus essentiels du scandium et de ses composés, à l'aide d'un imperceptible fragment d'un tiers de gramme. Grâce à l'habileté des manipulateurs, ces faibles masses, sucessivement engagées dans une série de combinaisons variées, ne subissent pas de pertes sensibles, tout en se transformant à l'infini.

Il peut se faire que les dérivés d'un métal mal étudié et presque impossible à obtenir pur, soient des matières fort communes et très vulgaires. Un pareil état de chose est en définitive une atténuation de ce qui se passe avec le fluor. A peine si le calcium a pu être préparé dans un état satisfaisant du pureté, et cependant quoi de plus trivial que la chaux, son oxyde ? Pendant longtemps, les circonstances ont été les mêmes pour le magnésium, aujourd'hui si bon marché, et pour l'aluminium dont l'apparition, il y a vingt-cinq ou trente ans, semblait devoir révolutionner l'industrie, dans laquelle, après tout, le nouveau venu ne joue qu'un rôle secondaire.

Comme de juste, tout savant qui découvre un corps simple a le droit de le baptiser d'un nom particulier plus ou moins heureusement choisi. Actuellement, avons-nous dit, les noms « géographiques » sont à la mode; mais un assez grand nombre de termes plus anciens sont de pure fantaisie et empruntés au répertoire de la mythologie grecque, des légendes allemandes ou des mythes scandinaves. En parcourant la table d'un cours de chimie minérale, on voit défiler pêle-mêle, Niobé, Tantale, les Titans, la Terre, la Lune, les Kobolts ou génies des mines, et le dieu Thor. Dans un cas l'expression à tournure latine a fait place à un autre mot moins savant, mais plus caractéristique. La notation écrite a beau conserver le terme de « stibium » celui « d'antimoine » a prévalu dans le langage commun. Ainsi, dit-on se trouve rappelée la légende, vraie ou fausse, des religieux d'un couvent involontairement empoisonnés par Basile Valentin, célèbre alchimiste, qui croyait avoir découvert dans les sels antimoniés des panacées capables de guérir tous les maux. On a dit que les noms du brôme, de l'azote, du phosphore étaient impropres, parce que d'autres corps simples ou composés ont une odeur fétide, sont irrespirables ou luisent dans l'obscurité. Ces noms simples, euphoniques et sans prétention ne trompent personne et sont pour le moins aussi convenables que ceux de plusieurs métaux auxquels on s'obstine à infliger toujours la lourde et pédante terminaison en *ium*. Lavoisier crut assurément bien faire en appelant oxygène ou « générateur d'acides » les gaz dont il étudia les propriétés avec tant de sagacité; plus tard on reconnut qu'il existe des acides sans oxygène, tandis que l'hydrogène est la base fondamentale de ces mêmes acides, Néanmoins, et ce fait saute aux yeux en chimie organique, il est incontestable que l'addition d'oxygène, ou le remplacement d'une autre substance par ce même élément, tend toujours à exalter dans une molécule les propriétés acides, si elles préexistent, et fort souvent les provoque, si elles font défaut. Le fondateur de la chimie moderne a donc eu raison, bien qu'à un autre point de vue que celui qu'il envisageait.

§ II. — Caractères physiques et chimiques des corps simples.

Caractères physiques. — Presque tous les corps simples sont solides à la température ordinaire Outre le mercure, que tout le monde a vu, un seul est liquide : c'est le brôme, fluide lourd, d'un rouge foncé, très volatil, jouant un rôle indispensable en chimie synthétique. Deux des derniers métaux isolés : le gallium dont nous avons déjà parlé, et sur le compte duquel nous reviendrons encore, et le cœsium, naguère connu seulement à l'état de combinaison, seraient solides en hiver, mais se fondraient sous la seule influence des chaleurs ordinaires d'un été moyen. Le chlore, vapeur verdâtre, a été depuis longtemps liquéfié ; mais l'oxygène, l'azote et l'hydrogène, jadis désignés comme « gaz permanents » ont résisté jusqu'à l'année 1877 à la double action du froid et de la compression, jusqu'à ce que les procédés de MM. Cailletet et Pictet en soient venus à bout. Il n'existe donc, en sus du fluor, que quatre gaz simples dont aucun ne saurait être incoercible.

Inversement, et malgré les tentatives de M. Despretz, jamais le carbone n'a pu être fondu ni volatilisé ; le bore et le silicium sont tout aussi réfractaires. Quelques métaux, comme l'argent ou le potassium fondus, émettent à de très hautes températures des vapeurs vertes qui ne rappellent guère la teinte du solide générateur. Étudier du zinc ou du cadmium gazéifiés est chose moins difficile encore, mais souvent une matière simple, plus fusible qu'une autre est bien plus malaisée à vaporiser : ainsi l'étain, qui se liquéfie dans une carte à jouer exposée à la flamme d'une bougie, n'est pas sensiblement volatil, et le potassium qui peut prendre l'état fluide à moins de 63° dans l'huile de naphte chaude, n'émet de vapeurs qu'au rouge, tout comme le plomb, à peine fusible vers 330° cependant.

Ne pouvant ni ne voulant retracer ici le tableau, même incomplet, des caractères physiques des corps simples, nous nous contenterons de parler brièvement de leurs couleurs et de leurs dissolvants. Presque toute la gamme du spectre est représentée dans la seule série des métalloïdes, depuis le bleu pur de la variété d'oxygène qu'on nomme ozone et qui peut-être colore notre ciel, jusqu'au gris violacé de l'iode, en passant par le rouge foncé du soufre et du sélénium. Néanmoins, la note jaune plus ou moins franche, domine, tout comme dans les fleurs champêtres des plaines, grâce au chlore, au soufre, au phosphore. Il faut toutefois observer que le soufre fondu chauffé vers 250° ressemble assez à du goudron, et que, versé brusquement dans l'eau froide au moment où il atteint cette température, il fournit une sorte de caoutchouc brunâtre bien différent de la matière jaune et friable que chacun a pu manier. Du reste, au bout de quelques jours, la couleur et la fragilité normale reparaissent, au lieu que le phosphore, une fois transformé en une substance opaque et rouge, non vénéneuse et peu inflammable, persiste dans son nouvel état. C'est en remplaçant ce phosphore ordinaire par ce corps rougeâtre qu'on obtient les allumettes dites de sûreté.

Les anciens alchimistes distinguaient, au point de vue de la couleur, leurs sept métaux en « solaires » et « lunaires » ceux-ci d'un blanc plus ou moins pur, plus au moins grisâtre et beaucoup plus nombreux que ceux de la première classe qui comprenait seulement l'or et le cuivre. De fait, il est assez singulier que, de tous les métaux découverts depuis cent ans, aucun ne rappelle par sa teinte ces deux derniers corps connus de toute antiquité. Comme aspect extérieur, tous ressemblent plus ou moins à l'argent, au fer, au plomb, à l'étain. Pendant un certain nombre d'années, les traités de chimie ont tous répété que le titane préparé par Berzélius se rapprochait du cuivre, au point du vue de la nuance et de l'éclat, mais on a reconnu l'erreur du grand chimiste suédois; il avait pris l'azoture de titane pour le métal libre, lequel constitue une poudre noirâtre sans intérêt. A propos de la section des « lunaires » faisons observer qu'un solide réfléchissant fortement la lumière blanche ne saurait la modifier beaucoup, comme le ferait un bloc rugueux. Avec Bénédict Provost, multiplions les réflexions d'un même rayon sur la lame métallique; tout change, et au lieu d'un blanc sale, nous observons des teintes riches et variées. Le fer devient violet, le zinc bleu indigo, l'argent se colore en jaune. Quant aux « solaires » ils se teignent en pourpre foncé, et, si nous regardons le soleil au travers d'une lame d'or suffisament mince, la feuille métallique vue par transparence semblera verte. On sait que le vert est la nuance complémentaire du rouge.

Corpora non agunt nisi soluta, disaient, en exagérant une idée fort juste en général, les prédécesseurs de Würtz et de Berthelot. Pour provoquer ou faciliter une réaction chimique, il est presque toujours avantageux d'amener préalablement à l'état liquide le solide, le gaz qui doit entrer en conflit en le « dissolvant » si c'est possible dans un « véhicule » ou un « menstrue ». Ce dernier terme, très usité jadis, a vieilli, mais la première expression est excellente et fait image, car le fluide employé permet de communiquer aux particules dissoutes la mobilité qui leur fait défaut ; il transporte celles-ci au contact du corps qu'elles doivent attaquer, de même qu'une voiture nous amène où nous désirons nous rendre. Le dissolvant par excellence est l'eau pure, dans laquelle la plupart des matières salines se fondent très bien ; mais, malheureusement, les seuls métalloïdes qu'elle absorbe sont le chlore, le brôme et l'iode, et encore à doses minimes. On emploie souvent l'alcool comme véhicule de l'iode, et le sulfure de carbone, liquide lourd, volatil et fétide, dont la lutte contre le phylloxéra a vulgarisé le nom, peut s'assimiler d'assez fortes quantité d'iode, de phosphore, et surtout de soufre. Jamais le sulfure de carbone du commerce, par exemple celui qui sert aux traitements viticoles, n'est exempt de soufre ; celui-ci se dépose sous la forme d'une efflorescence neigeuse, près de la bonde des barils en vidange, pour peu que la fermeture imparfaite favorise l'évaporation du sulfure. Mélangé d'iode, ce même liquide devient violet presque noir ; opaque, même sous une faible épaisseur, aux rayons lumineux du soleil, la liqueur laisse passer la presque totalité des effluves calorifiques obscurs. Plus difficiles encore que les substances précédentes, le bore et le silicium restent indifférents aux véhicules neutres énumérés ci-dessus et ne se marient qu'à l'aluminium ou au zinc en fusion. Laisse-t-on refroidir le mélange en prenant certaines précautions, on obtient au sein du lingot solidifié une cristallisation de bore ou de silicium, et au moyen de l'acide chlorhydrique qui ronge le métal et respecte le métalloïde, il est facile de dégager les cristaux de la gangue qui les entoure. Si le carbone se mêle un peu à la fonte en fusion, la masse une fois concretée ne renferme que des paillettes de graphite, matière à demiamorphe. Ce n'est donc pas à un phénomène de ce genre qu'il convient de rapporter la mystérieuse origine du diamant. Vis-à-vis des métaux, eau, alcool, sulfure de carbone, benzine, sont absolument impuissants; mais les acides les attaquent plus ou moins, et un sel, qui presque toujours se mélange à l'excès d'acide, prend naissance. Seulement, la liqueur ne restitue plus le métal primitif radicalement transformé ; le phénomène n'est plus d'ordre purement physique. Notons en passant que l'eau est violemment décomposée par certains métaux, tels que le sodium ; de la soude se forme qui se dissout dans l'eau et il se dégage tumultueusement de l'hydrogène naissant. En additionnant le sodium de mercure, qui ne prend pas part à la réaction, le gaz s'échappe aussi doucement qu'on veut; en sorte que l'amalgame de sodium est un agent « hydrogénant » ou « réducteur » tantôt énergique, tantôt modéré, suivant sa composition. Par cela même, il est constamment employé par les savants modernes dans leurs opérations de synthèse organique.

Métalloïdes et métaux. — Nous venons de prononcer tout à l'heure, à propos du bore et du silicium, le mot de *métalloïde*. De même qu'en littérature « tout ce qui n'est point prose est vers », et « tout ce qui n'est point vers est prose, » de même pour les chimistes tous les corps simples sont ou métalloïdes ou métaux. La première de ces deux expressions est parfaitement impropre ; elle laisserait croire que toutes les substances non rigoureusement métalliques sont par leurs caractères de véritables quasi-métaux. Au contraire, il s'agit de matières dont les propriétés physiques diffèrent essentiellement de celles des éléments bien plus nombreux rangés dans la seconde classe, tout en variant énormément d'un terme à l'autre de la série. L'iode, l'azote, le carbone se distinguent tout autant comparés entre eux qu'opposés à l'argent ou au zinc. Ce n'est guère qu'en lisant des cours de chimie minérale suffisamment complets, qu'on peut se rendre compte des différences d'allure si tranchées qui séparent les deux sections au point de vue des affinités. Si les caractères des différents métaux varient beaucoup en énergie, la tendance générale change médiocrement. Des divergences beaucoup plus nettes séparent les métalloïdes : les transition sont heurtées et brusques, non seulement de groupe à groupe, mais d'élément à élément. Mieux encore, ces capricieuses matières ne sont pas toujours identiques à elles-mêmes ; quelques-unes d'entre elles peuvent revêtir diverses formes et au changement d'aspect extérieur correspond une modification dans la nature chimique. Expliquons-nous : le gaz oxygène peut, à basse température, et grâce à divers procédés, notamment par l'action de l'effluve électrique, se transformer en ozone, sans qu'il y ait, bien entendu, aucune absorption de matière. L'ozone chauffé redevient oxygène facilement, trop facilement même au gré des chimistes, et cette modification du gaz vital est douée d'une odeur sulfureuse spéciale, d'une saveur caractéristique analogue à celle du homard, au lieu que la substance génératrice est inodore et insipide. La densité n'est pas la même ; trois litres d'oxygène pèsent autant que deux litres d'ozone, enfin les propriétés chimiques s'exagèrent au point que le mercure et l'argent, inaltérables à l'air, s'emparent de l'ozone. Si celui-ci est, pour ainsi dire, de l'oxygène exalté, le phosphore rouge, dont nous avons dit un mot, est un phosphore adouci, dont les caractères sont atténués, sans parler du légendaire phosphore noir, entrevu de temps en temps par les Thénard et dont l'existence est fort douteuse en tant que produit pur. Le soufre offre plusieurs variétés dont les couleurs ou les solubilités dans le sulfure de carbone sont loin d'être les mêmes. Il y a deux espèces de bore, trois espèces de silicium et les ouvrages de chimie consacrent des pages entières à la description des nombreuses formes que peut affecter le carbone et que diversifient encore des proportions plus ou moins grandes de corps étrangers. Ce n'est pas que, dans la longue série des métaux, les travaux n'aient fait découvrir plusieurs cas de modifications allotropiques, mais les singularités diminuent graduellement à mesure que la tendance métallique s'accentue et, finalement, l'argent vierge, le sodium pur, le mercure bien nettoyé, sont toujours identiques à eux-mêmes.

A ce propos, on peut se demander si la limite qui sépare les métaux des métalloïdes est nette ou confuse, naturelle ou arbitraire. La réponse n'est pas douteuse : la barrière élevée par la science est purement fictive, puisque l'accord entre les praticiens et les théoriciens, d'une part, et entre les savants des différentes écoles, d'autre part, est loin d'être satisfaisant. Il est bien clair que le potassium, le zinc, le cuivre, sont des métaux pour tout le monde, de même que l'iode, l'oxygène, le soufre, sont invariablement qualifiés de métalloïdes. Les propriétés physiques et chimiques des premiers diffèrent à tel point de celles des derniers qu'aucune hésitation n'est possible. Mais il existe des éléments ambigus, à caractères bâtards, et dont la place est malaisée à déterminer. D'accord en cela avec les auteurs du début de ce siècle, les traités de chimie analytique classent hardiment parmi les métaux tous ces corps à fonctions mal définies ; pour eux, il n'y a de vrais métalloïdes que le chlore, le brôme, l'iode, le fluor, l'oxygène, le soufre, l'azote, le phosphore, le bore, le carbone, le silicium et l'hydrogène, en tout douze corps simples qu'on oppose aux vingt-quatre métaux usuels. Commode en pratique, cette manière de voir n'est pas adoptée dans l'enseignement secondaire officiel dont les programmes ont été rédigés suivant les idées de l'illustre Dumas. L'on ajoute alors à la liste précédente l'arsenic et parfois l'antimoine, par le motif que l'antimoine et l'arsenic fournissent, par leur copulation avec l'hydrogène, des composés bien définis et assez stables, analogues aux combinaisons correspondantes de l'azote et du phosphore. Quant aux chimistes de l'école moderne, ils affaiblissent encore davantage la classe des métaux au profit de l'autre section dans laquelle ils ramènent, outre l'antimoine, le bismuth et même l'étain, sans parler d'autres corps simples moins connus. On comprend qu'ils font bon marché de certaines propriétés physiques, comme l'éclat ou la conductibilité pour la chaleur et l'électricité, et se fondant sur un caractère chimique, ils envisagent comme métalloïde tout élément dont le chlorure serait décomposé par l'eau à froid.

Classification des métalloïdes (Dumas). — Laissons de côté ces arguties sans importance, pour nous occuper de la classification des métalloïdes en familles naturelles, problème abordé par Dumas, il y a une cinquantaine d'années et fort heureusement résolu par lui. Dumas rangea dans un premier groupe le fluor, le chlore, le brôme, l'iode, éléments dits halogènes, s'unissant volontiers à l'hydrogène comme aux métaux, agents minéralisateurs importants, mais doués d'une affinité médiocre pour l'oxygène.

Ce dernier, joint au soufre ainsi qu'à deux matières rares, le sélénium et le tellure, constitue la seconde famille, qui comprend ainsi quatre substances simples, susceptibles d'être, selon les circonstances, comburantes ou combustibles (sauf l'oxygène, cela va sans dire) et capables de s'unir à l'oxygène comme aux métaux et à l'hydrogène.

La troisième tribu n'embrasse à la rigueur que l'azote, le phosphore et l'arsenic, mais l'antimoine et le bismuth, en dépit de certaines affinités métalliques, s'y rattachent naturellement comme appendices ; tous s'assimilent parfaitement bien l'oxygène, sauf l'azote, plus paresseux à entrer en conflit, et moins bien l'hydrogène ; de plus avec ce dernier ils fournissent des composés basiques ou neutres, au lieu d'engendrer des acides plus ou moins énergiques, comme les corps des deux premières classes. Il restait à sérier quatre éléments, mais on s'aperçut qu'il fallait décidément mettre de côté, à raison de ses allures par trop spéciales, l'hydrogène, lequel avait servi de base et de comparaison. Si l'on ne trouvait point notre rapprochement trop trivial, nous dirions qu'il était « opposable » aux autres matières, comme le pouce est « opposable » aux autres doigts.

Enfin une quatrième famille fut créée dans laquelle entrèrent le carbone, le silicium et le bore ; pour justifier cette division moins naturelle que les autres, il fallut invoquer, à défaut d'analogies chimiques manifestes, quelques similitudes de propriétés physiques. La vérité est que le carbone et le silicium sont réunis par des liens de parenté fort étroits, mis en évidence depuis les beaux travaux de MM. de Marignac, Friedel et Ladenburg, et ne sauraient être séparés, au lieu que le bore, en dépit de quelques points d'affinités purement extérieurs, doit être écarté du silicium pour faire bande à part. Il y a sept années, cependant, une tentative a été faite par M. Étard pour reporter le bore à côté de l'azote et du phosphore, avec lesquels il n'est pas sans ressemblances, surtout au point de vue de ses dérivés.

En résumé, en dépit des progrès subséquents réalisés par la science, l'œuvre de Dumas n'a subi que des modifications secondaires.

Classifications des métaux. — Méthode de Thénard. — Groupes analytiques. — En tout temps on a divisé les métaux en communs et en précieux. Au moyen-âge, ils furent nobles ou ignobles, et placé au sommet de cette hiérarchie féodale d'un nouveau genre, l'or fut déclaré roi et suzerain. Comme un métal précieux ne conserve sa couleur et son éclat que parce qu'il résiste à l'action de l'oxygène de l'air et n'est guère susceptible d'être rongé par les acides, et qu'au contraire, ces deux agents altèrent à divers degrés la plupart des autres éléments métalliques, l'idée d'une classification pratique, fondée sur de semblables caractères, s'impose naturellement à l'esprit.

C'est ce qu'entreprit Thénard, qui rangea les métaux suivant une liste de sections s'échelonnant successivement depuis la première, dont font partie le potassium et le sodium qu'on est obligé de conserver dans l'huile de naphte, jusqu'à la sixième où brillent le mercure, l'argent, l'or, le platine. Ajoutons, afin de donner des exemples relatifs à des substances bien connues, que le magnésium, le fer, l'étain et le cuivre peuvent être choisis comme types des seconde, troisième, quatrième et cinquième sections.

Peut-être trop décriée par certains auteurs contemporains qui ont eu le tort de ne pas voir dans l'œuvre de Thénard un essai de classement artificiel analogue à la clé botanique de Linné, cette méthode déjà ancienne est reléguée dans beaucoup d'ouvrages de l'époque actuelle à des paragraphes intitulés : *Historique*. Du moins groupait-elle ensemble les corps dont la métallurgie est analogue, ce qui n'était pas sans utilité au point de vue de l'enseignement, sans compter plusieurs autres avantages secondaires, grâce auxquels elle figure encore dans les programmes.

Nous voici amenés à parler d'un autre sectionnement absolument empirique, mais très avantageux pour le chimiste analyseur. L'opérateur qui veut retrouver les métaux ou bases contenus dans une roche, un minerai, un médicament ou une couleur d'origine inorganique commence par dissoudre le tout dans un véhicule convenable : eau, acide, alcali, etc. La liqueur obtenue est ensuite soumise à l'action successive de quelques réactifs, qui sont invariablement l'hydrogène sulfuré gazeux, le sulfure d'ammonium et un mélange de chlorure et de carbonate d'ammonium. On obtient par ce moyen, dans le cas le plus général, trois précipités et deux liqueurs claires. Chacun de ces précipités ou solutions renferme uniquement un certain nombre de métaux à l'exclusion de tous les autres. Si un des liquides ne contient que de l'eau pure, si l'un des précipités ne s'est pas formé, le praticien est en droit d'en conclure à l'absence certaine des bases du « groupe » correspondant. Des procédés particuliers permettent ensuite d'isoler complètement les unes des autres les bases réunies ensemble, et, par suite de les déterminer (1). Cette division en groupes rattache évidemment plusieurs corps simples sans analogie réelle, et jouissant seulement d'un bien petit nombre de caractères communs, mais, toute artificielle qu'elle soit, elle provoque plusieurs rapprochements instructifs.

Nous prions le lecteur d'examiner et de comparer les deux tableaux ci-contre ;

(1) Il va sans dire que nous indiquons seulement le sens général des opérations à effectuer. La vraie marche à suivre est en réalité plus complexe dans son ensemble et fort minutieuse dans ses détails.

DIVISION DES MÉTAUX EN GROUPES ANALYTIQUES

Premier groupe.	*Deuxième groupe.*	*Troisième groupe.*	*Quatrième groupe.*	*Cinquième groupe.*
MÉTAUX PRÉCIPITÉS SOUS FORME DE SULFURES PAR L'HYDROGÈNE SULFURÉ.		MÉTAUX NON PRÉCIPITÉS PAR L'HYDROGÈNE SULFURÉ.		
Le sulfure obtenu est soluble dans le sulfure d'ammonium chargé de soufre.	Le sulfure est insoluble dans ce réactif.	Métaux dont les solutions précipitent par le sulfure d'ammonium.	Métaux dont les solutions ne précipitent pas par le sulfure ammoniacal, mais qui se troublent par l'addition d'un mélange de chlorure et de carbonate d'ammonium.	Métaux dont les solutions restent limpides après l'addition de tous les réactifs précédents.
Arsenic. Or. Platine. Étain. Antimoine.	Cuivre. Mercure. Plomb. Bismuth. Cadmium. Argent.	Cobalt. Nickel. Fer. Manganèse. Zinc. Aluminium. Chrôme.	Baryum. Strontium. Calcium.	Magnésium (1). Potassium. Sodium.

(1) Bon nombre d'auteurs rangent le magnésium dans le quatrième groupe.

CLASSIFICATION DES MÉTAUX (THÉNARD)

1re section.	*2e section.*	*3e section.*	*4e section.*	*5e section.*	*6e section.*
		MÉTAUX DÉCOMPOSANT L'EAU AU ROUGE.			
Métaux décomposant l'eau à froid.	Métaux décomposant l'eau à 100°.	Dégageant de l'hydrogène à froid en présence des acides.	Dégageant de l'hydrogène en présence des alcalis bouillants.	Métaux décomposant l'eau au rouge blanc et ne dégageant pas d'hydrogène à froid en présence des acides.	Métaux ne décomposant l'eau à aucune température.
Alcalins. { Potassium. Sodium. Alcalins terreux. { Calcium. Strontium. Baryum.	Métaux terreux. { Magnésium. (1) Aluminium.	Manganèse (2) Zinc. Fer. Nickel. Cobalt. Cadmium. Chrôme.	Étain. Antimoine.	Cuivre. Plomb. Bismuth.	Mercure (3) Argent. Or. Platine.
Oxydes indécomposables par la chaleur seule.					Oxydes décomposables par la chaleur.

(1) Dans ce système de classification, il est presque impossible de marquer la vraie place de l'aluminium.
(2) Souvent le manganèse est reporté dans la seconde section à côté du magnésium.
(3) Le mercure s'écarte un peu des véritables métaux précieux par la facilité avec laquelle il s'oxyde au contact de l'air chaud.

il verra qu'en général deux métaux rangés dans une même section de Thénard sont dispersés dans deux « groupes » analytiques différents, mais le contraire se présente aussi et nombre de matières se trouvent juxtaposées dans l'un et l'autre tableau. Si tel est le cas, par exemple, pour le potassium et le sodium, le calcium et le baryum, le nickel et le cobalt, le cuivre et le plomb, le platine et l'or, la conséquence évidente n'est-elle pas que ces substances *peuvent* être liées par une affinité sérieuse, une analogie incontestable ? Ne peut-on essayer de faire pour les métaux ce que Dumas tenta jadis, avec succès, à l'égard des métalloïdes, et ensuite est-il possible de réunir dans un même ensemble les deux classes de matières simples ? Jusqu'ici nous n'avons invoqué que les données de l'ancienne chimie, données trop insuffisantes pour élucider une question aussi ardue et nous n'avons pas interrogé les théories modernes, qui dévoilent la constitution intime des corps simples et composés. Elles seules sont capables de décider si les coïncidences que nous avons signalées sont l'effet du hasard ou tiennent à une véritable parenté ; elles nous serviront à prouver que si, dans l'état actuel de la science, nous ne touchons pas au but, du moins nous sommes bien près d'y atteindre.

§ III. — Atomicité et valence des substances simples.

Atomicité des éléments. — Une matière est plus aisée à étudier dans sa structure intime si elle est gazeuse ou susceptible de le devenir, car, dans ce cas, ses molécules peuvent être pesées, au moins d'une façon relative. Rien de plus aisé alors au chimiste que de les disséquer en atomes, par le raisonnement bien entendu. Si le corps volatil est simple, comme dans le cas du chlore, les atomes dont l'agglomération constitue la molécule sont tous identiques entre eux. Dans quelques cas assez rares, l'atome est unique : cette singularité se présente pour le mercure et le zinc ; elle permet même de prévoir, grâce au calcul, certaines anomalies dans les propriétés calorifiques de la vapeur mercurielle, et MM. Kundt et Warburg ont réussi à justifier par l'expérience toutes les circonstances indiquées. Un métal moins connu que le mercure, le cadmium, d'où dérive une belle couleur jaune fort employée en peinture, possède également à l'état fluide une molécule à atome isolé. Le cuivre, le magnésium, le plomb, le calcium ne sont pas volatils, mais l'on suppose un peu gratuitement qu'ils ont avec le mercure, le cadmium, le zinc, trop de points de contact, pour n'être pas « monoatomiques » comme eux. En revanche, le nombre des éléments gazeux ou gazéifiés dont la molécule peut se couper en deux atomes est considérable : tous les anciens gaz permanents, c'est-à-dire l'oxygène, l'hydrogène et l'azote, ainsi que le chlore, le brôme, l'iode, se rangent dans cette catégorie à laquelle il faut joindre le soufre, mais avec une restriction. Les métaux alcalins (potassium, sodium, lithium, etc.) et l'argent grossiraient encore cette catégorie, si l'on pouvait apprécier autrement que par conjecture leur densité de vapeur. Enfin le phosphore et l'arsenic possèdent une molécule plus riche encore qui ne contient pas moins de quatre atomes distincts.

L'ozone, dont nous avons déjà dit un mot, est un aggrégat constitué, non par *deux* atomes comme l'oxygène ordinaire, mais bien par trois. Ainsi s'explique son grand pouvoir oxydant, car on n'a pas de peine à comprendre que le troisième atome de cette lourde et instable association s'en détache facilement et qu'une faible chaleur ramène le tout à la forme binaire normale. Les circonstances sont analogues pour le soufre qui offre au point de vue chimique tant de rapport avec l'oxygène : à 500° la vapeur de soufre renferme jusqu'à six atomes ; c'est la molécule la plus riche de celles de tous les corps simples connus. Mais avant 1000° l'équilibre se rompt, les atomes se séparent, tout en restant accolés par paires et le soufre, ainsi que la plupart des autres éléments devient diatomique. A la suite d'expériences délicates et fort discutées de MM. Meier, Crafts, etc., on a été amené à croire que, sous l'influence d'une forte chaleur, les molécules du chlore, du brôme, de l'iode, pourraient bien se scinder en deux autres, constituées chacune d'un atome distinct (1).

Il ressort de ce que nous venons d'expliquer que l'atomicité des corps simples est un caractère essentiellement contingent, variable, suivant les circonstances, et dont la philosophie chimique ne saurait tirer parti. L'oxygène est diatomique comme l'hydrogène, duquel il diffère profondément ; au contraire, l'azote et le phosphore, voisins très proches, sont représentés par des molécules dissemblables. Enfin, les exemples que nous avons cités prouvent surabondamment qu'une même substance primordiale peut varier d'atomicité, et que celle-ci diminue généralement aux températures élevées.

Valence des corps simples (2). — L'étude de la « valence » des éléments nous fournira peut-être des indications

(1) Le lien qui rattache entre eux les deux atomes de chlore ou d'azote d'une molécule est, après tout, de même nature que celui réunissant un atome de chlore à un atome d'hydrogène dans le cas de l'acide chlorhydrique. On peut très bien expliquer pourquoi l'azote libre, si facile à obtenir, est si paresseux à entrer en combinaison ; c'est que les atomes d'azote sont rivés entre eux par une puissante affinité, malaisée à vaincre.

(2) Le lecteur est prié de se souvenir de ce que nous avons dit dans la note au bas de la page 17.

plus précises. Les atomes de tous les corps simples métalloïdes n'ont pas la faculté de s'unir à un même nombre d'atomes d'hydrogène, et cette variation de capacité, déjà indiquée par Dumas, est de la plus haute importance en philosophie chimique. Expliquons-nous à ce sujet. Considérons les molécules de l'acide chlorhydrique, de l'eau, de l'ammoniaque et du gaz des marais, tous composés stables et bien définis : elles sont formées d'un atome unique de chlore, d'oxygène, d'azote ou de carbone, additionné respectivement d'un, deux, trois ou quatre atomes d'hydrogène.

HCl H^2O AzH^3 CH^4

Notons en passant que si l'azote réclame trois atomes et si le carbone en veut quatre, cela n'implique nullement de la part du carbone ou de l'azote une plus grande affinité pour l'hydrogène dont le chlore et l'oxygène sont infiniment plus avides. Cela veut dire simplement qu'on peut se figurer l'atome d'azote, par exemple, sous la forme d'une boule garnie de trois crochets à chacun desquels se suspend une autre petite bille, également crochue, figurant l'un des trois hydrogènes, et ainsi de suite.

En fait d'amarrage, mieux vaut un lien solide que trois attaches faibles.

Les quatre corps que nous venons de nommer sont précisément les chefs de file des quatre familles naturelles de Dumas, et tous les éléments qui font partie d'une même famille, suivent l'exemple du type ; vis-à-vis de l'hydrogène, le brome se comporte comme le chlore et le silicium joue le même rôle que le carbone. Mais on peut aller plus loin et remarquer que le chlore, le brome et l'iode, voire même le fluor, pour continuer notre comparaison grossière mais juste, sont des atomes à un seul croc, absolument comme l'hydrogène, et au point de vue de la « capacité de saturation » jouent un rôle identique. L'expérience justifie cette conception : dans les chlorures de phosphore et de silicium, phosphore et silicium réunissent autour d'eux, le premier trois, le second quatre atomes de chlore, de même que l'hydrogène phosphoré et l'hydrogène silicié résultent d'un atome, soit de phosphore, soit de silicium, rivé à trois ou bien à quatre hydrogènes. Pour abréger le langage, les chimistes de l'école moderne conviennent de dire que la première matière simple est « trivalente » et que la seconde est « quadrivalente » (1).

Puisque les membres d'un même groupe naturel de métalloïdes absorbent pour un atome isolé d'un corps donné le même nombre d'atomes d'hydrogène, de chlore, de brome, d'iode et de fluor, on est en droit d'en conclure que l'identité de la valence ou pouvoir absorbant, par rapport à ces derniers corps, implique une analogie incontestable. Or, beaucoup de substances élémentaires refusent d'entrer en conflit avec l'hydrogène, mais toutes, sauf une seule, qui est le fluor, acceptent de s'unir au chlore, et l'étude des composés chlorés peut fournir des renseignements précieux pour une classification rationnelle. Par exemple, avant que l'hydrogène boré ne fut connu, l'étude du chlorure borique conduisit les chimistes à écarter définitivement le bore lui-même du silicium et du carbone ; ceux-ci sont franchement quadrivalents et celui-là se contente

(1) Ou « tétravalente. »

de trois atomes de chlore [1]. Ce fait prouve catégoriquement que les identités de capacités chimiques ne concordent pas toujours avec les analogies physiques et nous verrons, par la suite de ce travail, que de telles anomalies ne sont rien moins que rares.

Passons aux métaux. Plusieurs d'entre eux se combinent au chlore atome pour atome ; tels sont le potassium, le sodium, plusieurs autres métaux en *ium* dont l'analyse spectrale a dévoilé la présence dans certains minéraux d'où on a réussi à les extraire ensuite, et finalement l'argent. En dépit de son inaltérabilité bien connue et dérivant d'une puissance d'affinité médiocre, ce corps précieux fait partie de la même catégorie. Bien plus longue est la liste des métaux bivalents qui exigent deux atomes du chlore ; leur nombre est même trop grand pour qu'on n'établisse pas de sous-divisions dans cette vaste classe comprenant, en sus des métaux dits alcalino-terreux — le calcium, le strontium et le baryum — le magnésium, le zinc, le cuivre, le mercure, le cadmium. Au contraire, la famille des métaux trivalents ne comprend que le bismuth, dont les allures un peu ambiguës rappellent les métalloïdes, l'antimoine qu'aujourd'hui tout le monde s'accorde à envisager comme tel, enfin l'or séparé de l'argent et mis de côté. Le platine et l'étain figurent comme éléments nettement quadrivalents.

Ceci posé, entreprenons une étude attentive des caractères physico-chimiques des métaux et des sels qui en dérivent. Des analogies manifestes rapprochent, surtout au point de vue des formes cristallines et de la solubilité dans l'eau, les combinaisons du même ordre des corps de valence identique. Ainsi l'histoire de l'argent si éloi-

(1) Effectivement, une fois préparé, le borure d'hydrogène s'est trouvé correspondre à la formule BoH^3.

gné du potassium à certains égards, met en lumière maintes proprietés communes à ces deux métaux (1). L'affinité des trois métaux alcalino-terreux est frappante pour le chimiste comme pour le minéralogiste. Enfin, il n'est pas malaisé de découvrir des relations fort étroites entre les sels du cuivre, du mercure, du magnésium, du zinc (métaux de la série dite *magnésienne*).

Dans la notation écrite, lorsque l'on veut insister sur la valence d'un élément on ajoute au symbole du corps simple de petits chiffres romains ou accents qu'on place arbitrairement tantôt au-dessus du signe, tantôt à sa droite ou vers sa base.

Le chlore monovalent s'écrit		$\overset{\prime}{Cl}$, $Cl^{\prime}$ ou $Cl_{\prime}$
Le zinc bivalent	»	$\overset{\prime\prime}{Zn}$, $Zn^{\prime\prime}$ ou $Zn_{\prime\prime}$
L'or trivalent	»	$\overset{\prime\prime\prime}{Au}$, $Au^{\prime\prime\prime}$ ou $Au_{\prime\prime\prime}$
Le carbone tétravalent	»	$\overset{IV}{C}$, C^{IV} ou C_{IV}

Oscillations de la valence. — Mais que le lecteur, à la seule inspection du tableau dont nous avons esquissé à peine les principaux linéaments, ne s'imagine pas que la philosophie naturelle a découvert un *criterium* infaillible. Malheureusement, les choses ne sont pas toujours aussi simples. Ainsi plusieurs savants de l'école atomique s'étaient imaginés que la valence des atomes, ou comme nous l'avons expliqué, leur capacité de saturation vis-à-vis de l'hydrogène et du chlore était une faculté absolue, essentielle, invariable. Quant aux exceptions embarrassantes, elles étaient attribuées à des influences spéciales à chaque cas et d'ordre secondaire. Il n'en est rien : fréquemment un atome unique

(1) Par exemple l' « isomorphisme » du chlorure d'argent AgCl avec les chlorures de potassium et de sodium KCl et NaCl. Les sulfates de potassium et d'argent SO^4K^2 et SO^4Ag^2 engendrent également des « aluns » (chap. III, § 4 et 5).

absorbe, suivant les circonstances, plus ou moins de chlore, plus ou moins d'hydrogène, et donne ainsi lieu à deux composés différents. Ainsi le phosphore, suivant qu'on met à sa disposition peu ou beaucoup de chlore, fournit du trichlorure ou du pentachlorure de phosphore ($\overset{'''}{P}Cl^3$ ou P^vCl^5). Il agit donc comme corps trivalent ou quintivalent. L'iode monovalent peut devenir trivalent; des trois atomes de chlore du trichlorure d'acide $I'''Cl^3$, deux se détachent il vrai très facilement, en sorte que le composé se trouve être un agent chlorurant précieux dans certaines opérations de synthèse. On voit que les exceptions que présentent les métalloïdes ont été mises à profit par les chimistes; la pratique gagne si la théorie souffre. Parcourant la série des composés métalliques, nous constatons que souvent la valence de l'or et du platine tombe de deux unités; ces éléments se contentent alors d'être univalents ou bivalents (1). Celle du plomb au contraire, augmente parfois de façon à laisser supposer que le métal est au fond quadrivalent, en dépit de ses analogies avec plusieurs substances bivalentes (2).

Néanmoins, les partisans des théories modernes ne sont pas restés à court devant ces objections: « Nous vous accordons, ont-ils répliqué, le fait du caractère contingent de la valence; à cet égard, vous avez raison en toute rigueur. Mais nous pensons aussi que cette faculté, tout en aspirant vers une limite normale bien

(1) Les molécules de ces chlorures contiennent-elles réellement *un seul* atome d'or ou de platine? Il est *probable*, mais non *certain*, que leurs formules vraies sont AuCl et $PtCl^2$ au lieu de Au^2Cl^2 et Pt^2Cl^4. En nous adressant à un métal beaucoup plus rare, le thallium, nous trouverions des exemples mieux caractérisés, puisqu'à côté du chlorure thalleux TlCl analogue au chlorure d'argent AgCl sous divers points de vue, on connaît le chlorure thallique $TlCl^3$; le thallium possède donc deux valences distinctes qu'il affecte suivant les circonstances.

(2) Nous faisons allusion au plomb-tétréthyle PbC^8H^{20}, dont nous dirons quelques mots dans le dernier paragraphe du chapitre IV.

déterminée, peut-être fort souvent provisoirement exaltée ou passagèrement amoindrie. Prenons surtout en considération les composés, les sels qui se forment aisément et sont difficiles à détruire. Par exemple, les chlorures supérieurs d'or et de platine, à raison de leur plus grande stabilité, marquent le vrai pouvoir de saturation du métal; l'iode retient fort mal deux de ses trois atomes de chlore et conserve mieux le dernier. Le plomb est presque toujours manifestement bivalent; gardons-nous bien, en dépit d'un petit nombre de cas, de l'écarter du cuivre et du baryum auquel il ressemble fort. » Leurs antagonistes, M. Berthelot en tête, loin de rendre les armes, n'ont pas manqué de signaler maintes circonstances dans lesquelles la valence devient encore moins nette. Ces faits se présentent lorsqu'un corps simple se sature à la fois avec deux ou plusieurs éléments monovalents de natures distinctes. De même que la diversité des mets entretient l'appétit, de même la capacité de saturation d'une matière peut s'accroître, si on lui présente à la fois plusieurs métalloïdes ou métaux. Ainsi l'azote dans le chlorure d'ammonium AzH^4Cl retient attachés à lui quatre hydrogènes et un chlore, circonstance très discutée autrefois par les théoriciens lesquels ont fini par classer définitivement l'azote et ses congénères comme quintivalents.

Atomes doubles. — L'aluminium, ainsi que le gallium de M. Lecoq de Boisbaudran, présentent une particularité digne d'intérêt: ces deux métaux se combinent au chlore et consorts dans la proportion de deux atomes de gallium ou d'aluminium contre six de chlore ou de brôme

$$Ga^2Cl^6 \qquad Al^2Cl^6$$

Quelle est alors la valence de ces deux corps simples?

Ici intervient une ingénieuse hypothèse, que les faits ont tout d'abord si bien confirmée jusqu'à ces derniers temps, où les mesures de Nilson et Pettersson sont intervenues pour la mettre en suspicion, qu'elle a presque été regardée comme une loi naturelle (1). Ainsi que nous l'avons indiqué déjà, figurons-nous l'atome comme une boule munie d'autant de crochets qu'il se trouve de valences disponibles. Deux atomes identiques d'aluminium, qu'on suppose armés chacun de quatre crochets

se trouvent rivés mutuellement grâce à l'amarrage réciproque de deux crocs

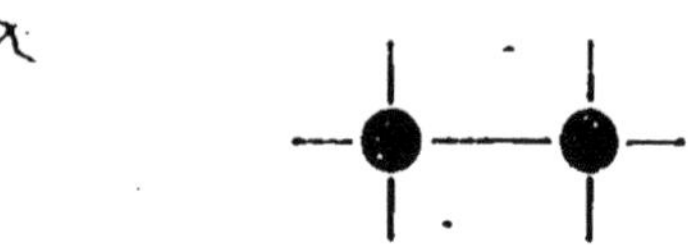

et le système se trouve en effet ne plus disposer que de six crochets, c'est-à-dire, en repassant du concret à l'abstrait, que six valences restent seules libres. La quadrivalence de l'aluminium ainsi établie entraîne celle du fer, du chrome, du manganèse, dont plusieurs des composés ne diffèrent presque pas des sels aluminiques correspondants, surtout au point de vue cristallographique. Faut-il pour cela retrancher de la section des corps bivalents ces métaux qui, par certaines combinaisons d'un autre ordre, rappellent le cuivre ou le magnésium ? En réalité, le double atome sexvalent du fer, par cela même

(1) D'après les expériences des deux chimistes suédois, la constitution moléculaire des chlorures aluminique et gallique se modifierait radicalement aux températures élevées. Nous reviendrons du reste sur ce fait important.

qu'il est aussi apte que l'atome unique bivalent à se déplacer sans altération d'une molécule saline à une autre, constitue un véritable corps simple *sui generis* distinct du fer proprement dit (1).

Cette faculté de s'unir à lui-même, tout en conservant quelques valences disponibles, le carbone la possède au suprême degré, de là vient la variété presque infinie des dérivés organiques naturels ou artificiels, puisqu'on voit les atomes de carbone se river par une chaîne, non seulement deux à deux, mais trois à trois, quatre à quatre et jusqu'à dix à dix, et peut-être encore davantage. A un chimiste allemand, M. Kekulé, revient l'honneur d'avoir, le premier, développé cette théorie si féconde, ce vrai fil d'Ariane conducteur au milieu d'une complication inextricable. Les silicates naturels sont très nombreux, parce que le silicium se comporte comme le carbone, bien que ses tendances de soudure soient moins exagérées, et jusque dans les dérivés du titane, on retrouve la même propriété considérablement affaiblie. En définitive, du carbone au silicium, de ce dernier au titane et à l'étain, de celui-ci au platine, du platine au fer, et finalement du fer à l'aluminium, les transformations ne sont pas brusques, mais les termes extrêmes sont fort dissemblables, d'où ressort la difficulté qu'éprouvent les chimistes à tracer, entre les diverses tribus, des frontières nettement accusées.

(1) L'atome simple a reçu dans la science moderne le nom de *ferrosum*, et l'atome double celui de *ferricum*. Ajoutons qu'à côté du *manganosum* bivalent se place le *manganicum* hexavalent. Au *chromosum* correspond de même le *chromicum*. Toujours bivalents, le cuivre et le mercure peuvent s'associer à eux-mêmes pour donner lieu à des atomes doubles également bivalents.

$Cu''Cl^2$... chlorure cuivrique ou de *cupricum*.
$Hg''Cl^2$... chlorure mercurique ou de *mercuricum*.
$(Cu^2)''Cl^2$... chlorure cuivreux ou de *cuprosum*.
$(Hg^2)''Cl^2$... chlorure mercureux ou de *mercurosum*.

CLASSIFICATION DES CORPS SIMPLES D'APRÈS LEURS VALENCES.

MÉTALLOÏDES.

Monovalents : Hydrogène. Fluor, chlore, brome, iode.
Bivalents : Oxygène, soufre, sélénium, tellure.
Trivalent : Bore.
Quadrivalents : Carbone, silicium, titane.
Quintivalents ou parfois *trivalents* : Azote, phosphore, arsenic, antimoine, bismuth.

MÉTAUX.

Monovalents : Potassium, sodium, cœsium, rubidium, lithium. Argent.
Bivalents : Calcium, strontium, baryum. Plomb [1]. Magnésium, zinc, cadmium. Cuivre et mercure.
Trivalents : Or. Thallium [2].
Tétravalents : Étain, platine.
Tétravalents (atomes accouplés) : Aluminium. Manganèse, fer, chrome, ou *bivalents* (atomes isolés) : nickel, cobalt [3].

§ IV. — La loi de Dulong et Petit [1].

Nous avons succinctement exposé, dans le premier chapitre, comment l'étude des composés volatils d'un

(1) Comme la tétravalence du plomb ne se manifeste que dans un fort petit nombre de cas, nous avons laissé ce métal dans le second groupe.

(2) Les composés dans lesquels l'or figure comme trivalent sont plus stables que les autres. C'est le contraire pour le thallium.

(3) L'on ne connait pas de combinaison aluminique renfermant un seul atome bivalent. Au contraire, il est bien rare que le cobalt fonctionne comme atome double sexvalent ; quant au nickel, il est absolument incapable de jouer ce dernier rôle. Toutefois, il paraît aussi difficile de séparer l'un de l'autre ces deux corps « jumeaux » que d'écarter le cobalt du fer, du manganèse et du chrome.

(4) La découverte de ce beau principe fut annoncée par les deux collaborateurs dans un travail publié dans les *Annales de chimie* en 1819. Dulong et Petit, qui étudièrent en commun la compressibilité et la chaleur spécifique des gaz, la dilatation absolue du mercure, etc., étaient, l'un et l'autre, répétiteurs à l'École Polytechnique. Les résultats numériques qu'ils indiquèrent à la suite de leurs expériences ont été légèrement rectifiés par Regnault.

corps élémentaire, jointe à l'analyse chimique de ces mêmes dérivés, pouvait conduire le savant moderne, non sans doute à supputer en valeur absolue le poids atomique d'une substance simple, mais à estimer ce poids d'une manière relative, par rapport à l'atome d'hydrogène choisi pour unité.

Toutefois cette méthode, loin d'être absolument parfaite, laisse à désirer sous bien des rapports. Sans doute elle donne de bons résultats, quand il s'agit d'un élément dont les combinaisons volatiles sont nombreuses; tel est le cas de l'hydrogène, de l'oxygène, du carbone, de l'azote, du chlore; elle peut être regardée comme fournissant encore un degré suffisant de probabilité à l'égard du soufre, du phosphore, de l'arsenic; mais comme, en fin de compte, certains métalloïdes, comme le silicium et tous les métaux, donnent lieu à des sels qui ne sont point vaporisables, il faut avoir recours à d'autres principes qui permettent d'estimer les poids moléculaires et les poids atomiques, indépendamment de l'hypothèse d'Avogadro et d'Ampère. De plus, il est bon de pouvoir contrôler efficacement les résultats obtenus grâce à la marche précédemment indiquée. Nous reviendrons, dans le prochain chapitre, sur la détermination des poids moléculaires, lorsque nous parlerons des combinaisons chimiques en général, mais, dès à présent, nous aborderons les théories de Dulong et Petit.

Chaleur spécifique des corps simples. — On sait, depuis longtemps déjà, que chacune des matières solides, liquides ou gazeuses, peut emmagasiner la chaleur plus ou moins aisément et la céder, une fois acquise, avec plus ou moins de facilité. Les exemples, en dehors de l'expérience journalière des laboratoires, abondent pour démontrer cette inégalité de pouvoir absorbant.

Remplissez d'eau chaude un bol ou une tasse de porcelaine ou d'argent ; agitez avec une cuiller ; l'eau sera à peine refroidie, tandis que la porcelaine ou le métal se trouveront notablement échauffés. Le liquide n'a subi qu'une faible diminution de température, mais celle du vase et de la cuiller s'est accrue d'un nombre de degrés assez notable. Cependant les poids du contenant et du contenu ne diffèrent pas beaucoup. Abstraction faite du calorique écoulé par rayonnement ou par conductibilité (1), la chaleur perdue par l'eau doit être, et se trouve de fait, précisément égale à celle gagnée par le bol et la cuiller. Sans avoir même recours au thermomètre, nos sens, tout grossiers qu'ils soient, suffisent à nous prouver sans conteste que la même dose d'énergie, transportée d'une matière à l'autre, a produit des effets très inégaux.

Comme toute espèce de grandeur, la chaleur est susceptible de mesure et s'apprécie en *calories*. On nomme ainsi la proportion de mouvement moléculaire susceptible d'élever de 0° à 1°, ou plus généralement de 1°, la température de 1 kilogramme d'eau. Parfois, pour la commodité des calculs, on substitue le gramme au kilogramme, de même qu'on exprime une faible longueur plutôt en millimètres qu'en mètres. Définie de cette manière, la *petite calorie* vaut mille fois moins que la calorie ordinaire, et un simple déplacement de virgule permet de passer d'une notation à l'autre.

Considérons une substance chimique, telle que l'argent par exemple ; prenons-en un bloc pesant 1 kilogramme et amenons-le à la température de 0° ; pour

(1) Cette déperdition n'est pas très forte et peut être négligée sans que les raisonnements déduits de l'expérience soient faussés pour cela.

le réchauffer de 0° à 1°, il faudra dépenser une fraction de calorie égale à $\frac{56}{1000}$, et l'on dira que ce même nombre exprime la *chaleur spécifique* de l'argent. La chaleur spécifique d'un corps quelconque s'estime par le nombre de calories grandes ou petites ou de fractions de calories qu'absorbe un kilo ou un gramme de ce corps, pour passer de 0° à 1°, ou plus généralement pour progresser de 1° dans l'échelle thermométrique. Plus cet élément est faible, plus facilement la matière varie de température : c'est le cas de l'argent, de la porcelaine ; plus il est fort, moins grand est le changement sous l'influence d'une cause égale.

Dans l'exemple que nous venons de citer, la chaleur spécifique se trouve être représentée par une simple fraction très inférieure à l'unité. Cette règle ne se limite pas à un certain nombre de cas particuliers : elle est absolument générale ; aucun corps ne possède une chaleur spécifique égale ou supérieure à celle de l'eau, qui surpasse à cet égard tous les minéraux, tous les sels, tous les éléments. C'est même un de ces derniers, le lithium, qui jouit du privilège d'occuper le second rang, tout en étant très voisin du premier.

Invariabilité de la chaleur atomique. — Ceci posé, examinons deux matières simples, dont nous connaissons à la fois le poids atomique et la chaleur spécifique à l'état solide : le soufre et l'arsenic. Écrivons les nombres correspondants :

Soufre :	poids atomique . .	32	Arsenic :	poids atomique . .	75
	chaleur spécifique.	0,1776		chaleur spécifique.	0,0830

(1) Si la chaleur spécifique du lithium surpasse les $\frac{9}{10}$ de celle de l'eau, sa densité infime (0,6) le rejette à la dernière place des tables de poids absolus.

Tout d'abord, observons que les données relatives aux deux substances varient en sens inverse ; l'arsenic, dont l'atome est beaucoup plus lourd que celui du soufre, est doué d'une chaleur spécifique beaucoup plus faible. Mais il y a mieux : multiplions les poids atomiques par les chaleurs correspondantes, et nous obtenons :

Pour le soufre, le produit 5,8 Pour l'arsenic, le produit 6,2

Ces nombres sont bien près d'être égaux : donc les « chaleurs atomiques » du soufre et de l'arsenic sont très peu différentes. Si nous faisons le même calcul pour divers autres métalloïdes, nous trouvons des valeurs presque identiques.

Brome. . 6,7 Iode . . . 6,8 Phosphore . 6,3

Et en généralisant ces exemples particuliers, on peut poser le principe suivant : « Le produit du poids atomique d'un corps simple, l'atome d'hydrogène étant choisi pour unité, par sa capacité calorifique rapportée à l'eau, constitue un chiffre, qui, sans être absolument constant, reste compris entre 5,5 et 6,9, et oscille aux environs de la moyenne 6,2 (1). »

Si la règle était rigoureuse, il suffirait de diviser le produit invariable par la chaleur spécifique du corps simple déterminée expérimentalement, et l'on trouverait

(1) On peut concevoir d'une façon concrète la loi de Dulong et Petit et la poser sous une forme qui se prête à une vérification expérimentale directe. Prenons 32 grammes de soufre, 75 grammes d'arsenic, 127 grammes d'iode,... en un mot des masses des corps simples figurant en grammes leurs poids atomiques abstraits : il faudra dépenser *autant* de petites calories pour échauffer tous ces fragments inégaux de 0° à 1° ou mieux pour élever de 1° leur température.

le poids atomique. Mais, comme les chimistes ne disposent pas d'une formule exacte, cette opération ne donnerait qu'une valeur fort incertaine pour le poids atomique, et l'approximation serait trop grossière, pour que la science en pût tirer parti. L'application directe de la loi de Dulong et Petit n'offre, en somme, qu'un intérêt médiocre, surtout depuis les derniers progrès de l'analyse quantitative.

Souvent, au contraire, le même principe permet de trancher entre plusieurs valeurs du poids atomique également probables et toujours multiples simples les unes des autres. Par exemple, envisageons l'aluminium, le poids de son atome est-il 13,5, 27 ou 54, l'hydrogène étant pris pour unité? Jadis rien ne permettait de choisir l'une ou l'autre de ces trois constantes. Comme la chaleur spécifique du métal, suivant les déterminations les plus précises, se trouve être égale à 0,202, il faut que le poids atomique véritable, multiplié par ce dernier facteur, vérifie la règle de Dulong:

$$13,5 \times 0,202 = 2,7 \qquad 27 \times 0,202 = 5,5 \qquad 54 \times 0,202 = 10,9$$

Il est manifeste que le chiffre 27 convient seul à l'exclusion de tout autre.

Si nous voulons comprendre pour quelles raisons la loi des chaleurs atomiques constantes n'est pas rigoureusement mathématique, nous avons d'abord à remarquer que cette chaleur atomique d'un élément donné, résulte de la combinaison de deux éléments : le premier, c'est-à-dire le poids atomique, est une donnée invariable, mais le second, la chaleur spécifique, constitue positivement un caractère dépourvu de fixité. Les oscillations du produit de ces deux facteurs ne peuvent donc être attribuées qu'aux perturbations subies par la capacité calorifique.

Effectivement, si l'on opère avec beaucoup de précision, l'on s'aperçoit que pour échauffer de 1° un fragment d'un corps simple quelconque, pris à l'état solide, par exemple un morceau de phosphore, il faut dépenser moins de chaleur, si la température initiale est très basse (— 30° ou — 40°) que si elle est moyenne (15° ou 20°) et, à mesure que l'on s'approche de 44° 2, point de fusion du phosphore, les chiffres s'exagèrent encore (¹).

Vers — 34°	la chaleur spécifique	du phosphore		= 0,174
Vers + 19°	»	»	»	= 0,189
A + 36°	»	»	»	= 0,202

Cette règle est générale : la chaleur spécifique augmente avec la température, dont elle est « fonction » comme on dit en analyse, sans que d'ailleurs on puisse découvrir quelle est la règle que suit l'accroissement. En somme, l'observateur constate la superposition de deux influences : 1° celle de la chaleur spécifique absolue dont les effets sont invariables par eux-mêmes et gouvernent l'impulsion générale du phénomène; 2° celle d'une foule de perturbations secondaires tenant à la distribution mutuelle des molécules et dépendant de l'état physique de la substance. Il est impossible de démêler au juste ces réactions secondaires, mais, ce que l'on peut affirmer, c'est qu'elles ne se produiraient pas si le solide conservait toujours la même structure intime. Ne pouvant

(1) Par le fait, la « chaleur latente de fusion, » c'est-à-dire le nombre de calories grandes ou petites que 1 gramme ou 1 kilogramme du corps exige pour fondre, ne correspond pas à un point précis de l'échelle thermométrique, mais s'explique rationnellement par un énorme et brusque accroissement de la chaleur spécifique entre deux températures très rapprochées correspondant à un bouleversement moléculaire. La liquéfaction une fois réalisée, la capacité calorifique de fluide formée ne tarde pas à devenir à peu près régulière.

les éliminer complètement, on fait la part du feu, et l'on s'arrange autant que possible, de façon à ce que les causes d'erreurs soient, sinon nulles, du moins à peu près constantes. On s'approche tant bien que mal de ce but en s'efforçant de n'opérer que sur des matières aussi pures que possible, de constitution homogène et stable, enfin en expérimentant aux moyennes ou aux basses températures s'il s'agit d'une matière aisément fusible, aux températures élevées si l'on s'adresse à une substance réfractaire.

Les corps simples, au point de vue de leur obéissance à la règle de Dulong, peuvent être classés en trois catégories. La première embrasse tous ceux qui satisfont presque mathématiquement à la loi, c'est-à-dire trois métalloïdes assez mal caractérisés, l'arsenic, le sélénium et le bismuth et presque tous les métaux. Le potassium, l'argent, le cuivre, le zinc, le cadmium, le mercure, le plomb, le cobalt, le nickel, l'or, le platine, en font partie. La régularité de leur structure interne, invariable durant des centaines de degrés explique suffisamment leur attachement à la loi.

La deuxième série comprend des matières pour lesquelles le produit du poids atomique par la chaleur spécifique est trop fort et surpasse sensiblement la moyenne de 6,3 environ. Tels sont le brome, l'iode, parmi les métalloïdes et parmi les métaux, le sodium, le manganèse, le thallium. Ce dernier n'a été obtenu qu'en petits fragments, le manganèse est rarement pur; quant au sodium, il est probable qu'à très basse température, il rentrerait dans l'ordre. Tout au contraire le fer, loin de se plier exactement à la règle, comme on le croyait autrefois, serait singularisé par une valeur considérable de sa chaleur atomique : 7,4 d'après Byström, au lieu de 6,4. Il est vrai que l'auteur a opéré à 300°

pour arriver à ce résultat bizarre qu'il ne faut accepter que sous bénéfice d'inventaire.

Enfin, le facteur relatif à la chaleur spécifique est manifestement trop faible, s'il s'agit du soufre, du bore, du carbone, du silicium, du magnésium, de l'aluminium, du gallium. En ce qui concerne ce dernier on peut énoncer la même restriction qu'au sujet du thallium. Mais, s'il est malaisé dans l'état actuel de la science, de fournir une raison plausible de l'anomalie présentée par le magnésium et l'aluminium, il peut être intéressant d'examiner les résultats que les expérimentateurs ont obtenus avec les corps simples non métalliques énumérés ci-dessus.

Tout d'abord, le soufre à la température ordinaire possède une chaleur spécifique plus faible que celle que nous avons indiquée (Kopp) ; pour obtenir un chiffre quelque peu moins défavorable, il a fallu que Regnault observât dans le voisinage de 70°. Mais nul corps n'est plus irrégulier que le soufre dans sa structure intime, nulle matière n'éprouve, à la suite d'une élévation notable de température des modifications plus nombreuses et plus profondes. Il n'en faut pas davantage pour que la loi normale ne soit masquée par des perturbations qu'il est impossible d'apprécier, dans l'état actuel de la science.

Nous serions en droit de répéter au sujet du phosphore ce que nous venons de dire pour le soufre. Si l'on s'adressait à la modification allotropique rouge, les résultats seraient plus défavorables encore.

Le diamant, tout comme le graphite, est formé de carbone pur et cependant les chaleurs spécifiques du graphite et du diamant, loin d'être identiques ne sont même pas voisines. Le nombre qui convient au diamant à + 10° est

0,1128

Tandis que celui qui concerne le graphite, toujours vers + 10° se trouve être

0,1604

Mais aucune de ces valeurs ne saurait convenir. La seconde qui est la plus favorable fournit une chaleur atomique trois ou quatre fois trop faible. Cette anomalie qui a longtemps embarrassé les chimistes a fini par être levée par M. Weber, à la suite d'observations pratiquées à haute température. Vers 1000° non seulement la chaleur spécifique du graphite ne diffère pas sensiblement de celle du diamant, mais la valeur commune de ces deux caractéristiques atteint 0,46 ou 0,47 chiffre encore un peu bas, mais néanmoins suffisant pour faire disparaître une exception bizarre.

Le silicium se comporte exactement comme le carbone. Il nous reste à parler du bore. Le bore adamantin auquel on s'adressait n'est pas toujours exempt de l'aluminium au sein duquel il s'est cristallisé, mais même en tenant compte de ce fait, la valeur 0,257 trouvé par Regnault à + 57° est par trop faible. Effectivement, 0,257 multiplié par 11 poids atomique du bore ne donne que le produit 2,8, nombre qui, pour être suffisant, devrait être plus que doublé. M. Weber s'est aperçu que si l'on pousse les expériences jusqu'à la chaleur rouge, l'écart, sans cesser d'être notable, s'affaiblit un peu, l'examen de la progression ascendante de la chaleur spécifique a conduit le même auteur à supposer que vers 1000° ou 1500° le bore satisfait à la loi de Dulong, du moins au degré d'approximation strictement nécessaire.

En résumé, on voit que les matières primordiales qui font exception à la règle ou s'en écartent notablement sont en général des métalloïdes plutôt que des métaux, des substances très fusibles ou très réfractaires dont l'aspect physique, dont les propriétés sont sujettes à varier. De plus presque toutes ont un poids atomique médiocre ou faible. Considérée dans son ensemble, la formule de Dulong et Petit qui se justifie avec des atomes de poids très inégaux ([1]), et des chaleurs spécifiques très diverses, n'est pas cependant absolument indépendante de la valeur des poids atomiques. Dans les paragraphes qui vont suivre, nous nous efforcerons de prouver que non seulement les chaleurs spécifiques et atomiques, mais que toutes les propriétés physiques des corps simples, leurs affinités dépendent, dans une large mesure, de la grandeur relative et absolue de ce même poids.

§ V. — Les triades.

Poids atomiques des éléments. — Ce n'est pas seulement sur les analogies des caractères physiques ou des aptitudes chimiques des corps simples ou de leurs dérivés, ce n'est pas seulement sur l'identité des propriétés attractives qui se manifestent d'atome à atome que les chimistes contemporains fondent leurs essais de classification des éléments. Grâce à l'étude de leurs poids atomiques, ce qu'on savait déjà a pu être expliqué et coordonné, tandis que de nouveaux points ont été mis en lumière. L'existence de substances simples encore inconnues a été pressentie, et quelque temps après le spectroscope les signalait. Isolés ensuite et attentivement étudiés, ces nouveaux métaux se rangeaient docilement à la place même que le calcul leur avait assignée, sans que leur nature et leurs fonctions s'écar-

(1) Par exemple l'atome de lithium est trente fois moins pesant que celui de bismuth.

tassent beaucoup du type hypothétique indiqué d'avance. Quoique la comparaison soit un peu ambitieuse, nous ne pouvons nous empêcher de penser à Le Verrier, ancien chimiste devenu astronome ([1]), découvrant Neptune et prédisant avec exactitude la situation et la masse de la planète. Toutefois nous ne dissimulerons point, dans notre brève exposition les défauts et les lacunes qui choquent encore à bon droit nombre de savants et des moins sceptiques. Aux chimistes du XXe siècle, il appartiendra de corriger ou d'expliquer ces imperfections et la tâche ne semble pas impossible.

Nous savons déjà que si les poids absolus de l'atome d'hydrogène et de l'atome de soufre sont parfaitement inconnus, la science actuelle n'en est pas moins arrivée à indiquer, au moyen de déductions assez complexes, mais d'une certitude absolue que le second pèse exactement 32 fois plus que le premier, et ainsi de suite pour toutes les matières fondamentales. Rappelons aussi que le poids atomique de l'hydrogène est censé valoir 1 ; alors tous les nombres analogues applicables aux autres matières simples sont des entiers parfois accompagnés de fractions ([2]). Les chiffres fort inégaux d'ailleurs, qui conviennent à chaque matière figurent, légèrement arrondis, dans la table ci-contre, accompagnés des chaleurs spécifiques et des chaleurs atomiques correspondantes ; on voit qu'ils varient depuis 7 (lithium) et 9 (glucinium) jusqu'à 207 (plomb), 210 (bismuth), 234 (thorium) et 240 (uranium). La série finit actuellement par ce dernier.

(1) C'est à Le Verrier qu'est due la découverte du phosphore d'hydrogène P^2H^4.

(2) Prout avait défendu la proposition suivante : « Tous les poids atomiques des corps simples sont des multiples entiers de celui de l'hydrogène. » Plus tard, la formule fut amendée et reprise en ces termes : « Ces mêmes nombres sont des multiples entiers de

TABLE *des poids atomiques des chaleurs spécifiques et des chaleurs atomiques des éléments.*

	Poids atom.	Chaleur spéc.	Chaleur atom.		Poids atom.	Chaleur spéc.	Chaleur atom.
Aluminium .	27	0,2020	5,5	Iode.	127	0,0541	6,8
Antimoine. .	120	0,0495	5,9	Lithium. . .	7	0,9408	6,6
Argent . . .	108	0,0559	6,»	Magnésium .	24	0,2450	5,9
Arsenic. . .	75	0,0830	6,2	Manganèse .	55	0,1217	6,7
Azote. . . .	14	»	»	Mercure. . .	200	0,0319	6,4
Baryum. . .	137	»	»	Nickel. . . .	59	0,1092	6,4
Bismuth. . .	208	0,0305	6,4	Or	196	0,0316	6,2
Bore.	11	0,5 ?	5,5 ?	Oxygène . .	16	»	»
Brome. . . .	80	0,0843	6,7	Phosphore. .	31	0,202	6,2
Cadmium . .	112	0,0548	6,1	Platine . . .	194	0,0377	6,4
Cœsium. . .	133	»	»	Plomb. . . .	207	0,0315	6,4
Calcium. . .	40	»	»	Potassium. .	39	0,1655	6,5
Carbone. . .	12	0,0459	5,5	Rubidium. .	85	»	»
Chlore. . . .	35,5	»	»	Scandium. .	44	»	»
Chrome. . .	52	»	»	Sélénium . .	79	0,0840	6,6
Cobalt. . . .	59	1,0067	6,4	Silicium. . .	28	0,207	5,7
Cuivre. . . .	63	0,0968	6,1	Sodium . . .	23	0,2934	6,7
Étain	118	0,0559	6,5	Soufre. . . .	32	0,176	5,8
Fer.	56	0,1267 0,1138	7,1 6,4	Strontium. .	87	»	»
Fluor	19	»	»	Tellure . . .	128	0,0474	6,1
Gallium. . .	69	0,079	5,5	Thallium . .	204	0,0336	6,8
Germanium .	72	0,0758	5,5	Titane. . . .	50	»	»
Glucinium. .	9	»	»	Uranium . .	240	»	»
Hydrogène. .	1	»	»	Zinc.	65	0,0935	6,1

la *moitié* du poids atomique de l'hydrogène. » Le chlore, en effet, a positivement un nombre fractionnaire pour équivalent. Défendue par Dumas, attaquée par MM. Stas de Bruxelles, et Marignac de Genève, l'hypothèse de Prout a eu l'avantage de provoquer des expériences d'une superbe précision, et dont les résultats ne lui ont pas, en somme, été favorables. Toutefois, il n'est pas impossible qu'un jour quelque chimiste ne ressuscite la loi de Prout sous une forme ou une autre.

Il n'existe peut-être pas d'élément pour lequel on puisse garantir *absolument* la première décimale du nombre exprimant le poids atomique. Par exemple en France, pour le chlore, les tables françaises donnent 35,5; en Allemagne on emploie seulement 35,3 (L. Meyer). Les auteurs qui indiquent le chiffre des centièmes pourraient donc éviter de se donner cette peine. Souvent, et même dans le cas de corps simples assez communs, l'incertitude atteint et dépasse l'unité; par exemple les *meilleures* déterminations relatives au titane oscillent entre 48 et 50.

Groupes ternaires. — Examinés superficiellement, ces chiffres, qui semblent extraits au hasard d'un sac, comme des numéros de boule de loto, ne fournissent d'abord aucune indication. Mais classons ensemble quelques corps dont la parenté saute aux yeux et une loi se manifeste. La voici : quand trois éléments voisins jouissent de propriétés physiques et d'aptitudes chimiques de nature semblable, mais variant en intensité d'un terme à l'autre, les nombres qui expriment leurs poids atomiques s'échelonnent en progression arithmétique. Nous ne voulons pas abuser des chiffres, mais les exemples numériques deviennent indispensables. Prenons pour exemple le groupe naturel.

Chlore. .	35,5	Brome . .	80	Iode. . .	127

Le chlore est un *gaz* d'un vert indécis, le brome est déjà *liquide* et il émet des vapeurs pourpres ; celles de l'iode qui est *solide* à la température ordinaire, présentent une belle teinte violet foncé.

Tous trois, diatomiques au-dessous du rouge, deviennent monoatomiques par l'action de la chaleur. La molécule du chlore se dissocie la première, puis celle du brome, et, en dernier lieu celle de l'iode.

Les affinités chimiques décroissent du chlore à l'iode. Ces deux corps simples, ainsi que le brome sont monovalents et forment avec l'hydrogène des acides analogues, mais inégalement stables,

$$HCl \qquad HBr \qquad HI$$

et, avec les métaux, des sels binaires qui se ressemblent parfaitement. En particulier les sels d'argent,

$$AgCl \qquad AgBr \qquad AgI$$

se décomposent pareillement à la lumière et refusent absolument de se dissoudre dans l'eau pure ou acidulée ([1]).

Somme toute, l'on s'explique parfaitement l'hésitation de Balard qui, après avoir découvert le brome libre, se demande tout d'abord s'il n'avait pas affaire à du chlorure d'iode.

Revenons aux poids atomiques. De 35, 5 à 80 la différence est 44,5, de 80 à 127, elle est de 47 ; les deux valeurs 44,5 et 47 sont presque identiques et d'ailleurs 80 vaut à peu près la moitié de 35,5 + 127 = 162,5. Si la règle n'est pas mathématiquement rigoureuse, elle est du moins fort approchée, et, en chimie, il faut se contenter d'une exactitude relative. De pareilles associations portent le nom de « triades » On en connait aujourd'hui un assez grand nombre. Citons celle du soufre, du sélénium et du tellure (32, 79, 128,) ainsi que celles du phosphore, de l'arsenic et de l'antimoine (31, 75, 120), qui sont de véritables modèles ([2]). La chimie des métaux met encore d'autres triades en évidence, telles que le groupe calcium-strontium-baryum ; ces trois corps alcalino-terreux invariablement associés, quelle que soit la base de la classification (40, 87, 137,) ou la série magnésium-zinc-cadmium (24, 65, 112.) Dans ce dernier cas, il faut forcer un peu les chiffres, et les analogies, bien qu'indiscutables, ne sont plus aussi

(1) Pour montrer que la dégradation de propriétés caractérisant les trois substances halogènes se vérifie jusque dans les moindres détails, nous signalerons une circonstance bien connue des chimistes praticiens : le chlorure d'argent est très soluble dans l'ammoniaque et l'iodure presque insoluble. Théoriquement, le bromure doit se diffuser médiocrement dans le même réactif, l'expérience des laboratoires justifie complètement cette hypothèse.

(2) Du terme inférieur au terme supérieur de ces deux triades, la tendance métallique s'accentue en même temps que les affinités déclinent et que les points de fusion et d'ébullition s'élèvent.

frappantes. Le potassium (39) forme la queue d'une première triade avec le lithium et le sodium (7 et 23) et la tête d'une autre, si on le compare au rubidium (85) et au cœsium (133). Enfin ·· prenons le magnésium et le cadmium (24 et 112) et adjoignons-leur le mercure (200), métal qui leur ressemble assez à divers égards : la formule est encore vérifiée. Mettons de côté le groupe lithium-sodium-potassium, et nous observons que les termes inférieurs des autres triades sont tous des corps fort abondants dont les composés remplissent en géologie un rôle essentiel. Il n'est pas besoin d'insister sur les détails et de faire ressortir l'importance des dérivés du chlore, du soufre, du phosphore, du potassium, du calcium, du magnésium. Inversement, les matières qui sont placées au centre ou vers les extrémités de ces mêmes triades sont beaucoup plus rares : tels sont l'iode, l'antimoine, le cadmium, le baryum, le mercure, plus répandus eux-mêmes dans l'écorce terrestre que le sélénium, le tellure, le cœsium, le rubidium. La coïncidence est curieuse, mais l'on ne se trouve pas en présence d'une loi absolue, puisque le sodium est incomparablement plus vulgaire que le lithium. Sauf une divergence imputable encore à ce dernier métal, les sels formés par les éléments à poids atomiques faibles sont moins malsains que les combinaisons correspondantes dans lesquelles figurent des substances à atomes lourds. Ainsi le chlorure de sodium est un condiment, les bromure et iodure de sodium sont des remèdes efficaces qui ne s'ordonnent qu'à petites doses. On emploie également en médecine le phosphate sodique et l'arséniate sodique (liqueur de Fowler) ; mais nous doutons fort qu'on prescrive des poids égaux du premier et du second sel. Quelques grammes de sulfate de magnésium (sel d'Epsom) purgent légèrement un malade que deux ou trois décigrammes de sulfate mercuriel empoisonneraient à coup sûr. Enfin, il faudrait plusieurs pages pour expliquer en détail les transformations régulières subies par les composés du même ordre quand on remplace un membre d'une association triple par le membre suivant.

D'autres fois, pour deux éléments voisins ou pour toute une tribu de corps simples ayant des traits communs, les poids atomiques sont ou identiques, ou fort peu différents. Tels sont le nickel, le cobalt, si proches parents et si semblables en tout, que leur « séparation » offre de grandes difficultés au chimiste essayeur (poids de l'un et de l'autre atome 59). Le fer, le manganèse, le chrome, doués d'une affinité manifeste avec ces ménechmes de la chimie possèdent des poids atomiques oscillant de 52 à 56. Tous ces métaux si voisins engendrent sans exception des sels richement colorés, ce que ne saurait faire l'aluminium, relié naturellement à la même famille par son atome moitié moins lourd (27).

Prolongements des triades. — Remarquons en passant un fait assez curieux, c'est que la plupart des triades naturelles énumérées plus haut se relient sans trop d'effort à des corps simples que l'on pourrait nommer leurs appendices. Les traits communs à la tribu chlore-brome-iode se retrouvent en grande partie dans le fluor dont les tendances sont plus spécialisées ; ce dernier diffère plus des trois congénères que ceux-ci ne diffèrent entre eux : on pourrait encore faire intervenir notre comparaison des doigts de la main et du pouce. Quant au poids atomique du fluor (19) il ne saurait entrer dans une série simple avec ceux de ses congénères. L'oxygène et l'azote, dont les rôles en chimie minérale et surtout en chimie organique sont absolument hors de page, s'écartent aussi de l'ensemble des sulfides et des phosphorides, et ce fait a même conduit les minéralogistes à se demander si le fluor n'avait pas rempli pour sa part des fonctions importantes en géologie. Par le fait, sur les quatre corps simples qui dominent dans les tissus de notre corps, ainsi que dans ceux des plantes et des animaux, deux ont des allures passablement indépendantes ; le carbone qui est le troisième, s'il ne constitue pas l'avant-coureur d'une triade inconnue jusqu'à présent ([1]), ne fait non plus partie d'aucune, et, enfin le dernier, l'hydrogène, se range assez loin de l'ensemble des éléments connus.

La catégorie des métaux fournit des exemples du même ordre ; seulement, et la différence est digne de remarque, les corps isolés, au lieu d'être comme le fluor, l'oxygène ou l'azote des matières à poids atomiques faibles (19, 16 et 14) se singularisent au contraire par l'extrême pesanteur de leur atome, corrélative de leur caractère original. Non loin de la triade lithium-sodium-potassium (7, 23, 39) vient se placer l'argent (108) dont les propriétés paraissent constituer une répétition affaiblie des allures énergiques de ses devanciers. A la tribu potassium-rubidium-cœsium (39, 85, 133) s'annexe le thallium (204) séparé des trois substances alcalines par un intervalle rigoureusement égal à celui qu'on mesure du plomb (207) au groupe calcium-strontium-baryum (40, 87, 137) et, coïncidence bizarre, l'aspect physique des deux prolongements est presque semblable. Ces atomes si lourds sont encore plus légers que celui du bismuth (208) arrière-garde semi-métallique de la famille phosphore-arsenic-antimoine.

Malheureusement, pour peu qu'on tente d'élargir ou de généraliser outre mesure la règle des triades et autres formules simples, on se heurte à des discor-

(1) La découverte du germanium a permis de constituer une nouvelle triade assez imparfaite dont ce nouveau métal ferait partie avec le silicium et le titane. Le carbone s'y rattacherait naturellement.

dances manifestes. Tantôt on retrouve des lois numériques peu complexes entre des matières que nulles propriétés communes ne rapprochent. Tantôt, en dépit d'affinités incontestables, aucune relation n'enchaîne les poids atomiques ; c'est ce qui arrive pour le cuivre et le mercure, l'étain et le platine. Le lecteur doit s'apercevoir que nous essayons de signaler les difficultés que l'on éprouve à ranger rationnellement les corps simples plutôt que nous ne tentons d'établir une pareille classification. Qu'on nous permette une nouvelle comparaison qui expliquera l'embarras éprouvé par les chimistes contemporains en dépit des immenses ressources accumulées depuis un siècle. Jetez les yeux sur la voûte céleste par un beau soir d'été ; les étoiles que vous contemplez ne sont pas régulièrement espacées sur le firmament comme les ceps d'un vignoble ; elles ne sont pas non plus accumulées en groupes distincts, ainsi que les divers échelons de combat d'une compagnie qui manœuvre. Non, les astres se trouvent disséminés de la façon la plus capricieuse ; ils semblent se presser dans telle zône, tandis que dans d'autres régions, l'œil ne contemple que quelques rares soleils. N'examinons même que les alentours du pôle nord, bien connus de tout le monde ; sans avoir jamais entrepris la moindre étude astronomique, le premier venu, un paysan ou un berger, réunira dans sa pensée et n'aura jamais l'idée de séparer les astres de certaines constellations : la grande et la petite ourse, la couronne boréale, la lyre. Peut-être encore un observateur plus attentif aura-t-il l'idée d'annexer à ces mêmes astérismes, grâce à un

(1) Nous avons formé avec les poids atomiques des progressions arithmétiques ; les mêmes données peuvent servir à constituer des progressions géométriques comme la suivante Li = 7 : Az = 14 : Si = 28 : Fe = 56 : Cd = 112. Il faut regarder cette coïncidence comme purement fortuite.

examen moins superficiel, d'autres étoiles voisines de ces figures si aisément reconnaissables, mais il restera toujours une foule d'astres peu éclatants, situés sur les limites de deux ou plusieurs groupes, qui ne sauraient être rattachés à aucune des agglomérations voisines, parce qu'aucune bonne raison motive un choix plutôt qu'un autre. Nous venons de faire allusion aux « étoiles vagues » des anciens ; on les a actuellement fait entrer toutes ou presque toutes dans plusieurs constellations artificielles créées assez arbitrairement au siècle dernier. Mais les astronomes qui n'avaient pour but que de faciliter leur tâche en complétant une distribution de fantaisie étaient plus à l'aise dans leur partie que les chimistes actuels dans leur sphère. Quoique le problème soit résolu en ce qui touche la majorité des corps, il est probable que plusieurs autres formant la minorité attendront longtemps, et peut-être toujours, une place convenable dans une classification naturelle, complète et presque absolue. Cette difficulté n'est même pas sans avantage à certains égards, et elle tend à favoriser plutôt qu'à enrayer le progrès de nos connaissances. Non seulement les chimistes ne sont, au fond, pas fâchés d'approfondir des caractères capricieux et mobiles, non seulement ce défaut d'enchaînement parfait accroît les ressources dont ils disposent pour réaliser leurs synthèses et expliquer les phénomènes naturels et qui sont par cela même plus abondantes et variées, mais, il y a déjà quelques années, plusieurs d'entre eux se sont demandé si, après tout, il ne valait pas mieux élargir un cadre étroit et rebâtir sur un plan moins régulier, mais beaucoup plus vaste. Non sans un succès relatif, on a tenté de découvrir et de suivre le fil invisible qui relie entre eux tous les corps simples et dont la connaissance peut conduire à des découvertes d'éléments propres à combler bien des lacunes.

§ VI. — Théories de Newlands, Lothar Meyer et Mendeléjeff.

Trois chimistes ont conçu ou développé l'idée d'un classement général et absolu des métalloïdes et métaux rangés dans un tableau unique. Ce sont, — par ordre alphabétique, — un Russe, M. Mendeléjeff, un Allemand, M. Lothar Meyer (1), un Anglais, M. Newlands (2). Il convient d'ajouter qu'entre ces trois savants ont surgi des questions brûlantes de priorité, d'autant plus difficiles à trancher que les rivalités d'école à école et de nation à nation ont envenimé le débat, et dans lesquelles nous nous dispenserons d'entrer (3).

Octaves de Newlands. — M. Newlands, dès 1864, disposait en série tous les corps simples connus, suivant l'ordre des poids atomiques croissants, depuis l'hydrogène (1) et le lithium (7), jusqu'à l'uranium (240), en appliquant à chaque matière un numéro d'ordre conforme au rang qu'elle occupait. Ceci posé, partons d'un élément quelconque, comptons-en six après lui et comparons le septième à celui qui nous a servi de point de départ, nous retrouvons, en général, un proche parent de ce dernier. L'oxygène nous conduit au soufre, le sodium au potassium, et ainsi de suite. M. Newlands

(1) *Die Modernen Theorien der Chemie.*

(2) *The periodic law.*

(3) Aucun, nom français n'a droit à figurer à côté de ceux des trois auteurs que nous venons de citer. Cette circonstance ne doit pas nous surprendre : nos compatriotes — et l'on ne saurait leur en faire un reproche — excellent plutôt à diriger leurs expériences avec lucidité et à les interpréter correctement, qu'à planer comme les Allemands au sein de théories très élevées, mais souvent bien nuageuses. (Vincenot. 1332)

lui-même nous permet d'éclaircir un peu et matérialiser cette notion, passablement vague et obscure, en assimilant les séries de corps simples aux notes successives d'une suite de gammes tempérées, notes correspondantes aux touches blanches d'un clavier de piano. Or si, pour fixer les idées, nous considérons un *do* et le carbone, nous aurions, en suivant l'ordre, *ré* azote, *mi* oxygène, *fa* fluor, *sol* sodium, *la* magnésium, *si* aluminium. La septième note, c'est-à-dire l'octave, sera encore un *do* (silicium), et nous sommes revenus en quelque sorte à notre point de départ, puisque les notes suivantes reproduisent de nouvelles gammes, et ainsi de suite. Au surplus, la loi est absolue en acoustique, et en philosophie naturelle, elle n'est qu'approchée et confuse. Non seulement, il est fréquent que « l'octave » de telle substance ne se rapproche de celle-ci que par un petit nombre seulement de caractères, mais il faut imaginer l'existence de quantité d'éléments hypothétiques destinés à combler les lacunes béantes. Toutefois la découverte du gallium par M. Lecoq de Boisbaudran, et celles plus récentes du scandium (MM. Nilson et Pettersson) et du germanium (M. Winckler), ont plutôt contribué à fortifier la théorie qu'à la battre en brèche, puisque ces nouveaux métaux sont venus fort à propos occuper des places vides. Si M. Newlands a signalé encore bien des coïncidences, la plupart de ces rencontres, de son propre aveu, sont purement fortuites. Qui veut trop prouver ne prouve rien. Un de ses collègues lui a même demandé, sous forme de plaisanterie, s'il n'avait remarqué aucune loi périodique dans les lettres composant les noms des éléments.

Tracé de Mendeléjeff. — Plus générales encore que les théories de Newlands, mais aussi moins concrètes et moins faciles à saisir, les conceptions de Mendeléjeff et Lothar Meyer sont basées sur l'examen des « volumes atomiques ». Depuis longtemps, on avait observé que les corps à poids atomiques faibles étaient très peu denses à l'état solide, et qu'au contraire, aux atomes lourds correspondaient des matières pesantes. La vérification est aisée à faire ; il suffit de comparer le magnésium, le carbone, l'aluminium, le soufre, au cuivre, à l'iode, à l'or. Cette coïncidence n'est pas assez uniforme, toutefois, pour qu'une loi naturelle, aussi simple que celle de Dulong et Petit, en découle immédiatement. Il est vrai que les tables de densité commencent par le lithium, mais, au lieu de finir par le plomb, le mercure ou le bismuth, elles se terminent par le platine, dont l'atome n'est pas le plus lourd, en rapprochant l'un de l'autre l'argent et le plomb, bien que le poids atomique de ce dernier vaille près du double de celui de l'argent. Si l'on veut énoncer une formule exacte, il faut reprendre quelques-unes de nos familles naturelles ou mieux encore choisir dans les triades. Prenons, par exemple, celle du magnésium, du cadmium et du mercure. Écrivons les poids atomiques respectifs

24 112 200

et divisons par les densités correspondantes

1,7 8,6 14,4 (1)

nous obtenons les quotients

14 13 13

lesquels sont sensiblement égaux, et nous montrent que

(1) Nous adoptons naturellement le chiffre relatif au mercure *solidifié* et non celui qui convient au métal liquide (13,6).

(2) On sait que le quotient d'un *poids* par une densité représente un *volume*. Les nombres ci-dessus figurent donc le volume exprimé

l'accroissement du poids spécifique, pourvu qu'on se limite à un seul et même groupe de substances simples, correspond assez sensiblement à celui du poids de l'atome.

Frappé de l'harmonie qui régnait dans le cas des matières dont l'affinité sautait aux yeux, et voulant aussi se rendre compte des divergences relatives aux ensembles hétérogènes, Mendeléjeff se proposa de trouver un lien entre les changements de volumes moléculaires et la transformation des caractères fondamentaux. Il parvint à son but et vulgarisa ses idées au moyen d'une sorte de représentation géométrique fort simple. Sur une droite indéfinie, à partir d'une origine fixe, on porte des longueurs représentant les poids atomiques successifs ; on obtient ainsi une série de points répondant chacun à un corps simple particulier. En tous ces points, l'on élève ces perpendiculaires ou *ordonnées* de longueurs proportionnelles aux « volumes atomiques ». On réunit enfin, par un trait continu, les diverses extrémités des ordonnées, et l'on obtient une sorte de courbe. Ce tracé ne saurait être qu'incomplet et grossier : incomplet, parce que la série des corps simples, ainsi rangée par ordre de pesanteur d'atome, est interrompue par places, et parce que plusieurs densités sont purement conjecturales ; grossier, à raison des incertitudes qui règnent encore au sujet de divers poids atomiques et à cause des variations de densité subies par un même corps. Toutefois, telle qu'elle est, cette ligne informe, brisée en segments séparés, raccordés çà et là, tant bien que mal, au moyen de traits pointillés, cette ligne, dis-je,

en centimètres cubes qu'occupe un fragment de métal dont la masse équivaudrait au poids atomique traduit en grammes. Ainsi, 24 grammes de magnésium cubent 14 centimètres, c'est-à-dire à peu près autant que 200 grammes de mercure ou 112 grammes de cadmium.

peut rendre encore de grands services en chimie spéculative.

Quelle est la forme générale du lieu ? Celui-ci se compose, comme on peut le voir sur la planche 3, de parties successivement montantes et descendantes, alternant avec des maxima et des minima, et, quoique bien moins régulier, il rappelle l'ornementation typographique ∿∿∿ Les maxima sont tous occupés par les métaux alcalins, potassium, sodium et consorts, et quelques-uns des minima par des métaux lourds comme le platine. Métalloïdes ou métaux, les matières correspondantes à l'ensemble des parties élevées de la courbe possèdent invariablement des fonctions chimiques nettes et accusées dans un sens ou dans l'autre : tel est le cas du chlore comme du calcium, du soufre comme du phosphore. En outre, ces corps jouissent d'une propriété physique commune : ils sont assez dilatables par la chaleur. Qu'on ne s'étonne pas de voir un caractère de cet ordre en rapport avec le poids atomique ; il y a d'autres rapprochements inattendus à remarquer aussi. La ductilité ou aptitude à s'étirer en fils se manifeste surtout dans les branches ascendantes, au lieu que sur des parties descendantes sont des matières plus cassantes. La première tendance est corrélative d'une propension à cristalliser dans le système régulier, mais les molécules des éléments qui se brisent sans difficulté se groupent suivant des lois variables et moins simples.

Classification mendelévienne. — Sans appuyer plus longuement sur l'énoncé de ces lois, dont l'intérêt est indiscutable, mais qui réclament encore le contrôle de nouvelles expériences, nous allons passer à l'exposition rapide de la classification proposée par M. Mendeléjeff et englobant l'ensemble des éléments. Le chimiste russe forme huit familles, dont chacune se subdivise en groupes.

H=1									
Li=7	Gl=9	Bo=11	C=12	Az=14	O=16	F=19			
Na=23	Mg=24	Al=27	Si=28	P=31	S=32	Cl=35,5			
K=39	Ca=40	Sc=44	Ti=48	V=51	Cr=52	Mn=55	Fe=56	Co=59	Ni=59
Cu=63	Zn=65	Ga=69	Ge=72	As=75	Se=79	Br=80			
Rb=85	Sr=87	Y=90	Zr=90	Nb=94	Mo=96	?	Ru=104	Rh=104	Pd=106
Ag=108	Cd=112	In=113	Sn=118	Sb=120	Te=125	I=127			
Cs=133	Ba=137	Ce=137	La=139	»	Di=147	»			
»	»	Er=171	»	Ta=182	W=184	»	Os=198	Ir=193	Pt=194
Au=196	Hg=200	Tl=204	Pb=207	Bi=210	»	»			
»	»	»	Th=234	»	U=240	»			

La première famille (colonne de gauche) comprend, outre les métaux alcalins, une seconde tribu dans laquelle se rangent le cuivre, l'argent, l'or, ceux-ci rejetés dans les parties inférieures, ceux-là s'élevant dans les hautes régions de la courbe. Entre l'ensemble des deux sections et entre les trois métaux que contient la seconde, on remarque des divergences notables. Le sodium d'une part, l'argent de l'autre, établissent la transition de la première série, constituant un faisceau bien serré à la seconde, dont les composants ne sont réunis que par un lien assez lâche.

Dans la seconde famille (deuxième colonne), trouvent place, en premier lieu, le magnésium et la triade calcium, — strontium, — baryum, tous sont placés sur des arcs descendants, et, en second lieu, le zinc, le cadmium, le mercure, qui se trouvent être figurés sur des lignes ascendantes. Ordre homogène dans son ensemble. Les deux groupes sont fort voisins l'un de l'autre.

A l'exception du bore et de l'aluminium, la division suivante ne contient que des matières rares, sans importance et encore incomplètement étudiées. Le quatrième ordre comprend le carbone, le silicium, le titane, le zirconium, ce qui est parfait; mais il associe ensemble l'étain et le plomb, ce qui est moins heureux. Mendeléjeff constitue une cinquième classe avec quelques corps sans intérêt accolés à l'azote, au phosphore, à l'arsenic, à l'antimoine, au bismuth. L'oxygène et le soufre prennent place dans la sixième famille, non loin du chrome, rapprochement quelque peu forcé. Le chimiste russe dispose d'une septième famille pour y placer le groupe des substances halogènes (fluor, chlore, brome, iode) près du manganèse, dont les affinités avec ces métalloïdes ne sautent pas aux yeux. Enfin viennent s'aligner dans la huitième et dernière tribu (les trois colonnes de droite) le fer, le cobalt, le nickel, le platine et les métaux dits « de la mine de platine », c'est-à-dire associés dans la nature avec ce métal précieux, qu'ils rappellent d'ailleurs beaucoup par l'ensemble de leurs caractères.

Discussion des théories de Mendeléjeff. — Nous n'avons nullement cherché, comme le lecteur a dû s'en apercevoir, à cacher les défauts que présente cette classification. Sans doute, les anomalies sont assez nombreuses, sinon très graves. Mais les découvertes du scandium, du gallium, du germanium, venant si heureusement s'intercaler aux places vides qui leur avaient été réservées d'avance, alors que tous trois n'étaient que des matières hypothétiques nommées *ékabore*, *ékaluminium* et *ékasilicium*, autorisent à penser que bien des imperfections qui choquent un esprit absolu disparaîtront bientôt d'elles-mêmes. Sans parler de découvertes éventuelles d'éléments nouveaux, beaucoup de corps simples anciens n'ont pas été isolés à l'état de pureté complète : on ne peut donc rien conclure au sujet de leurs principales propriétés et surtout relativement à leur densité. Il faut aussi attendre patiemment que l'expérience ait rendu son verdict définitif au sujet de plu-

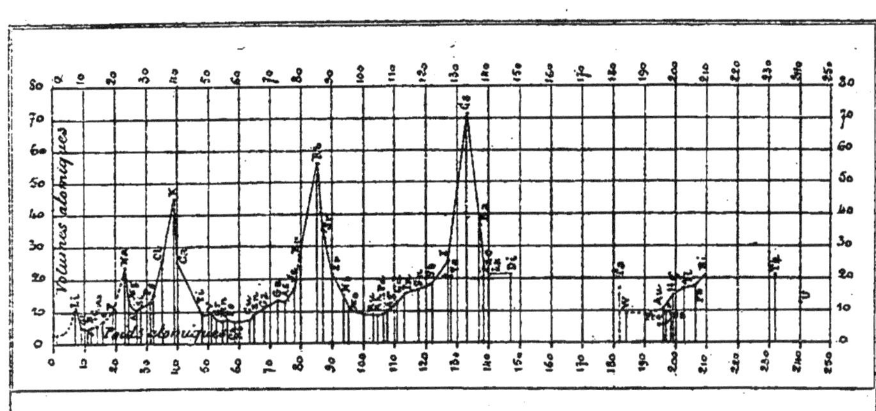

Courbe de Mendelejeff et L. Meyer.

Abscisses proportionnelles aux poids atomiques — Ordonnées proportionnelles aux Volumes atomiques.

Fig. 3.

sieurs poids atomiques; tantôt les procédés qu'on emploie manquent de rigueur; tantôt le principe sur lequel on se base est faux, ainsi que le prouve l'histoire du glucinium. Jusqu'à ces dernières années, on avait méconnu la nature exacte du rôle qu'il joue dans plusieurs minéraux assez importants (1), et les recherches de M. Pettersson ont complétement donné raison aux pressentiments de MM. Newlands et L. Meyer. Quelques critiques reprochaient à M. Mendeléjeff d'avoir, pour les besoins de sa cause, rejeté arbitrairement l'uranium à l'extrême droite de la série; or, grâce aux observations de M. Raoult, de Grenoble (2), relatives à la congélation des liquides uraniques, le poids atomique choisi par le savant russe a été reconnu exact. En un mot, il faut

(1) L'émeraude, la cymophane, etc. La glucine a été longtemps envisagée comme une combinaison parallèle à l'alumine Al^2O^3 et s'écrivait Gl^2O^3. Le poids atomique du glucinium était alors fixé à 13,6, chiffre qui s'accordait passablement avec la chaleur spécifique 0,408 observée par Nilson et Petterson. Mais l'étude de la densité de vapeur du chlorure, le seul dérivé volatil qu'engendre le métal, a conduit les mêmes auteurs à formuler ce chlorure $GlCl^2$, ce qui correspond à la notation GlO pour l'oxyde, et au nombre 9,4 environ pour le poids atomique. Dans cet ordre d'idées, la chaleur atomique $9{,}4 \times 0{,}408$ ne dépasse pas 3,84, et se trouve manifestement trop faible. Enfin, circonstance des plus curieuses, dans le voisinage du point d'ébullition, le symbole Gl^2Cl^6 est celui qui s'accorde le mieux avec les observations, cette coïncidence n'étant du reste que transitoire. Il faut conclure de ces faits d'abord que la règle d'Avogadro, *appliquée à température élevée,* doit seule faire loi, même quand elle conduit à des déductions incompatibles avec l'énoncé de Dulong, ensuite que la constitution moléculaire d'un composé est susceptible de changements profonds suivant le degré de chaleur qu'on maintient, de même que le soufre hexatomique à 500° peut devenir diatomique à 1000°, enfin que les tables de Mendeléjeff constituent pour le chimiste un contrôle des plus précieux.

(2) Nous expliquerons dans le chapitre suivant, avec tous les développements nécessaires, le principe de la méthode Raoult. Autrefois le poids de l'atome d'uranium n'était coté qu'à 120 au lieu de 240.

compléter et corriger la liste, plutôt qu'il ne faut la bouleverser.

A présent que nous avons en main d'excellentes raisons pour juger que la classification de Mendeléjeff constitue mieux qu'une série de chiffres adroitement combinés, il n'est pas inutile de chercher à expliquer pourquoi elle écarte l'une de l'autre certaines matières simples, qui, jadis, semblaient ne devoir jamais être séparées, tandis qu'elle rapproche dans un même groupe diverses substances un peu hétérogènes. Nous n'insisterons pas sur la complexité et la multiplicité des fonctions chimiques; ce serait nous répéter. Mais nous ferons observer que nos jugements ne sont pas d'une portée infaillible, que nous ne nous rendons qu'assez vaguement compte du jeu des affinités au sein des molécules, de façon que tel caractère essentiel à nos yeux peut être, en réalité, purement accessoire.

Pourquoi, par exemple, à côté de métaux monovalents par excellence, comme le sodium ou le potassium, figurent trois éléments, dont l'un, à la vérité, est monovalent, mais dont le second, le cuivre, est bivalent, tandis que le troisième, l'or, est trivalent? Il faut répondre que, si le chlorure cuivrique $Cu''Cl^2$ ne correspond nullement au chlorure aurique $Au'''Cl^3$ ou au chlorure d'argent $Ag'Cl$, l'accord est moins imparfait, pour peu qu'on envisage le chlorure cuivreux Cu^2Cl^2 et le chlorure aureux $AuCl$ (1). Ces deux combinaisons sont très instables, la seconde surtout; mais la première rappelle à certains égards le chlorure argentique par son insolubilité dans l'eau et son aptitude à se mélanger à l'ammoniaque. Les chimistes ont encore découvert d'autres

(1) Cet exemple, et bien d'autres que l'on pourrait citer, tendent à prouver que dans la comparaison des formules ont peut faire abstraction des « grandeurs moléculaires », c'est-à-dire que Cu^2Cl^2 équivaut en fait à $CuCl$.

points de rapprochement entre les sous-sels de cuivre et les sels d'argent, mais si nous envisageons spécialement les composés sulfurés ou oxydés, le parallélisme devient satisfaisant.

Le sulfure Cu^2S correspond au sulfure Ag^2S, avec lequel il est isomorphe.

L'oxyde Cu^2O répète l'oxyde Ag^2O.

Observons qu'au rebours des autres dérivés cuivreux, le sulfure cuivreux est très stable, puisque le cuivre, en chimie analytique, est souvent dosé sous cette forme ; quant à l'oxyde cuivreux, il constitue un minéral bien connu : la *cuprite*. L'oxyde cuivrique ne se rencontre pas dans la nature, et le sulfure cuivrique s'altère facilement à l'air. En ce qui regarde l'or, on est obligé de convenir qu'il est en somme très difficile de classer rationnellement ce métal précieux.

Pour quelles raisons le deuxième groupe englobe-t-il à la fois l'aluminium, le gallium et le thallium ? Au point de vue des caractères physiques, le bore est positivement analogue à l'aluminium ; comme ce dernier et plus que lui, il ne satisfait qu'imparfaitement à la loi des chaleurs atomiques. Seulement, il est trivalent, tandis que l'aluminium, fonctionnant comme atome double, semble tétravalent, comme nous l'avons déjà expliqué [1]. Ce qui tranche la difficulté, c'est que, par l'application d'un degré de chaleur suffisant, les molécules des chlorures aluminique et gallique se détendent, et, au lieu de correspondre au symbole double Al^2Cl^6 et Ga^2Cl^6 se formulent simplement $AlCl^3$ et $GaCl^3$. Quant au thallium, il serait beaucoup mieux classé dans la colonne de gauche, aux lieu et place de l'or. Il est bizarre que la pesanteur des atomes de l'or et du thallium, propriété qui relègue ces deux corps au dernier rang de leur

(1) Voyez la fin du § 111 du présent chapitre.

colonne respective, coïncide pour le premier avec un accroissement, pour le second avec un abaissement dans la valence, au point de la troubler et de la rendre ambiguë, alors que tous les congénères du thallium et de l'or présentent une trivalence ou une monovalence nette et accusée.

Inversement, la comparaison des dérivés oxygènés peut s'opérer sans que nulle discussion intervienne. L'anhydride borique Bo^2O^3 marche de front avec l'alumine Al^2O^3, la « galline » Ga^2O^3, et l'oxyde supérieur de thallium obtenu par l'action de l'ozone Tl^2O^3.

Dans le quatrième ordre, la tétravalence est nette et fixe, l'homogénéité parfaite; seul, le plomb est bivalent dans la plupart des cas. Il est possible que de nouvelles études relatives aux composés plombiques mettent en lumière quelques affinités avec l'étain, ainsi que l'on a déjà réussi à le faire. Toutefois, il n'en est pas moins vrai que le plomb se trouverait mieux intercalé dans la colonne glucinium-mercure. Ici encore l'examen des oxydes lève la plupart des difficultés et rétablit l'accord.

Les métalloïdes de la cinquième famille sont pentavalents (1), quoique cette propriété s'atténue à partir du phosphore pour se réduire à une trivalence assez nette. Les combinaisons suroxygénées se rapprochent sans peine depuis l'anhydride azotique Az^2O^5 jusqu'à l'anhydride bismuthique Bi^2O^5.

On peut, sans trop d'effort, comparer les chromates aux sulfates (2), aux séléniates, aux tellurates ; voilà la

(1) Observons que, vis-à-vis de l'hydrogène seul, l'azote et le phosphore ne sont jamais que trivalents (ammoniaque AzH^3; phosphure gazeux PH^3) et que les deux dernières affinités du phosphore dans PCl^5 sont très faibles.

(2) Chromate de potassium (chromate jaune) CrO^4K^2. — Sulfate de potassium So^4K^2.

raison d'être du classement du métal chrome à côté de la triade métalloïdique du soufre. Abstraction faite du chrome, les autres membres de la même tribu sont bivalents par rapport à l'hydrogène, comme nous l'avons déjà fait ressortir ; mais l'étude de leurs oxydes trahirait, par rapport à l'oxygène, une sexvalence que la progression régulière des facultés de ce genre, à partir de la première colonne, rendrait d'ailleurs infiniment probable.

Ce que le chrome est au soufre, le manganèse, proche parent du premier, l'est au chlore ; l'affinité des perchlorates, celui du potassium par exemple, ClO^4K avec les permanganates, comme le permanganate potassique MnO^4K, explique la situation du manganèse dans le tableau mendelévien. Faut-il croire à l'heptavalence des membres de la septième famille ? Non, si on les copule avec l'hydrogène, mais oui, si l'on s'attaque aux combinaisons oxygénées ; nous reviendrons du reste sur cette question.

En revanche, il serait peut-être prématuré d'affirmer que, dans les groupes qui figurent dans les trois dernières colonnes, les corps simples fonctionnent comme octovalents. Le lecteur trouvera peut-être plus intéressant de noter l'harmonie singulière des poids atomiques quasi-égaux entre eux, dans chaque sous-tribu, mais se doublant presque du fer au palladium, puis du palladium au platine.

Remarquons en terminant que MM. Mendeléjeff et Lothar Meyer, faisant en quelque sorte un retour sur le passé, reprennent implicitement la théorie de philosophie chimique posée en principe par Lavoisier et ses successeurs immédiats. Ceux-ci faisaient jouer à l'oxygène un rôle prépondérant, universel, hors cadre ; ils lui réservaient une place d'honneur, alors qu'ils fondaient la nomenclature chimique encore en usage chez nous. Plus tard, à la suite des travaux de Dumas, Laurent, Gerhardt, l'hydrogène détrône son rival : les poids atomiques furent rapportés à celui de l'hydrogène choisi pour unité, au lieu que, dans l'origine, les anciens équivalents étaient comparés à celui de l'oxygène supposé égal à 100. Les combinaisons hydrogénées servirent de *criterium* à Dumas pour fonder les bases de sa belle classification des métalloïdes, tandis que les acides ou oxydes rejetés au second rang prêtèrent plus rarement l'appui de leurs formules. Au contraire, et nous nous sommes efforcés de le faire ressortir, les rapprochements heurtés, les anomalies, disparaissent des tableaux de Mendeléjeff pour faire place à des séries fort régulières, si, au lieu de considérer les éléments libres, leurs hydrures ou leurs chlorures, on s'attache aux combinaisons oxygénées correspondantes (1). Grâce à ses dérivés, le gaz vital reprend, en partie du moins, son importance d'autrefois, sans que d'ailleurs les idées de la génération précédente soient en rien infirmées ou affaiblies. L'hydrogène reste et restera toujours isolé de ses congénères : en science, on ne revient jamais en arrière, mais il faut se garder de piétiner sur place ; l'essentiel est de tendre à la vérité, ce but unique des efforts d'ici-

(1) Il suffit, pour se convaincre de cette vérité, d'examiner le tableau suivant :

Dérivés chlorés (métaux) ou hydrogénés (métalloïdes).

F. du lithium.	F. du glucinium.	F. du bore.	F. du carbone.	F. de l'azote.	F. de l'oxygène.	F. du fluor.
$LiCl$	$GlCl^2$	BoH^3	CH^4	AzH^3	OH^2	FH

*Dérivés oxygénés. Les symboles marqués * ont été doublés.*

Li^2O	$\dot{Gl}^2O^2$	Bo^2O^3	$\dot{C}^2O^4$	Az^2O^5	$\dot{S}^2O^6$	Mn^2O^7

bas, et l'homme de science anxieux de courir à lui avant tout n'hésite pas, s'il y est obligé, à quitter le chemin dans lequel il s'était engagé, pour en choisir un autre plus sûr, l'eût-il auparavant une première fois délaissé.

CHAPITRE III

LES CORPS COMPOSÉS EN GÉNÉRAL

---

§ I. — Méthodes auxiliaires propres à fixer le poids des molécules.

Lorsque, au lieu d'envisager un corps simple, le chimiste s'attaque à un corps composé dont il veut apprécier le caractère, la première question qu'il ait à se poser à lui-même est la suivante : Quel est le poids moléculaire de cette combinaison ? S'il s'agit d'une matière vaporisable, la règle d'Avogadro et d'Ampère intervient pour répondre à la demande et son verdict est infaillible pourvu que le mode d'opération ait été correct. Mais, dans bien des cas particuliers, le composé n'est pas susceptible d'être volatilisé ou ne l'est qu'à la condition de se briser en molécules plus simples : d'autres fois, les expériences, troublées par des phénomènes secondaires, ne sont pas assez irréprochables pour qu'on en puisse déduire, en l'absence de tout contrôle, des conclusions absolument sûres. Enfin dans quelques circonstances, le doute n'est pas possible, mais les auteurs sont bien aises qu'une confirmation éclatante vienne fortifier ce qu'ils savent déjà, sans compter qu'ils planlent ainsi pour l'avenir un jalon propre à ouvrir la voie à de nouvelles méthodes d'investigation.

Loi de Dulong et Petit généralisée. — Est-il possible d'abord d'étendre la loi de Dulong et Petit aux substances complexes ? Il faut admettre alors que dans une molécule hétérogène, chaque atome simple conserve la chaleur spécifique vulgaire accessible à l'observation. La théorie est impuissante à trancher cette question ; il faut avoir recours à l'expérience. Étudions une combinaison binaire constituée d'éléments dont la chaleur spécifique à l'état solide soit connue : par exemple, le beau sel jaune nommé iodure de plomb et qui se note PbI^2. Pour réchauffer de 1° 207 grammes de plomb, il faut dépenser 6,4 calories et pour réchauffer aussi de 1° 2 fois 127 grammes ou 254 grammes d'iode, il faut employer 6 cal., 8×2 c'est-à-dire 13 cal. 6 ; donc, si notre hypothèse est juste, pour élever de 1° la température d'une molécule d'iodure exprimée en grammes et pesant $207 + 2 \times 127 = 461$ grammes, le nombre de calories distribuées se trouve être de $6,4 + 13,6$ ou 20. Afin de ramener au gramme, divisons ce chiffre de 20 par le poids moléculaire 461 et nous obtenons la chaleur spécifique hypothétique 0,0434. Déterminons expérimentalement la même constante ; nous sommes amenés à inscrire une valeur presque identique à la première 0,0427. Notre supposition était donc exacte, puisque les nombres calculés et observés se confondent sensiblement.

Ainsi, dans le cas où les éléments qui forment une substance complexe sont solides à la température ordinaire et vérifient la loi de Dulong, il est permis d'affirmer que le poids moléculaire de cette substance se rattache à sa chaleur spécifique mesurée par les procédés ordinaires de la calorimétrie. Suivant que la molécule est diatomique, triatomique, le produit de ces deux coefficients se trouvera égal à deux, trois fois la constante de Dulong et Petit, soit à 12 ou 13, 18 ou 20, selon les circonstances.

	Iodure de potassium.	Sulfure mercurique.	Sulfure cuivreux.
	IK	HgS	Cu^2S
Produit :	13,6	12	10,6

Du reste, avec des molécules riches de cinq atomes au moins, l'application de la règle n'offre plus d'intérêt parce que les résultats peuvent être très rapprochés, même avec des matières d'atomicités différentes (1).

Les indications que nous venons de fournir ont trait aux iodures et aux sulfures métalliques ; il est possible de faire entrer dans la même catégorie les bromures, mais non les amalgames mercuriels bien que le brome soit notablement plus volatil que le mercure. Finalement la présence dans une molécule d'atomes naturellement gazeux à la température ordinaire, comme ceux du chlore et du fluor, accentue tellement la confusion que la formule primitive ne saurait être conservée sans modifications sensibles. Par exemple la chaleur moléculaire du fluorure calcique $Ca F^2$ ne dépasse pas 16,77, ce qui est notoirement insuffisant.

Mais les limites extrêmes s'écartent bien davantage

(1) Cette anomalie résulte de deux causes : d'abord, la chaleur moléculaire n'est pas *rigoureusement* égale à la somme des chaleurs atomiques, puis les chaleurs atomiques des éléments varient elles-mêmes, comme on sait, de 5,5 à 6,9. La limite inférieure multipliée par 5 diffère à peine de la limite supérieure multipliée quatre fois; en d'autres termes, la chaleur moléculaire d'un assemblage tétratomique composé d'éléments à chaleur atomique forte peut atteindre et même dépasser, dans certaines circonstances, la chaleur moléculaire d'un groupement formé par cinq atomes de corps simples à chaleur atomique faible.

lorsque des sulfures, des alliages ou des composés haloïdes, on passe aux oxydes ou aux sels oxygénés dans lesquels figure un gaz autrefois réputé permanent. Toutefois, il n'est pas impossible d'atténuer quelque peu la divergence, si, au lieu de conserver la formule générale que nous avons essayé de poser, nous comparons ces mêmes dérivés non plus aux iodures ou aux sulfures, mais entre eux, parce qu'alors l'erreur due à la présence de l'oxygène se corrige d'elle-même.

Oxydes.	Litharge ou protoxyde de plomb PbO . .	11,373
	Bioxyde de manganèse MnO^2	13,74
	Oxyde cuivreux Cu^2O	15,6
	Magnésie MgO	9,76
Sels . .	Azotate de potassium AzO^3K	24,24
	Chlorate de potassium ClO^3K	25,62
	Azotate d'argent AzO^3Ag	24,4
	Sulfate de calcium SO^4Ca (plâtre calciné).	26,8
	— — — (anhydrite). . .	24,2

On voit à l'inspection de ce petit tableau que si la litharge peut à la rigueur être considérée comme justifiant la règle, la magnésie ne saurait dans aucun cas s'y ramener, et que les molécules triatomiques du bioxyde de manganèse et de l'oxyde cuivreux s'y dérobent également. Contrairement à ce que l'on serait en droit de supposer, les quatre molécules pentatomiques de sels que nous avons choisis au hasard fournissent des valeurs sensiblement concordantes entre elles, bien qu'insuffisantes en bloc ; le nombre même des atomes de la molécule a moins d'influence que la nature de ces atomes.

Ce fait est si vrai, que les combinaisons du bore, du silicium, du carbone, métalloïdes qui, pris à l'état de liberté, se singularisent par leurs écarts à la loi de Dulong, sont absolument rebelles à celles des chaleurs moléculaires constantes. Par exemple le chiffre convenable à la silice est trop faible d'un bon tiers, et si, des substances minérales, nous passons aux dérivés organiques, tels que le sucre ou la crème de tartre (tartrate acide de potassium), les résultats numériques sont insuffisants et ne concordent même pas entre eux, toutes circonstances qui n'offrent rien de surprenant : l'oxygène, l'hydrogène, le carbone, le silicium, ne sauraient, une fois réunis, obéir à une règle à laquelle nul d'entre eux, pris isolément, ne consent à se plier (1).

En résumé, la loi des chaleurs moléculaires, restreinte par Neumann ou généralisée par Wœstyn, est inapplicable en grand et n'est guère susceptible d'être vérifiée qu'en détail dans un nombre relativement petit de cas particuliers. Tout ce qu'on veut lui faire gagner en étendue, elle le perd en précision. Il n'est permis de rapprocher que les molécules au sein desquelles les influences perturbatrices de l'oxygène, de l'azote, de l'hydrogène et consorts s'exercent à peu près également, des assemblages de constitution peu différente, de richesse presque équivalente en solides ou en gaz, en un mot des matières ou des sels « isomorphes », et encore est-il bon que ces mêmes molécules ne soient pas d'une atomicité trop élevée. Comme la règle de l'isomorphisme, dont nous dirons quelques mots en temps et lieu, constitue

(1) L'eau, par un hasard assez singulier, est douée d'une chaleur moléculaire qui concorde à merveille avec le nombre théorique. Les trois atomes réunis de H^2O pèsent 18, et, sa chaleur spécifique égalant l'unité, 18 exprime aussi sa chaleur moléculaire. C'est bien la valeur qui convient à une molécule triatomique. Mais la coïncidence n'est qu'apparente : n'oublions pas qu'il faut uniquement se baser sur la chaleur spécifique *à l'état solide*, et le calcul doit être fait, non sur l'eau liquide, mais sur la glace ; le coefficient relatif à celle-ci est 0,6 environ, chiffre qui, multiplié par 18, donne à peu près 11. On voit que la glace ne fait pas exception au milieu des autres combinaisons de l'oxygène ou de l'hydrogène, et reste bien au-dessous de la moyenne exigée.

un guide parfaitement sûr en pareille circonstance, les chimistes ne se servent de la loi un peu confuse de Neumann qu'à titre de vérification, et consultent tout d'abord le rapport des formes cristallographiques.

Il est bon de remarquer que même fussent-elles mathématiques, les formules de Neumann et de Wœstyn seraient absolument impuissantes à fixer la grandeur moléculaire ou le poids moléculaire proprement dit. Par exemple, elles ne sauraient nous indiquer si le symbole convenable au chlorure d'aluminium est $AlCl^3$ ou Al^2Cl^6. Théoriquement, la chaleur spécifique multipliée par le poids moléculaire doit fournir un produit qui est égal à autant de fois 6,3 qu'il y a d'atomes dans la molécule. Si l'on double ou l'on triple la formule, il en est de même du poids moléculaire, mais alors le nombre d'atomes renfermés dans la molécule double ou triple aussi, et le résultat final ne change pas. Seulement, étant données deux matières de constitution analogue, le même procédé permet, le poids moléculaire de l'une étant parfaitement fixé, de déduire une valeur approximative du poids moléculaire de la seconde. Le chlorure

(1) Kopp a formulé une règle empirique grâce à laquelle on peut prévoir d'avance approximativement la chaleur spécifique d'une substance dont la formule est connue. Il suffit d'opérer comme nous l'avons fait pour l'iodure de plomb, mais en affectant aux atomes des corps simples énumérés dans le tableau ci-dessous, non plus le coefficient 6,4, mais les facteurs suivants :

Bore	2,7	Fluor.	5	Oxygène . . .	4
Carbone . . .	1,8	Hydrogène . .	2,3	Silicium . . .	3,8

Pour le soufre et le phosphore, le chiffre convenable est un peu plus fort, 5,4. L'azote enfin n'obéit à aucune loi fixe.

Choisissons comme exemple le carbonate de sodium CO^3Na^2. La chaleur moléculaire, estimée d'après la règle de Kopp, vaut 1,8 + 3 × 4 + 13,4 ou 27,2. Divisons par 106, poids moléculaire du sel, et nous tombons sur une chaleur spécifique de 0,256 rapportée à l'unité de poids. Or, la chaleur spécifique observée égalant 0,273 d'après Regnault, 0,246 suivant Kopp, la valeur théorique serait justement comprise entre les deux termes fournis par l'expérience.

mercurique, qui est volatil, doit être figuré $HgCl^2$ et a pour chaleur moléculaire 18,7 ; si pour l'iodure mercurique, qui est fixe, nous convenons de choisir une valeur égale, nous sommes conduits à adopter un poids moléculaire voisin de 467 ; c'est évidemment le nombre 454 correspondant à la formule HgI^2 qui doit être choisi.

Chaleur spécifique des gaz. — Franchissons d'un coup tout l'intervalle qui sépare le solide idéal du fluide élastique parfait, et considérons les anciens gaz incoercibles, lesquels, avant les heureuses expériences de MM. Cailletet et Pictet, étaient au nombre de six : l'oxygène, l'hydrogène, l'azote, l'oxyde azotique AzO, l'oxyde de carbone CO, et enfin l'éthylène ou gaz oléfiant C^2H^4. Mettons ce dernier de côté et mesurons la chaleur spécifique des autres gaz, dans des circonstances telles que toute dilatation de la masse, tout changement de volume de celle-ci, soit chose impossible : nous forcerons ainsi l'énergie calorifique à se concentrer uniquement dans les molécules sans qu'aucune partie en soit employée à produire une expansion quelconque. Les physiciens ont en leur possession des procédés très minutieux qui leur permettent de mesurer cette chaleur spécifique sous volume constant : nous ne voulons ni ne pouvons décrire ces méthodes ici ; mais, si l'on rapproche les résultats fournis par l'expérience des poids moléculaires correspondants et qu'on opère la multiplication de ces deux facteurs, on trouve un produit sensiblement invariable.

Oxygène	0,16 × 32	5,12
Hydrogène	2,43 × 2	4,86
Azote	0,174 × 28	4,87
Oxyde azotique	0,166 × 30	4,97
Oxyde de carbone	0,175 × 28	4,90

Notons que tous les gaz énumérés ci-dessus sont diatomiques : seulement les molécules des trois premiers se trouvent constituées de matériaux homogènes et celles des deux autres d'éléments hétérogènes. Si l'on examine un gaz aisément coercible, tel que le chlore, le résultat, tous calculs faits, n'est pas très éloigné de la moyenne voulue, mais s'en écarte sensiblement, et, sans que nous ayons besoin de nous expliquer longuement à ce sujet, le lecteur ajoutera de lui-même que la divergence s'accroîtrait encore dans le cas d'une vapeur plus rapprochée de son point de saturation. Enfin si l'on s'attaque à des gaz triatomiques comme l'oxyde azoteux Az^2O (ancien protoxyde d'azote) ou les anhydrides sulfureux et carbonique SO^2 et CO^2 (anciens acides sulfureux et carbonique), la même opération d'arithmétique fait ressortir d'autres chiffres à peu près égaux entre eux, mais différents des premiers.

Il n'est pas impossible de fondre ensemble les deux règles partielles que nous venons de poser en principe et de les ramener à une formule unique. Il suffit pour cela, dans l'hypothèse d'une substance diatomique, de diviser l'ensemble de nos deux facteurs ou l'un d'eux seulement par le nombre d'atomes ; la constante du second membre de l'égalité se trouve naturellement dédoublée sans cesser pour cela de rester invariable. Avec les matières de la seconde liste, il nous suffira de diviser par trois et alors le quotient obtenu se confondra plus ou moins exactement avec celui relatif à la première catégorie, ou, pour mieux dire, il n'y aura qu'un seul quotient.

Oxygène.	2,56	Oxyde de carbone . . .	2,49
Hydrogène.	2,43	Oxyde azoteux	2,00
Azote.	2,44	Anhydride sulfureux . .	2,35
Oxyde azotique.	2,45	Anhydride carbonique. .	1,96

Ainsi énoncée, notre règle devient applicable à des gaz à composition plus complexe, comportant par exemple

6 atomes comme l'éthylène C^2H^4 ; il faut mesurer la chaleur spécifique à volume invariable, multiplier par le poids moléculaire et diviser par 6 ; on retrouverait, plus ou moins altéré, le chiffre correspondant à tous les autres gaz dont la constitution est plus simple. Toutefois la thermodynamique permet de prévoir un fait que l'expérience justifie : c'est que la confusion ne cesse de croître à mesure que le nombre des atomes augmente lui-même, parce qu'alors la chaleur agit d'une façon mystérieuse à l'intérieur du groupe moléculaire, pour en modifier petit à petit l'harmonie et qu'on ne peut apprécier dans quelle mesure le phénomène général est troublé par ces influences secondaires.

On remarquera le parallélisme parfait qui règne entre la loi de Wœstyn et celle des chaleurs moléculaires des gaz, soupçonnée par Delaroche et Bérard, reconnue exacte par Dulong et Regnault (1). Cette dernière, très curieuse au point de vue philosophique, est loin d'être, en pratique, d'une aussi grande importance ; elle ne se vérifie plus dans le cas des gaz trop aisément liquifiables, et, à plus forte raison, s'il s'agit de vapeurs, mais fût-elle même beaucoup plus exacte qu'elle ne l'est, son utilité n'en serait pas moins fort médiocre, attendu que, avec des gaz ou des vapeurs, la règle d'Avogadro suffit à elle seule pour indiquer sur-le-champ le poids moléculaire.

(1) D'après l'une ou l'autre formule, le produit de la chaleur spécifique de certains corps solides ou gazeux par leur poids moléculaire, le tout divisé par le nombre des atomes figurant dans la molécule, est toujours sensiblement le même.

Le lecteur sera, il est vrai, en droit d'objecter que les solides, les sels, dont nous avons mesuré les chaleurs spécifiques, pouvaient se dilater librement. Mais cette expansion, au cours des expériences, est négligeable dans la plupart des cas. Pour le gaz, nous avons raisonné sur la chaleur spécifique à volume fixe, parce que cette donnée est peut-être plus aisée à concevoir que la chaleur spécifique à volume variable.

Loi des volumes moléculaires. — Nous avons dit quelques mots déjà relativement aux volumes atomiques, avant d'aborder l'examen des théories mendeléviennes. De même que la loi de Dulong a pu être élargie au point de devenir un simple cas particulier de la règle beaucoup plus générale des chaleurs moléculaires constantes, dans le cas de composés du même ordre, de même, l'identité des volumes atomiques des éléments faisant partie du même groupe conduit à la formule moins nette, mais moins étroite, des volumes moléculaires égaux, lorsqu'on s'adresse à des combinaisons salines de même ordre et notamment à des espèces isomorphes.

Le chlorure de sodium est doué d'un poids moléculaire de 58,5 et d'un poids spécifique de 2,16. Divisons le premier nombre par le second pour obtenir le volume moléculaire, ce qui revient à répéter l'opération déjà réalisée pour les éléments lors de la construction du tracé de Mendeléjeff, et nous arrivons au rapport 27. Avec le chlorure d'argent, les données 143,5 et 5,5 conduiraient à la valeur 26 très rapprochée de la précédente. Et cependant il existe des corps simples beaucoup plus voisins l'un de l'autre que le sodium ne l'est de l'argent. Considérons maintenant les trois sulfates cristallisés de calcium, de strontium, de baryum, connus des minéralogistes sous les noms respectifs d'*anhydrite*, de *célestine*, de *barytine*.

	Formule.	Poids moléculaire.	Densité.	Volume moléculaire.
Sulfate de calcium. .	SO^4Ca	139	2,98	4,5
Sulfate de strontium.	SO^4Sr	183	3,96	4,6
Sulfate de baryum. .	SO^4Ba	233	4,71 [1]	4,9

(1) Ce diviseur 4,71 constitue un maximum de poids spécifique que n'atteignent pas tous les échantillons du minéral. Il s'ensuit que

L'accord est moins parfait que dans l'exemple ci-dessus, mais il est encore frappant ; les nombres de la dernière colonne de droite, qui devraient être constants, augmentant légèrement du premier terme de la triade au dernier (1).

L'identité des volumes moléculaires d'un certain nombre de composés se trouve être, en somme, une circonstance intéressante à noter, mais plutôt propre à confirmer des poids moléculaires déjà fixés qu'à découvrir ceux qui sont inconnus. Comme la loi des chaleurs moléculaires, elle fait, la plupart du temps, double emploi avec la règle de l'isomorphisme, tout en se manifestant moins nettement que celle-ci, et de plus elle est impuissante à fournir des chiffres absolus. Nous ferons la même observation au sujet du phénomène des volatilités moléculaires étudié par Bunsen. Lorsque, dans la même région de la flamme d'un brûleur à gaz, on introduit successivement des particules de sels haloïdes alcalins, chlorures, bromures....., de poids proportionnels à ceux des molécules, ces fragments vapo-

le volume moléculaire peut égaler ou même surpasser 5. Nous avons choisi à dessein le chiffre le plus favorable.

(1) On voit que plus la molécule de sulfate alcalino-terreux s'alourdit, plus le poids spécifique ou le poids de matière contenu dans l'unité de volume, millimètre cube ou centimètre cube, augmente, et cela dans la même proportion. Cela ne se peut que si le volume occupé par une molécule reste constant, quel que soit d'ailleurs le métal de la base. En définitive, ce principe n'est autre que la règle d'Ampère et d'Avogadro étendue aux corps solides. Mais, outre que notre remarque ne saurait embrasser qu'un nombre de cas relativement petit, il faut encore observer une différence très grande entre les gaz et vapeurs et les sels. Pour tous les gaz sans exception, le volume occupé par la molécule est constant, quelle que soit la nature de l'association, pourvu que la température et la pression soient toujours les mêmes. Au contraire, à l'inspection des nombres précités, il saute aux yeux que l'espace attribué à une molécule de sulfate calcique ou barytique est infiniment plus resserré que la capacité correspondante à une molécule de chlorure d'argent ou de chlorure de sodium.

risés disparaissent au bout d'un intervalle de temps à peu près constant (1).

Travaux de M. Raoult. — Enfin, dans un très grand nombre de cas plus ou moins suspects où la loi d'Ampère est inapplicable, les poids moléculaires peuvent être fixés sans ambiguïté aucune, grâce à l'emploi de la méthode « cryoscopique », due à M. le Professeur Raoult, de Grenoble, lequel après en avoir fait ressortir la haute portée philosophique, l'a perfectionnée dans la pratique, de façon à rendre son application fort aisée. Ce procédé neuf et original mérite quelques explications.

Lorsqu'à un dissolvant approprié non susceptible de réagir chimiquement sur le corps dissous on mélange un solide ou un liquide en petite quantité, on obtient une liqueur jouissant invariablement d'une propriété constante. Le point de congélation de cette mixture est toujours plus bas que celui du véhicule à l'état de pureté ; c'est ainsi que l'eau salée, pour citer un exemple bien connu, ne se concrète qu'au-dessous de 0°, point où l'eau distillée devient glace. Au moyen de quelques précautions assez délicates, l'*abaissement* du point de solidification peut s'estimer avec une assez grande exactitude, et se traduire en degrés centigrades et fractions de degré ; de plus, entre certaines limites, tantôt assez larges, tantôt plus resserrées, ce même élément se trouve, à peu de chose près, proportionnel au poids du corps dissous dans un poids fixe de dissolvant : 100 grammes par exemple. En particulier, on nomme *coefficient d'abaissement* l'abaissement déterminé par

(1) Dans la pratique, Bunsen opère ainsi qu'il suit. Il fait vaporiser des fragments de poids égaux (1 milligramme par exemple) de chacun des sels étudiés et note les temps de volatilisation exprimés en secondes. Les chiffres obtenus multipliés par les poids moléculaires respectifs fournissent des produits presque invariables.

1 gramme du sel ou de la matière considérée, diffusée dans 100 grammes de dissolvant : eau, benzine, acide acétique....., etc. Cette donnée est parfois directement observable, mais, plus souvent, elle n'est susceptible de mesures qu'à la suite d'une série d'expériences confirmées par un tracé graphique très simple, mais que nous ne saurions exposer ici. En effet, il arrive, moins rarement qu'on le croit, que pour certaines matières, et dans le cas de liqueurs très étendues, la dissolution est accompagnée d'actions chimiques secondaires, ordinairement susceptibles de s'évanouir, si le liquide est convenablement concentré.

Coefficients d'abaissement de quelques substances dissoutes dans l'eau.

Alcool	0°,400	Acide sulfurique. . . .	0°,387
Sucre de canne	0°,057	Carbonate de potassium.	0°,291
Chlorure de sodium . .	0°,587	Chlorure de cuivre. . .	0°,337
Azotate d'argent. . . .	0°,201	Azotate de calcium . .	0°,276

Une fois le coefficient d'abaissement déterminé par un procédé direct ou par une voie détournée, si on le multiplie par le poids moléculaire de la matière dissoute, on obtient un produit non pas constant, mais affectant un petit nombre de valeurs autour desquelles se groupent les moyennes expérimentales. Lorsque deux composés remplissent la même fonction chimique, les produits sont toujours identiques entre eux ou du moins fort rapprochés, car quelques faibles erreurs sont inévitables.

Premier groupe. .	Alcool $0,40 \times 46$ . . . . (C^2H^6O)	18,4
	Sucre de canne $0,057 \times 342$ . . . . ($C^{12}H^{22}O^{11}$)	19,5

Deuxième groupe.	Chlorure de sodium 0,587 × 58,5. . ($NaCl$)	34,4
	Azotate d'argent 0,201 × 170. . . . (AzO^3Ag)	34,2
Troisième groupe.	Acide sulfurique 0,387 × 98. . . . (SO^4H^2)	38,0
	Carbonate de potassium 0,291 × 138. (CO^3K^2)	40,2
Quatrième groupe.	Chlorure de cuivre 0,337 × 134,2. . ($CuCl^2$)	45,3
	Azotate de calcium 0,276 × 164 . . (Az^2O^6Ca)	45,3

(Il existe encore un cinquième groupe dont le type est le sulfate magnésique, et un sixième auquel se rattache, entre autres composés, le chlorure d'aluminium.)

En employant comme liquide dissolvant, non plus l'eau, mais la benzine C^6H^6, ou l'acide acétique $C^2H^4O^2$, les valeurs des « abaissements moléculaires » (c'est le nom par lequel M. Raoult désigne le produit du coefficient d'abaissement par le poids moléculaire du corps étudié), au lieu de se disséminer suivant plusieurs groupes distincts, se concentrent autour de deux moyennes seulement (benzine) [1], ou même d'une seule (acide acétique).

Ceci posé, soit à déterminer le poids moléculaire du perchlorure de phosphore, coefficient susceptible, il est vrai, d'être fixé au moyen d'une détermination de densité de vapeur, mais au sujet duquel des contestations se sont élevées entre les atomistes et leurs adversaires. On dissout le chlorure dans la benzine et on apprécie le coeficient d'abaissement : celui-ci se trouve être égal à 0, 241. D'un autre côté, la constante qui correspond à la benzine est 49 pour tous les composés de nature

(1) L'un des deux nombres est sensiblement double de l'autre.

minérale, ainsi que pour la majorité des matières dérivées du carbone ; seules, certaines substances, dont les allures sont fort aisées à reconnaître (1), font exception. Sachant que le poids moléculaire inconnu multiplié par la fraction 0,241 doit reproduire le nombre 49, il suffit de diviser 49 par 0,241, ou 49,000 par 241, pour obtenir l'inconnue cherchée. Le résultat se trouve être 203. Comme, d'un autre côté, on remarque, parmi les poids moléculaires entre lesquels il est permis d'hésiter, un poids moléculaire de valeur égale à 208,5, la coïncidence se manifeste sur-le-champ et l'on est conduit à adopter le chiffre de 208,5 comme le véritable. La formule atomique correspondante est PCl^5 (2); c'est précisément celle qu'indique l'étude de la vapeur du chlorure phosphorique.

M. Raoult, après avoir doté la science d'une précieuse méthode d'investigation et de contrôle, ne s'est pas arrêté dans la voie des découvertes et a réussi postérieurement à dévoiler une nouvelle règle aussi utile que la première. Il s'agit encore de solutions et le principe est toujours fort simple. La physique enseigne que si l'on observe simultanément deux baromètres dont l'un ne contient que du mercure, tandis que l'autre renferme, à l'intérieur même de la chambre, quelques gouttes d'un liquide volatil, de l'éther, par exemple, on s'aperçoit que la colonne métallique suspendue à l'intérieur du second appareil est beaucoup plus basse. L'éther s'est vaporisé dans le vide, et sa tension, s'exerçant sur le mer-

(1) Nous reviendrons sur ce point dans le quatrième chapitre de l'ouvrage, lorsque nous énoncerons quelques principes généraux de la chimie organique.

(2) Le symbole P^2Cl^{10} répond à un poids moléculaire de 417 unités, absolument incompatible avec les mesures de densité et les lois de la cryoscopie. L'écart serait bien plus fort si l'on supposait la molécule encore plus lourde.

cure en sens inverse de la pression atmosphérique, a déprimé le niveau dans une notable mesure. Ceci posé, prenons un troisième tube barométrique dans lequel nous introduirons de l'éther additionné d'une substance fixe susceptible de s'incorporer à l'éther sans s'évaporer elle-même, par exemple de l'aniline C^6H^7Az. Le mercure baissera encore, mais moins que dans le cas précédent, parce que le mélange possède une tension de vapeur moindre que l'éther pur. A la vérité, la force élastique de l'éther gazeux n'est pas constante et augmente beaucoup à mesure que la température ambiante s'élève elle-même; mais la tension réduite des solutions éthérées varie dans le même rapport depuis 0° jusqu'à 25°, c'est-à-dire aux températures usuelles des laboratoires; et si le liquide est moyennement dilué, la diminution de force élastique varie à peu près comme la concentration elle-même. Si l'on opère constamment avec 1gr de substance pour 100gr d'éther, on diminue d'une certaine fraction de sa valeur la tension de vapeur du liquide pur. Le coefficient de réduction est naturellement très variable suivant la nature de la matière en solution, mais une fois multiplié par le poids moléculaire correspondant, il acquiert une grandeur immuable (1).

En résumé, il est possible de fixer avec certitude le rapport du poids de la molécule d'un corps composé au poids d'un atome d'hydrogène, toutes les fois que le corps est volatil ou soluble dans certains liquides neutres incapables de troubler son équilibre atomique (méthodes

(1) M. Raoult nomme cette constante « diminution moléculaire de tension » et la fixe à 0,71, valeur moyenne. Les écarts extrêmes sont imputables, d'une part, à la *cyanamide* CAz^2H^2 (0,74) et au chlorure antimonieux $SbCl^3$ (0,67). D'aussi faibles anomalies n'ont aucune importance.

d'Avogadro et de Raoult). Si la combinaison à étudier est fixe, aisément décomposable ou insoluble, mais qu'elle se rapproche de substances dont la molécule ait été pesée, l'étude comparée des chaleurs spécifiques, des densités, et surtout l'examen cristallographique, peuvent fournir d'utiles indications. Le problème peut quelquefois être résolu au moyen d'une substitution d'atome qui permette d'obtenir une molécule de poids connu ; il faut seulement être bien certain que le plan de l'édifice primitif n'a pas été altéré. Par malheur, les méthodes précédentes, directes ou indirectes, si elles font double emploi dans bien des cas, en se prêtant un mutuel appui, demeurent trop souvent simultanément impuissantes. Nous ignorons le véritable poids moléculaire des oxydes et sulfures métalliques, des silicates naturels et, faute de mieux, nous les inscrivons dans nos ouvrages avec les formules les plus simples qui n'expriment pas les vraies grandeurs moléculaires. Mais il est permis d'espérer que ces matières réfractaires finiront quelque jour par dévoiler le secret de leur constitution, et que grâce aux efforts constants des chimistes qui marchent sous le drapeau de la science moderne, toutes les molécules, organiques ou inorganiques, seront appréciées à la balance et comparées à l'hydrogène, aussi exactement que les gaz ou vapeurs le sont à l'heure où nous écrivons.

§ II. — Constitution des molécules hétérogènes.

Mélanges et composés. — Comme notre prétention n'est pas d'écrire un cours de chimie, même incomplet, et que nous nous bornons tout simplement à exposer un petit nombre de faits généraux, nous n'insisterons pas sur la distinction à établir entre la combinaison et le mélange. Proclamons-le, cependant, bien haut, — et déjà le lecteur a dû faire la réflexion *in petto*, — si Linné, dans le cours de ses travaux de botanique, n'avait pas énoncé le fameux adage : *Natura non facit saltus*, il eût fallu créer cette maxime à l'usage des chimistes et l'appliquer à la question que nous effleurons en ce moment. L'eau qui résulte du conflit de l'oxygène et de l'hydrogène est bien une *combinaison;* sucrée, salée, gazeuse, elle n'est que *mélangée* de sucre, de chlorure de sodium, d'acide carbonique. La distinction est fort aisée à établir; elle l'est moins si l'on veut mettre en opposition les solutions aqueuses de gaz ammoniac, et celles du chlorure de calcium et de l'acide sulfurique. Quoi qu'il en soit, les anomalies que l'on a signalées dans la progression de solubilité du sulfate de sodium dans l'eau auront eu l'avantage de provoquer l'attention des savants qui ont pu s'assurer qu'au sein des liqueurs salines, il se produisait de véritables unions chimiques entre le sel anhydre et l'eau, unions passagères, instables tant qu'on voudra, mais dont l'authenticité a été mise hors de doute.

Les ouvrages élémentaires répètent tous, l'un après l'autre, que les propriétés du composé ne rappellent en rien celles des composants. Ils citent avec raison l'exemple du sulfure de carbone ; ce liquide volatil, incolore, transparent, doué d'une agréable odeur éthérée lorsqu'il est pur, ne ressemble que médiocrement aux deux solides générateurs, le soufre et le carbone, abstraction faite de l'inflammabilité. Ils font ressortir les caractères du chlorure de sodium, aussi éloigné du chlore que du sodium. Ils pourraient encore invoquer le cas de l'acide iodhydrique, lequel, après tout, s'écarterait un peu moins par ses caractères apparents de l'hydrogène que de l'iode, et pourtant ce dernier élément constitue à lui seul plus des 99 centièmes du poids total de l'acide (1). Mais nous venons d'énumérer trois combinaisons dérivant de constituants doués d'affinités énergiques et de tendances opposées, ainsi qu'il arrive pour un métal et un métalloïde ou même pour deux métalloïdes.

Inversement, s'il s'agit de deux éléments assez voisins qui entrent en conflit, les caractères du tout et des parties tendent à se confondre, au point de vue des fonctions chimiques et de l'aspect extérieur. Les divers sulfures de phosphore ne rappellent-ils pas à la fois le soufre et le phosphore; les borures d'aluminium, les alliages d'arsenic, ne tiennent-ils pas aussi de leurs générateurs? A la limite, les propriétés de la combinaison résultante tiennent exactement le milieu entre celles des corps simples combinés. C'est ce qui arrive pour les amalgames de cuivre ou de plomb, qui ne diffèrent pour ainsi dire pas d'une simple mixture de cuivre ou de plomb avec le vif-argent. Aussi le dégagement de chaleur provenant de la copulation, très violent lorsque les matières primordiales diffèrent beaucoup, tombe presque à zéro lorsque de proches parents se réunissent.

Notions sur la grandeur et l'atomicité des molécules. — Ces questions d'affinités se traduisent par des mo-

(1) Le rapport exact indiqué par la formule HI et par la table des poids atomiques est $\frac{127}{128}$. L'hydrogène ne contribue que pour $\frac{1}{128}$. Quelques chimistes pensent que lorsque l'iode se dissout dans l'acide iodhydrique aqueux, il se forme un periodure d'hydrogène de formule HI^3. Si cette hypothèse était vraie, on pourrait citer l'exemple d'un corps parfaitement distinct de l'iode et pourtant constitué d'iode pur dans la proportion de 99,7 pour 100 environ. Or, la plupart des meilleurs réactifs industriels et des agents employés dans les laboratoires, bien des médicaments les plus précieux contiennent plus de 0,3 pour 100 de substances étrangères, et n'en sont pas moins considérés comme des matières pures et d'un excellent usage!

difications importantes dans la constitution moléculaire. Les matières qui correspondent aux premiers exemples que nous avons énumérés s'interprètent par des symboles simples et nets : à la lecture des notations NaCl, CS^2 ou HI, on voit que le conflit se passe entre un petit nombre d'atomes et que les molécules résultantes ne sont pas riches; de plus, toutes ces combinaisons ou telles autres que nous pourrions citer, ou bien restent uniques de leur espèce, ou du moins sont très peu nombreuses, ou bien enfin sont multiples, mais alors elles tendent généralement vers un type de fixité maxima, comme les divers chlorures de soufre qui passent facilement à l'état de chlorure S^2Cl^2. Mais choisissons des éléments de moins en moins disparates, et aussitôt, les atomes s'entassent dans les molécules, les formules se compliquent, les exposants indicateurs s'élèvent, la confusion remplace peu à peu l'harmonie, et, finalement, les rapports pondéraux suivant lesquels l'union est possible deviennent si nombreux, que le phénomène finit par se rapprocher singulièrement du cas d'un simple mélange.

La constitution des molécules varie étrangement depuis le mercure et le cadmium pour lesquels l'atome est isolé, jusqu'aux énormes molécules des séries organiques comprenant vingt atomes et davantage. Seulement, sans que l'on puisse formuler à cet égard de loi absolue, à mesure que la complexité de l'ensemble s'accroît, la volatilité tend à diminuer au point que les agglomérations trop nombreuses, ne pouvant supporter l'action de la chaleur, se disloquent et se décomposent avant de s'évaporer. Cette dislocation est, en général, favorisée par la présence d'atomes lourds, comme, par exemple, ceux des métaux, au lieu que l'introduction dans l'ensemble de nombreux atomes d'oxygène ne produit souvent que bien peu d'effet. L'influence de l'hydrogène est d'ordre inverse : plus il s'accumule dans un dérivé, plus ce dernier se rapproche de l'état gazeux.

Nous avons déjà énuméré dans le chapitre précédent les molécules simples monoatomiques et diatomiques. Supposons l'existence simultanée, dans la même molécule, de deux atomes hétérogènes et nous reconnaissons les acides chlorhydrique et fluorhydrique (HCl et HF), les chlorures de sodium et d'argent (NaCl, AgCl), l'oxyde de carbone CO et l'oxyde azotique AzO (1).

On peut citer des exemples beaucoup plus nombreux de molécules séparables en trois atomes, calquées sur le type de l'ozone parmi les corps simples. Les unes sont binaires comme celles de l'eau, de l'hydrogène sulfuré, des anhydrides carbonique et sulfureux (CO^2 et SO^2) de la plupart des chlorures métalliques (chlorure mercurique $HgCl^2$, chlorure de calcium $CaCl^2$) ; d'autres sont ternaires, et parmi ces dernières se retrouvent la potasse KHO et l'acide cyanhydrique HCAz.

En fait d'agrégat de quatre atomes, outre le phosphore et l'arsenic, on compte l'ammoniaque, l'hydrogène phosphoré gazeux PH^3, les chlorures d'arsenic et d'or ($AsCl^3$ et $AuCl^3$), le calomel ou chlorure mercureux Hg^2Cl^2. A part l'ammoniaque, toutes ces matières sont rares et médiocrement importantes, et les corps peu nombreux que nous pourrions joindre à cette énumération ne la rendraient guère plus intéressante. Notons cependant que pour la première fois nous voyons apparaître un carbure d'hydrogène l'*acétylène* (formule C^2H^2), gaz sans

(1) Nous exposerons plus loin, au paragraphe IV de ce chapitre, que si, faute de mieux, on représente ordinairement les oxydes métalliques de zinc ou de plomb par les formules simples ZnO, PbO, il est probable que les véritables grandeurs moléculaires sont beaucoup plus fortes. Seulement, nous ne sommes pas en mesure de décider s'il faut, par exemple, écrire Zn^3O^3 ou Pb^6O^6. La même restriction s'applique également à la silice.

applications industrielles, mais dont la synthèse, réalisée par M. Berthelot, a fait grand bruit, il y a déjà plusieurs années, et a servi de départ à d'autres travaux de la plus haute importance.

La théorie et la pratique trouvent également profit à l'étude des molécules riches de cinq atomes. Nous devons nécessairement nous borner, mais il nous est impossible de ne pas parler du carbonate de calcium CO^3Ca, du chlorate de potassium ClO^3K, de l'azotate de potassium, nitre ou salpêtre AzO^3K, de l'acide azotique, sans compter l'alumine et l'oxyde ferrique Al^2O^3 et Fe^2O^3, dont les vrais poids moléculaires ne sont pas fixés. Plusieurs dérivés du carbone sont fondus dans le même moule : ce sont les gaz des marais CH^4 et quelques-uns de ses innombrables produits de substitution, parmi lesquels se trouve le chlorure de méthyle, bien connu comme agent réfrigérant. Permutez le symbole de ce dernier : CH^3Cl, et vous retrouvez la formule du chloroforme $CHCl^3$, dont les usages sont bien connus. Enfin les molécules des chlorures stannique $SnCl^4$ et silicique $SiCl^4$ sont encore des assemblages quinaires.

A peu de distance du point d'ébullition du soufre, on peut voir six atomes entassés dans la molécule de ce métalloïde. Il partage cette propriété avec plusieurs substances inorganiques (sel ammoniac, sulfate de calcium, carbonates alcalins, etc.) et un nombre déjà notable de composés organiques dont l'énumération serait fastidieuse. Aucun élément connu ne présente d'agrégation atomique plus complexe, mais, en revanche, les molécules hétérogènes et principalement celles qui sont carbonées nous fourniraient des exemples par trop nombreux et nous renonçons à les citer, même partiellement. Nous ferons également remarquer que les minéraux ou sels communs dans la nature, remplissant un rôle comme agents géologiques ou comme matériaux pétrographiques, sont assez généralement doués d'une constitution simple du moment que le silicium n'y figure pas, au lieu que presque toujours les molécules des diverses classes de silicates renferment un nombre fabuleux d'atomes, ce qui tient, comme nous l'avons dit, à la facilité avec laquelle le silicium se lie à lui-même grâce à des valences échangées. Quoi qu'il en soit, l'eau, l'ammoniaque, le gaz carbonique, le chlorure de sodium, le calcaire, le gypse déshydraté, les acides chlorhydrique, nitrique, sulfurique, les hydrates et carbonates de sodium, c'est-à-dire les matières qui dominent le plus à la surface du globe, les réactifs les plus ordinaires de nos laboratoires, les substances que l'industrie prépare le plus en grand, comptent par molécule de deux à sept atomes seulement. Toutefois nous ne voulons pas insister sur ce point ; gardons-nous de transformer une tendance plus ou moins accusée en loi générale et absolue, sous peine de nous heurter à des exceptions nombreuses qu'il serait absurde de nier.

Structure des combinaisons binaires. — Nous avons parlé naguère d'éléments qui ne se marient entre eux que suivant une proportion ; plusieurs se refusent aussi à toute combinaison mutuelle. Ainsi, par exemple, le fluor, doué d'une énergie extrême, repousse absolument l'oxygène et le chlore ; d'autre part l'azote, avec ses affinités si peu accusées, ne saurait se fixer sur un grand nombre de métaux ; il en est de même du carbone et de l'hydrogène, qui, sans déployer la fougue du fluor,

(1) Rappelons à ce propos qu'un composé d'hydrogène et de cuivre (Cu^2H^2?), assez peu intéressant par lui-même, a jadis donné lieu à des controverses acharnées entre les chimistes qui affirmaient son existence et ceux qui la niaient. Nous n'aurions pas mentionné cette circonstance si les deux champions ne s'étaient nommés Würtz et Berthelot.

sont loin de présenter l'inertie de l'azote. Enfin la diffusion réciproque de certains métaux ne semble pas dans certaines circonstances au moins donner lieu à une véritable copulation ni engendrer une personnalité distincte ; l'on n'a plus alors affaire qu'à un simple mélange.

Il résulte des considérations précédentes que le nombre des corps binaires théoriquement réalisables doit être peu réduit en pratique. Les restrictions seraient infiniment plus nombreuses si l'on envisageait des molécules de structure plus compliquée. Mais nous aurons beau faire abstraction des dérivés des substances rares, il n'en est pas moins vrai que les combinaisons des seuls corps simples usuels se comptent par centaines, et pour se reconnaître au milieu de cette cohue de solides, de liquides, de gaz, un fil conducteur est nécessaire. Comment les atomes s'agglomèrent-ils successivement dans les molécules ? Pourquoi certaines associations calquées sur un modèle donné n'ont-elles jamais été réalisées au lieu que d'autres types s'obtiennent de préférence ? Toutes ces explications, les formules brutes ne nous les fournissent pas, mais les formules développées nous les signalent. Seulement, comme nous ne saurions aborder divers problèmes à la fois, après avoir considéré les molécules comme un tout indivis, nous supposons provisoirement que les liens enchaînant les atomes entre eux sont d'égale solidité, ce qui n'est pas tout à fait exact.

Parlons premièrement des composés binaires.

Tout d'abord, s'il s'agit de deux matières simples monovalentes, — nous croyons avoir surabondamment expliqué ce que signifie ce terme, — on se trouve en présence d'une règle absolue. En admettant que la combinaison existe, il est impossible qu'il y en ait plus d'une. Dans la catégorie qui nous occupe figurent des métalloïdes comme l'hydrogène et les corps de la famille du chlore, des métaux comme le potassium et l'argent. L'on ne connaît et l'on ne connaîtra probablement jamais qu'un chlorure de sodium, qu'un bromure de potassium, qu'un acide fluorhydrique. Les deux boules qui matérialisent les deux atomes ne disposent chacune que d'un crochet et, une fois les deux crochets engagés l'un dans l'autre, aucun nouvel atome ne peut se river.

Comme divers éléments, doués en général d'un poids atomique assez fort, se trouvent être tantôt monovalents, tantôt trivalents, l'enchaînement logique des faits nous amène sans transition brusque à envisager un second cas un peu plus complexe que le précédent : celui dans lequel un atome unique polyvalent s'entoure d'atomes d'hydrogène, de chlore ou d'argent.

Pour peu que le lecteur se rapporte à ce que nous avons expliqué dans le cours du chapitre II, et si notre démonstration a été suffisamment claire pour être bien saisie, il concluera lui-même aussi bien que nous pouvons le faire. Il se dira que si la valence de l'atome actuel était un caractère parfaitement immuable, celui-ci ne saurait grouper autour de lui que le nombre exact d'atomes secondaires qu'il lui faut pour se saturer. Ainsi l'oxygène (bivalent), le bore (trivalent), le carbone (tétravalent), le zinc (bivalent), mis en présence de l'hydrogène ou du chlore, ne pourraient fournir que les combinaisons suivantes :

$O''H^2$ (eau).	$C^{iv}H^4$ (gaz des marais).
$Bo'''Cl^3$ (chlorure de bore).	$Zn''Cl^2$ (chlorure de zinc).

Mais, en pratique, les valences de bon nombre de corps simples subissent, comme nous l'avons déjà fait ressortir, d'étranges oscillations. Tantôt la faculté d'absorption s'arrête avant d'être épuisée, tantôt elle se surexcite, pour ainsi dire, et dépasse sa grandeur habituelle. Au lieu d'*une* seule combinaison, on peut, en opérant avec les précautions que la pratique recommande, obtenir *deux* dérivés distincts, dont l'un à la vérité est beaucoup plus instable que l'autre et se détruit sous l'influence d'affinités médiocres. Exemple, le chlorure phosphoreux $P'''Cl^3$ et le chlorure phosphorique P^vCl^5 (1).

Nous pouvons dès à présent signaler une coïncidence du plus grand intérêt et sur laquelle nous aurons à revenir plus d'une fois avant la fin de ce paragraphe, c'est que la valence, toujours définie au moyen de l'hydrogène et du chlore, lorsqu'elle n'est pas absolument fixe, ne s'accroît ou ne diminue jamais d'une seule unité ou bien de trois. Il n'y a pas d'exemple d'un corps bi et trivalent ou tétravalent et monovalent. La capacité de saturation progresse-t-elle, elle gagne deux unités; s'affaiblit-elle, elle perd deux degrés. Par suite, pour emprunter le langage des mathématiques, la « parité » ne change pas; une valence reste toujours ou paire (oxygène, calcium, cuivre, carbone) ou impaire (chlore, azote, sodium, or). Une barrière infranchissable sépare les substances rangées dans la première catégorie de celles qui se classent dans la seconde. Dans le but de désigner plus clairement les atomes de l'un ou de l'autre ordre, nous userons d'expressions très commodes, jadis inventées par Gerhardt (si notre mémoire est fidèle) et nous dirons que les éléments de valence

(1) Les chlorures thalleux et thalliques $T'Cl$ et $Tl'''Cl^3$, celui-ci d'une stabilité moindre que son congénère, présenteraient une anomalie d'ordre inverse et pourraient être opposés aux chlorures de phosphore. En ce qui concerne les chlorures platinique et platineux, on serait peut-être en droit de formuler des réserves : il est en effet possible que le dernier qu'on note ordinairement, faute de mieux $PtCl^2$, eût un poids moléculaire double et correspondit au chlorure stanneux Sn^2Cl^4.

paire, comme l'oxygène, sont des *monades*, et ceux de valence *impaire*, comme l'hydrogène ou le chlore, sont des *dyades* (1).

On démontre en algèbre qu'un système d'équations à plusieurs inconnues peut ne pas être satisfait par un ensemble de solutions communes, ou qu'il en admet un nombre limité, ou, en troisième lieu, qu'il peut y avoir une infinité de racines. Grâce à une coïncidence purement fortuite et sur laquelle nous nous gardons bien d'appuyer, la règle applicable aux combinaisons chimiques est à peu près semblable. Deux éléments peuvent ne pas contracter d'union, comme le fluor et l'oxygène; nous venons de voir dans quelles circonstances le nombre de combinaisons était fini. Dans le cas général, celui que nous allons aborder maintenant, la théorie permet de prévoir un nombre illimité de composés, parmi lesquels, il faut le dire, beaucoup n'ont été formés que sur le papier. C'est encore en s'adressant aux dérivés du carbone, dont l'aptitude à se prêter aux opérations de synthèse est vraiment merveilleuse, que le chimiste arrive à concilier le mieux la théorie avec la pratique.

Composés ternaires. — Ceci posé, avant de pénétrer au cœur même de la question, il nous faut d'abord établir le principe suivant :

Étant donnée une molécule saturée comme celle du

(1) Nous nous sommes permis d'user de ce langage, bien qu'il ne soit pas d'un emploi très général. Que le lecteur ne s'inquiète pas de l'antagonisme apparent des termes qui se correspondent : le motif de ce paradoxe lui sera bientôt expliqué. A peine si nous avons besoin de l'avertir qu'en dépit de la similitude d'assonnance, les monades et les dyades n'ont rien de commun avec les *triades*, dont l'histoire a déjà été exposée au chapitre précédent. De plus, les chimistes anglais font usage des qualificatifs *monad, dyad, triad, tetrad*, comme synonymes des expressions françaises *monovalent, bivalent, trivalent, tétravalent*.

gaz des marais CH^4 ou celle du perchlorure de phosphore PCl^5, si l'on remplace par de l'oxygène, corps bivalent, tout ou partie de l'hydrogène ou du chlore, chaque atome d'oxygène introduit remplacera deux atomes de chlore ou d'hydrogène. L'expérience montre que la combustion du gaz des marais fournit de l'anhydride carbonique CO^2 et qu'en présence d'une petite quantité d'eau le chlorure phosphorique se transforme en oxychlorure de phosphore P^vCl^3O. Si nous reprenons encore une assimilation déjà plusieurs fois invoquée, nous avons le droit de dire que les cinq crochets de phosphore sont tous occupés savoir : trois par les trois atomes du chlore qui y sont suspendus et les deux derniers par l'atome unique d'oxygène amarré à l'atome central grâce à ses deux affinités.

$$P^v \begin{cases} -Cl \\ -Cl \\ -Cl \\ -Cl \\ -Cl \end{cases} \qquad P^v \begin{cases} =O'' \\ -Cl \\ -Cl \\ -Cl \end{cases}$$

De même, l'atome unique de carbone, dans l'autre exemple indiqué, dispose de deux paires de *crocs*, chaque paire se reliant au couple de chaînes dont l'oxygène est muni.

$$C^{iv} \begin{cases} -H \\ -H \\ -H \\ -H \end{cases} \qquad C^{iv} \begin{cases} =O'' \\ =O'' \end{cases}$$

Généralisant ces exemples particuliers, l'on peut définir ainsi un atome bivalent ou trivalent : un atome capable de se substituer dans une molécule à deux ou trois atomes d'un corps simple monovalent. Une molécule saturée, a-t-on souvent fait remarquer, constitue un système équilibré sous l'action de forces attractives ou répulsives qui se contrebalancent mutuellement. Si vous enlevez à cet ensemble deux ou trois des atomes monovalents groupés autour de l'atome central polyvalent, vous troublez cet équilibre et l'édifice moléculaire s'écroule, à moins que cette perte ne soit corrélative du gain d'un atome bivalent ou trivalent dont la double ou triple affinité suffit à remplacer les deux ou trois liens qui ont disparu.

Ne perdons pas de vue que dans tous les exemples précédents, il se trouve toujours un atome principal auquel tous les autres sont directement reliés sans être rivés entre eux par aucun lien; la molécule ou, pour mieux dire, le symbole concret qui la représente est « rayonnée ». Théoriquement, pour qu'une combinaison de cet ordre puisse prendre naissance, il faut nécessairement que les affinités secondaires réunies arrivent à balancer les affinités de l'atome-noyau, en tenant compte, d'ailleurs, des variations inévitables de la valence. Ainsi, par exemple, l'on peut saturer un atome de carbone tétravalent par un atome d'azote trivalent et un hydrogène: ce que figure le petit schéma suivant dans lequel les traits rappellent les valences échangées.

$$\begin{array}{l} C^{iv} \equiv Az''' \\ \,| \\ H \end{array}$$

Cette substance n'est pas hypothétique : nous venons effectivement de retracer le symbole de l'acide cyanhydrique ou prussique, dont les fonctions chimiques ont été longtemps méconnues. Par contre, à part quelques exceptions très peu nombreuses qui seront énumérées et discutées à la fin de ce paragraphe, il n'arrive jamais que les chimistes aient préparé des matières constituées autrement que les lois de l'équilibre moléculaire ne l'exigent.

Il nous reste à parler de deux autres types de molécules, celles dont le symbole affecte la forme linéaire et celles qui se trouvent retracées par une chaîne fermée. Concevons deux atomes polyvalents qui se réunissent; pour plus de simplicité, supposons-les d'abord simplement bivalents et, enfin, pour ne pas tomber dans l'abstraction, imaginons qu'il s'agisse du soufre et de l'oxygène. Il semble tout d'abord que ces deux métalloïdes devraient se saturer mutuellement, atome pour atome, et donner lieu à la combinaison.

$$S'' = O''$$

Or, ce dérivé n'existe pas, ce qui nous prouve une fois de plus ce fait très important, qu'il ne suffit pas pour qu'une agglomération d'atomes soit réalisable, que les attractions mutuelles se balancent parfaitement, mais qu'il faut absolument, en outre, que certaines conditions inconnues soient remplies (1). Ne désespérons pas, toutefois, de les soupçonner un jour, grâce aux progrès de la chimie organique; à force de disséquer, de détruire et de rebâtir ces molécules si complexes, mais toujours construites avec des matériaux à peu près invariables, nous débrouillerons un jour d'une façon complète, les règles de l'affinité.

L'association la plus stable que forment entre eux l'oxygène et le soufre est certainement l'anhydride sulfureux SO^2. Quelle est sa constitution ? Partons de notre

(1) Dans le cas où les deux atomes, au lieu de différer, seraient identiques, l'on retrouverait la molécule de l'oxygène libre ou celle du soufre à haute température.

$$O'' = O'' \qquad\qquad S'' = S''$$

substance hypothétique SO et imaginons que les deux atomes constituants ne soient reliés que par une affinité, l'autre demeurant disponible, ce qu'indique la notation.

$$— S'' — O'' —$$

Chacune des deux barres extrêmes marquant une valence non satisfaite. Nous pouvons fermer la chaine de deux façons : ou bien en ajoutant à droite et à gauche un atome de chlore monovalent, ce qui nous fournit le *chlorure de thionyle*..

$$Cl — S — O — Cl$$

Analogue lui-même par sa constitution à l'eau oxygénée, une drogue bien connue des coiffeurs lesquels en font usage pour blondir les cheveux,

$$H — O — O — H$$

ou bien encore en fixant un atome bivalent d'oxygène en remplacement des deux atomes monovalents. Alors, le schéma se ferme et représente l'anhydride sulfureux.

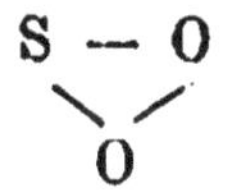

```
S — O
 \ /
  O
```

Dans cette hypothèse, la constitution de l'anhydride sulfurique SO^3, de l'acide sulfureux SO^3H^2, de l'acide sulfurique SO^4H^2, s'expliquent fort simplement, de sorte que les symboles ci-dessous n'ont pas besoin d'être commentés.

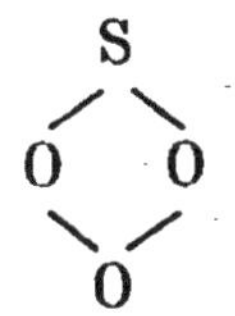

```
    S
   / \
  O   O        H–O–S–O–O–H        H–O–O–S–O–O–H
   \ /
    O
```

Anhydride sulfurique. — Acide sulfureux. — Acide sulfurique.

Certaines des molécules que nous venons d'étudier sont représentées par de véritables anneaux et d'autres par des formules développées linéaires, distinction qui n'offre pas grand intérêt en chimie minérale, mais que nous signalons en passant dans le but de faire pressentir l'importance énorme de ce même caractère lorsqu'il s'agit des composés du carbone. Mais on voit sur le champ, que dans l'une ou l'autre circonstance, *les atomes peuvent s'entasser à l'infini* dans une même molécule, et qu'en restant dans le domaine du pur raisonnement, le nombre des combinaisons de l'oxygène et du soufre, ou du soufre de l'oxygène avec le chlore ou l'hydrogène est *illimité*. La pratique a confirmé cette notion. Par le fait, la liste des oxacides du soufre est assez longue, mais tous obéissent à la loi prescrite en possédant invariablement deux hydrogènes par molécule, quel que soit d'ailleurs le chiffre des atomes d'oxygène ou de soufre. En somme, il y a un abime entre les deux ou trois cas restreints que nous avons envisagés jusqu'à présent et la circonstance la plus générale du conflit des atomes telle que nous l'avons effleurée.

Il ne nous reste plus qu'à exposer sous les yeux des lecteurs un certain nombre de formules rationnelles de composés importants.

$$Az''' \lessgtr \begin{matrix} O \\ O - H \end{matrix}$$

Acide azoteux (azote trivalent) AzO^2H

$$O = Az^{v} \lessgtr \begin{matrix} O \\ O - H \end{matrix}$$

Acide azotique (azote pentavalent) AzO^3H

$$Cl' - O - O - O - K$$

Chlorate de potassium ClO^3K

$$O = P^{v} \begin{matrix} \diagup O - H \\ - O - H \\ \diagdown O - H \end{matrix}$$

Acide phosphorique (phosphore pentavalent) PO^4H^3

$$\left\{\begin{array}{l} C \begin{array}{l} \diagup\!\!\!\diagup O \\ - O - H \\ \diagdown O - Na \end{array} \\ \text{Bicarbonate de sodium } CO^3NaH \end{array}\right.$$

$$\left\{\begin{array}{l} Az \equiv C - C \equiv Az \\ \text{Cyanogène } C^2Az^2 \end{array}\right.$$

$$\left\{\begin{array}{l} C \begin{array}{l} \diagup\!\!\!\diagup O \\ - O \\ \diagdown O \end{array} > Ca'' \\ \text{Carbonate de calcium } CO^3Ca \end{array}\right.$$

Nouvelles idées relatives à la valence et à la constitution des molécules. — Depuis un certain nombre d'années, les idées des atomistes se sont modifiées, et l'on a vu notablement fléchir la rigueur des hypothèses. On est arrivé à considérer la valence comme un caractère contingent, variable non seulement avec la nature de l'atome attirant, mais avec celle de l'atome attiré, de valence plus faible. De plus, les diverses circonstances de température qui provoquent ou défont les combinaisons, paraissent jouer un rôle qui n'est pas négligeable, comme on l'avait cru tout d'abord. Il faut bien le dire, la considération des périodes de Mendeléjeff a été la cause principale, sinon unique, de ce revirement dans la philosophie chimique, et cette réaction contre des principes simples, mais un peu surannés, s'accentue de plus en plus.

Nous voyons nettement dans le tableau du savant russe, que la valence par rapport au chlore et à l'hydrogène part de 1 (sodium), et atteint successivement les valeurs 2 (magnésium), 3 (aluminium), 4 (silicium). Le phosphore, qui vient après, bien que pentalavent par rapport au chlore (perchlorure de phosphore) est toujours trivalent à l'égard de l'hydrogène. Le soufre est bivalent, et son successeur, le chlore, monovalent. Le potassium, enfin, répète le sodium, et se trouve monovalent comme lui et comme le chlore. Comparons maintenant les combinaisons oxygénées correspondantes : le parallélisme est parfait au début avec la soude Na^2O, la magnésie MgO (Mg^2O^2) (1), l'alumine Al^2O^3 ou

$$\begin{matrix} Al = O \\ \quad > O \\ Al = O \end{matrix}$$

(2), l'anhydride silicique SiO^2 (Si^2O^4), mais il cesse avec l'anhydride phosphorique P^2O^5, l'acide phosphorique et les phosphates dérivés, bien autrement stables et importants que les anhydrides et acides phosphoreux et les phosphites. Quant au soufre et au chlore, leurs suroxydes les plus puissants et les plus stables à la fois, ceux qui constituent les termes finals des réactions, ou qui résistent le mieux aux divers agents de destruction, sont représentés par les notations SO^3 (S^2O^6) et Cl^2O^7 (3).

Nous avons expliqué comment avec l'hypothèse de la bivalence pure et simple du soufre, on pouvait concevoir les liaisons d'affinité dans l'anhydride sulfurique; il ne serait pas non plus malaisé de s'imaginer une file de 7 atomes d'oxygène, limitée à chaque bout par un atome de chlore. Toutefois, il est plus naturel encore

(1) La progression ressort bien mieux avec des formules doublées de deux en deux, comme nous avons déjà fait dans la page 105 (note). Il est permis ici de faire abstraction des grandeurs moléculaires.

(2) En supposant l'aluminium trivalent. Nous discuterons plus loin la valence de ce métal.

(3) La formule Cl^2O^7 représente l'anhydride perchlorique qui n'a pas encore été préparé. Mais cette substance hypothétique se rattache à l'acide perchlorique et aux perchlorates. D'une part, l'acide perchlorique est le seul des acides oxygénés du chlore qui, dilué, dégage de l'hydrogène au contact du zinc ; d'autre part, les perchlorates résistent à une chaleur assez forte sans se décomposer, comme le prouvent les réactions secondaires qui entravent la préparation de l'oxygène au moyen du chlorate de potassium. La molécule de l'anhydride sulfurique se forme peut-être moins aisément que celle du gaz sulfureux, mais, comme puissance et comme stabilité, l'acide sulfurique l'emporte de beaucoup sur son congénère.

de supposer que la valence de l'oxygène étant toujours censée égale à 2, le soufre est hexavalent par rapport à ce dernier, et le chlore heptavalent. Dans cette hypothèse, l'accroissement de la valence est parfaitement régulier, du sodium au phosphore, du phosphore au chlore, et après ce dernier, la chute se produit brusquement, tandis que la capacité de saturation par rapport à l'hydrogène (métalloïdes), ou au chlore (métaux), après avoir *progressé* du sodium au silicium, *s'abaisse* du silicium au chlore et, finalement, reste invariable du chlore au potassium. Conclusion : la molécule du sulfate potassique, par exemple, au lieu d'être linéaire, affecterait la forme suivante :

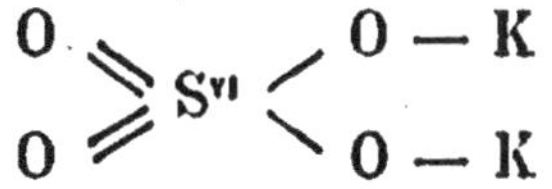

$$\begin{matrix} O \\ O \end{matrix} \gg S^{VI} < \begin{matrix} O - K \\ O - K \end{matrix}$$

Le perchlorate de potasse serait ainsi constitué :

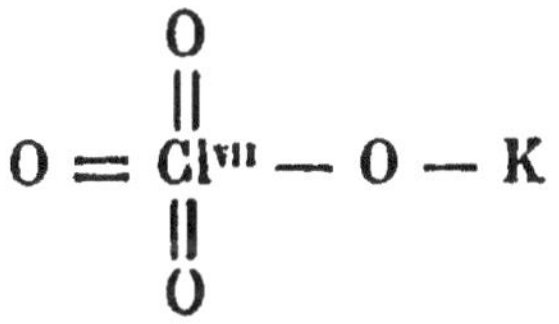

$$\begin{matrix} & O & & & \\ & \| & & & \\ O = & Cl^{VII} & - & O & - K \\ & \| & & & \\ & O & & & \end{matrix}$$

Le soufre serait donc *bivalent* dans l'hydrogène sulfuré H^2S, tétravalent dans l'anhydride sulfureux SO^2, dont la molécule ressemblerait alors à celle du gaz carbonique, hexavalent dans l'anhydride sulfurique, l'acide sulfurique et les sulfates. Le chlore jouerait un rôle tout différent dans l'acide chlorhydrique, les chlorites, les chlorates et les perchlorates, ses aptitudes d'absorption augmentant régulièrement de la valeur 1 aux chiffres 3, 5, 7 (1).

(1) Constitution du chlorite de sodium : $Cl''' \lessgtr \begin{matrix} O \\ O - Na \end{matrix}$

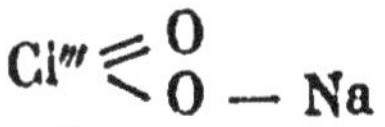

Symbole développé du chlorate d'argent : $\begin{matrix} & O & & & \\ & \| & & & \\ O = & Cl^{V} & - & O & - Ag \end{matrix}$

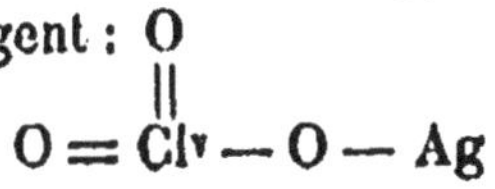

Il semble que là où régnait, en apparence, une harmonie presque parfaite, nous avons introduit le désordre et la confusion. Du moment où la valence est une propriété si variable et si capricieuse, faut-il prendre la peine de l'analyser encore une fois et de chercher à démêler une loi dans ce chaos? D'ailleurs, à quoi bon comparer et discuter si l'étalon de mesure fait défaut, et si nous n'avons point de *criterium* absolu pour servir de base à nos appréciations. L'unique moyen de se tirer de cette difficulté, c'est d'étudier avec patience, non plus l'ensemble des composés métalliques ou métalloïdiques, en s'attachant aux plus nets et aux mieux caractérisés, mais les perturbations, les phénomènes d'ordre secondaire, et surtout de profiter de l'extrême multiplicité des combinaisons organiques.

Voici le résultat de ce minutieux examen analytique. Toutes choses étant égales, d'ailleurs, la valence, comme nous l'avons fait pressentir, se rattache à la température. Si la combinaison se produit à froid, l'atome que nous appelons toujours l'atome central, non parce qu'il est le plus important de la molécule, mais parce que c'est à lui que nous rapportons tous les autres, groupe autour de lui un nombre assez considérables d'atomes secondaires. Vient-on à chauffer, les affinités les moins intenses disparaissent les premières, mais celles qui se trouvent un peu plus solides cèdent à leur tour, et finalement, il ne reste qu'un très petit nombre de pôles d'attraction doués d'une stabilité maxima. Presque toujours, ces derniers liens servirent de bases d'appréciation lorsque régnait la croyance à la valeur absolue.

On peut citer comme exemple les chlorures de soufre et le chlorure d'ammonium. Nous expliquerons dans un des paragraphes suivants comment la molécule de ce dernier se scinde en ammoniaque (azote trivalent), et en acide chlorhydrique, dès que le thermomètre dépasse un degré donné, ce qui n'empêche pas, d'ailleurs, la combinaison primitive de se reformer si l'on refroidit, pourvu que les produits de décomposition restent en présence. L'azote, dans ces conditions, redevient pentavalent. Quant au soufre, il peut absorber, à basse température, quatre atomes de chlore, mais il ne tarde pas à en perdre deux avec formation de bichlorure, et enfin, une chaleur modérée ramène ce dernier dérivé à l'état de sous-chlorure S^2Cl^2, stable à la température de l'ébullition.

On conçoit très bien que lorsqu'une molécule de corps simple ne subit pas de changement dans sa structure ou son agrégation, depuis les plus hautes jusqu'aux plus basses températures auxquelles les diverses unions chimiques se réalisent, il y a grande chance pour que la valence de ses atomes demeure invariable dans le même intervalle. L'hydrogène, qui est déjà un gaz parfait, bien au-dessous du point de fusion du mercure et conserve tous ses caractères jusqu'aux dernières limites de l'observation, parait devoir continuer à servir de jauge pour mesurer la valence des corps simples. Grâce à un motif absolument inverse, le carbone, le bore, le silicium, ont droit de servir de type et de chefs de file aux substances tri ou tétravalentes : ce sont effectivement des solides presque absolus. L'oxygène, sauf quelques très rares exceptions (1), peut être regardé comme bivalent, au lieu que le soufre, tour à tour solide, liquide et gaz plus ou moins parfait, et dont les molécules subissent des modifications essentielles, peut être citée comme une matière à valence manifestement capricieuse. La molécule du chlore, violemment chauffée, se disloque, comme nous l'avons vu ; quoi d'étonnant, alors, que, suivant les circonstances, l'atome de chlore

(1) Entre autres, l'ozone assure-t-on. Or, nous savons que l'ozone n'est stable qu'à froid.

gagne ou perde des affinités complémentaires? Ces transformations intimes seraient, sans nul doute, moins intenses si l'on pouvait étudier le fluor, lequel, en tout cas, s'approche plus que le chlore de l'état fluide idéal; aussi la valence du fluor est-elle beaucoup plus constante, ce corps simple ne fonctionnant comme trivalent que dans quelques cas assez rares. Au contraire, si du chlore nous sautons à l'iode, le dernier terme de la triade du chlore, les irrégularités spéciales à celui-ci s'aggravent, et les fonctions chimiques s'en ressentent. En général, les éléments à atomes lourds qui forment une triade métalloïdique, se singularisent fréquemment par l'indécision de leur valence, coïncidence qu'on peut attribuer au recul progressif du point d'ébullition.

La capacité de saturation de bon nombre de métaux reste toujours la même. Avec les métaux alcalins, l'argent, le magnésium, la triade du calcium, le zinc, le cadmium, le mercure, la règle stricte a toujours force de loi. Cherchez toutes ces matières primordiales, ainsi que les métalloïdes déjà nommés dans le diagramme de Mendeléjeff, et vous le trouverez presque toujours à la suite immédiate des corps halogènes, et des métaux alcalins groupés sur des branches descendantes.

Monades et dyades. — Allons plus loin que la réalité, et sacrifions complètement l'immuabilité de la valence atomique; bornons-nous à supposer que cette fonction demeure toujours, soit paire, soit impaire. Nous pouvons diviser tous les corps simples en deux catégories :

Première catégorie. Éléments de valence impaire (dyades).

Hydrogène.	Sodium. Potasium et autres métaux alcalins.
Fluor. Chlore. Brome. Iode.	Argent.
Bore.	Or.
Azote. Phosphore. Arsenic. Antimoine. Bismuth.	

Pour toutes les matières que nous venons d'énumérer, le poids atomique ne diffère pas de l'ancien équivalent encore employé dans l'enseignement secondaire. Seul, l'or fait exception.

Seconde catégorie. Éléments de valence paire (monades).

Oxygène. Soufre.	Cuivre. Mercure. Plomb.
Carbone. Silicium.	Aluminium. Fer. Chrome. Manganèse.
Calcium. Strontium. Baryum.	Étain. Platine.
Magnésium. Zinc. Cadmium.	

Le poids atomique de tous ces corps simples, et, de plus, celui de l'or est égal *au double* de l'équivalent de substitution.

Ceci posé, il nous faut admettre que, dans une molécule, aucune valence ne peut rester non satisfaite, qu'aucun centre d'attraction n'arrive à demeurer inactif. Dans cette hypothèse, en effet, l'association est stable et persiste tant que la distribution des forces internes, en se modifiant, ne rompt pas l'équilibre primitif. Au contraire, une force qui agirait librement, disloquerait la molécule pendant que les atomes s'agglomèrent.

Imaginons d'abord une association uniquement composée de substances monades (1). Le nombre total d'affinités mises en jeu est forcément pair, elles peuvent donc se balancer, quel que soit le chiffre d'atomes. A la limite, un seul atome peut arriver à constituer la molécule à lui tout seul, et ce fait même explique le terme de *monades*. Dans le cas des vapeurs de mercure et de

(1) Dans ce cas, il est facile de s'assurer que les formules usitées dans les deux écoles sont absolument semblables. MM. Berthelot, Troost, Debray, tout comme M. Friedel, représentent l'anhydride sulfureux par SO^2, la chaux par CaO, l'alumine par Al^2O^3.

cadmium de zinc, comme dans toutes les circonstances où l'on voit un atome manifester une valence inférieure à sa valence normale, il faut admettre, comme le veulent beaucoup de chimistes, que les valences d'un même atome peuvent se saturer mutuellement.

Concevons maintenant une molécule uniquement formée avec des éléments dyades (1). Si elle renferme un chiffre pair d'atomes, les conditions de stabilité *peuvent* être remplies au moyen d'un arrangement convenable, parce que, alors, le total des forces mises en jeu est pair lui-même; mais si l'on désire associer 3, 5, 7..... atomes, quelque marche que l'on suive et quelque hypothèse que l'on propose au sujet de la saturation respective des affinités, il est impossible de ne pas laisser une force non contrebalancée. La combinaison est donc irréalisable. Ajoutons, qu'à l'état libre, les atomes des corps simples de valence impaire ne se rencontrent jamais à l'état isolé, mais toujours accolés deux à deux (hydrogène, azote, chlore), ou quatre à quatre (phosphore). Le terme de *dyade* ne signifie pas autre chose.

Enfin, une troisième circonstance se présente lorsque des membres de chacune des deux séries figurent dans la même molécule (2); c'est le cas le plus habituel,

(1) Atomiques ou équivalentaires, les formules ne diffèrent pas. L'acide chlorhydrique est toujours noté HCl, l'ammoniaque AzH^3, le sel marin NaCl.

(2) Font partie de cette dernière classe l'eau, le nitre, l'alcool du vin. Les symboles ne concordent plus (H^2O et HO ; AzO^3K ou AzO^6K ; C^2H^6O ou $C^4H^6O^2$). Comme les molécules organiques renferment forcément du carbone (monade) et de l'hydrogène (dyade), jamais l'ancienne et la nouvelle écriture ne peuvent être en harmonie lorsqu'il s'agit de les représenter.

Il ne faut pas oublier que, par une exception fortuite, l'or, bien qu'essentiellement dyade, a un poids atomique double de son équivalent. Aussi le chlorure d'or, $AuCl^3$ dans les ouvrages de Würtz, se marque-t-il Au^2Cl^3 dans les manuels élémentaires.

puisque cette constitution mixte caractérise la plupart des composés minéraux, et tous les dérivés organiques sans exception.

On peut alors faire abstraction des substances monades, mais il faut que le nombre total d'atomes dyades soit un multiple de 2.

Combinaisons de structure exceptionnelle. — La règle que nous venons d'exposer au sujet des éléments de valence impaire exclut donc toute association d'atomes dans laquelle le nombre des dyades serait impair. Elle est vérifiée par des centaines et des centaines de combinaisons et pourrait être regardée comme une loi naturelle, si, par malheur, un très petit nombre d'exceptions bien nettes et bien caractéristiques qu'on a vainement essayé d'atténuer ou de mettre en doute ne venaient l'infirmer dans quelques rares circonstances. Il faut bien se persuader que ces anomalies peuvent être intéressantes à noter, mais qu'elles n'affaiblissent pas l'intérêt pratique d'une formule dont l'importance est presque égale à celle de la loi d'Avogadro et d'Ampère. Plus heureuse, celle-ci a toujours résisté aux assauts que ses détracteurs lui livraient et, en fin de compte, elle sert aujourd'hui de base et de fondement à toute la science chimique.

Nous avons déjà fait remarquer dans le cours du second chapitre de cet ouvrage que le gaz chlore et les vapeurs de brome et d'iode se composent de molécules diatomiques, comme il convient à des substances dyades, tant que la chaleur n'est pas excessive, mais nous n'avons pas dissimulé qu'à une température très élevée, les atomes finissent par s'isoler peu à peu. Quelques chimistes, plutôt que d'admettre cette scission irrationnelle, ont préféré avoir recours à d'autres explications ; ils ont attribué la chute progressive de la densité du chlore, du brome, de l'iode à une dilatation anormale exagérant outre mesure les distances respectives des molécules. Le même argument ne saurait être applicable à l'oxyde azotique ou bioxyde d'azote dont la formule AzO met en évidence un atome dyade isolé; il s'agit d'un gaz naguère réputé permanent, se comportant d'après les lois les plus strictes de la thermodynamique et dont l'histoire est approfondie jusque dans les moindres détails. Durant plusieurs années, cette malheureuse substance que nombre de théoriciens rigoureux ont dû maudire de bon cœur, a constitué la seule exception bien manifeste à la règle relative à la constitution des molécules. On peut lui associer deux vapeurs douées l'une et l'autre d'une odeur suffocante et désagréable : l'hypochloride ou peroxyde de chlore ClO^2 et l'hypoazotide AzO^2 dont les allures chimiques ne sont pas sans ressemblance (1). Plus loin nous examinerons les motifs qui ont déterminé les chimistes à faire des réserves relativement à la densité de vapeur de l'hypoazotide.

Depuis que M. Raoult a découvert un nouveau procédé d'estimation des poids moléculaires, deux nouvelles anomalies se sont manifestées. Soumis à la méthode cryoscopique, le permanganate de potassium, ce beau sel noir qui colore l'eau en pourpre foncé et qui, sous le nom de *caméléon minéral* s'emploie continuellement en chimie analytique, s'est trouvé correspondre à la formule MnO^4K, calquée du reste sur celle du perchlorate de potassium avec lequel il présente de nombreux rapports. Ou bien l'atome potassique, quoique le potassium soit dyade, est seul de sa nature dans la

(1) Le lecteur reconnaîtra-t-il sous ces termes nouveaux l'acide hypochlorique et l'acide hypoazotique? Nous reparlerons de l'hypoazotide dans le paragraphe suivant.

molécule, ou bien il faut admettre que le manganèse est heptavalent dans le permanganate, hypothèse qui ne s'accorde guère avec l'histoire chimique du métal, mais qui cadre à merveille avec les idées de Mendeléjeff (1). Un autre symbole a également été dédoublé, contrairement à l'opinion générale : c'est celui du ferrocyanure de potassium, plus connu dans les laboratoires sous le nom de prussiate rouge. On doit désormais noter $FeC^6Az^6K^3$ et pourtant neuf des atomes (six d'azote, trois de potassium) sont de valence impaire.

Plus récemment encore, de nouveaux faits sont intervenus, propres à confirmer les déductions de l'auteur russe, mais susceptibles de renverser la barrière qui sépare deux grandes divisions des monades et des dyades. Nous avons déjà dit (2) que l'aluminium longtemps déclaré tétravalent à cause de ses affinités avec le chrome et le fer, s'unissait à lui-même et fonctionnait toujours comme atome double hexavalent. Dans cet ordre d'idées la constitution du chlorure d'aluminium s'interprétait ainsi :

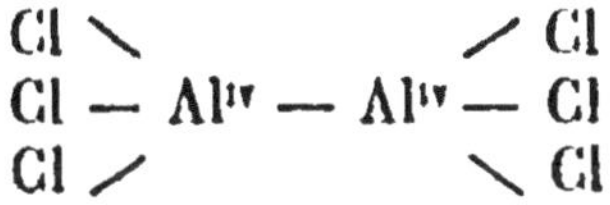

$$\begin{matrix} Cl \diagdown & & & & \diagup Cl \\ Cl - & Al^{iv} & - & Al^{iv} & - Cl \\ Cl \diagup & & & & \diagdown Cl \end{matrix}$$

et le chlorure gallique était construit d'après le même modèle. Plus tard, la loi périodique pressentie par Newlands, puis mise en évidence par Mendeléjeff et Lothar Meyer rapprocha l'aluminium et le gallium du bore et les réunit tous trois dans un même groupe trivalent.

Toutefois une difficulté grave subsistait : les sels

(1) On se rappelle que d'après la classification mendelévienne, le manganèse est rangé dans la même série que le chlore et le fluor.

(2) Voyez pages 69-70.

haloïdes des deux métaux répondaient à la formule commune Al^2R^6 ou Ga^2R^6, déduite de leur densité de vapeur, celle-ci étant mesurée à peu de distance du point d'ébullition (R désigne à volonté le chlore, le brome ou l'iode) tandis que le chlorure de bore s'écrivait simplement $BoCl^3$.

Dès qu'on voulut opérer à une température plus élevée, une transformation radicale s'opéra ; la densité gazeuse de l'iodure d'aluminium, puis celle du bromure se trouva diminuer peu à peu de façon à ne plus valoir que la moitié du nombre primitif, ce qui dénotait une molécule simplement tétratomique AlI^3 ou $AlBr^3$. Jusqu'à l'année dernière (1887) on n'était pas venu à bout de faire détendre le chlorure en le surchauffant ; c'est à MM. Nilson et Pettersson qu'on doit d'avoir prouvé, que grâce à une température de 800 à 1000° la molécule de chlorure se dédoublait elle aussi, et qu'en fin de compte, toutes les combinaisons aluminiques binaires formées par les métalloïdes de la tribu du chlore atteignaient le même degré de simplicité moléculaire que le chlorure borique, une fois que le fluide calorique les avait suffisamment impressionnées. Peu de temps auparavant, M. Friedel avait déjà réussi à dédoubler le chlorure gallique.

Nous voici donc en présence de faits bien malaisés à interpréter si l'on tient à conserver l'ancienne théorie dans toute sa rigueur. D'une part la trivalence du bore est très nette et s'accuse sans ambiguïté dans tous les dérivés de celui-ci ; de plus, ce métalloïde par la valeur de son poids atomique (11), succède directement au lithium (7) et au glucinium (9), l'un monovalent, l'autre bivalent ; il faut donc admettre que l'aluminium et le gallium jouissent de la même propriété, et que les dernières mesures ne sont pas entachées de certaines erreurs dont nous parlerons bientôt, D'autre part, il est incontestable que les notations Al^2Cl^6, Ga^2Cl^6 n'interprêtent nullement des expériences mal faites et représentent sans aucune espèce d'ambiguïté l'état réel de condensation atomique à des températures modérées [1], d'ailleurs il est difficile de méconnaître l'affinité des sels aluminiques et galliques avec des sels ferriques. Il faut bien admettre que, sauf à des températures très élevées, l'aluminium est tétravalent et que la capacité de saturation de l'atome change de parité sous l'action d'une chaleur suffisante, passant de la valeur 4 à la valeur 3.

Peut-être cependant serait-il plus naturel d'adopter l'explication qui va suivre. Les deux métaux en question seraient à froid non plus tétra, mais bien hexavalents et les atomes jumeaux échangeraient entre eux, non pas une seule, mais trois valences, conformément au schéma $\overset{VI}{(Al^{VI} \equiv Al^{VI})}Cl^6$. Trois des six unités d'attraction s'affaibliraient à haute température pour finalement disparaître. La transformation, ainsi interprétée, présente plus d'harmonie et satisfait mieux l'esprit.

On peut encore se demander si les anomalies imputables à l'oxyde azotique et au peroxyde de chlore ne seraient pas causées par la saturation mutuelle de trois valences, soit de l'azote, soit du chlore. Dans le premier cas les deux affinités restantes garderaient l'oxygène captif; dans le second, il se trouverait encore quatre valences disponibles pour empêcher les deux atomes d'oxygène de s'échapper (qu'on n'oublie pas que le chlore, par rapport à l'oxygène, est heptavalent). Cette hypothèse étant admise, on atténuerait un peu la rigueur de la loi des mutations de valence et l'on concéderait que dans un petit nombre de cas très rares, trois valences peuvent s'équilibrer entre elles, de même

(1) En opérant par sa méthode, M. Raoult trouve un poids moléculaire voisin de 267 et correspondant au symbole doublé Al^2Cl^6.

qu'on suppose sans nulle difficulté, que les attractions d'un atome se balancent deux à deux (vapeur de mercure). Au surplus, il est clair que la première des deux combinaisons est exceptionnelle, difficile à réaliser et purement passagère.

Avant peu d'années nous serons vraisemblablement en possession de la clef de ces irrégularités dont nous avons peut être entretenu le lecteur trop longtemps, car, nous ne saurions trop le répéter, ce n'est point par l'usage incessant de jeux d'esprit de ce genre, mais bien à force d'expériences et de mesures réalisées à l'intérieur du laboratoire, que nous serons capables un jour de répondre aux questions posées dans ce paragraphe. N'oublions pas aussi que les principes qui nous sont les plus familiers au moment actuel ont jeté autrefois les théoriciens dans la perplexité la plus vive au point d'entraver l'essor de la théorie atomique. Par exemple on ne pouvait se figurer qu'une molécule de corps simple gazeux ne fut pas diatomique comme celle de l'azote ou de l'oxygène : on ne savait que dire au sujet du phosphore et du soufre à 500° Peut-être, sans nous en apercevoir, nous écartons-nous quelquefois de la vérité par suite de notre trop de confiance dans une loi partielle que notre imagination s'est hâtée de généraliser autre mesure.

§ III. — Les densités de vapeur anormales. Théorie des radicaux et des types.

Jusqu'à présent, nous avons étudié les molécules sous deux points de vue bien différents : nous les avons envisagées, tantôt comme un tout, un bloc indivisible, tantôt comme une agglomération d'atomes distincts et séparés. Seuls, les cas de la stabilité absolue et celui de la décomposition totale, avec émiettement complet des matériaux, ont été passés en revue dans notre examen purement abstrait. Mais, la pratique aussi bien que la théorie, trouvent avantage à s'occuper des phénomènes intermédiaires dont nous n'avons encore rien dit, et qui font supposer, qu'entre l'ensemble de la construction et les pierres qui ont servi à l'élever, il existe des liaisons d'ordre secondaire unissant entre eux des groupes d'atomes. La solidité du ciment est plus ou moins forte, suivant les circonstances, l'aggrégat se dissout par l'influence d'un effort trop violent, mais parfois résiste à un choc assez vif pour jeter à bas tout l'édifice moléculaire. De même qu'au milieu des ruines amoncelées d'un vieux monument, on contemple des pans de murs restés debout, et dont on pourrait se servir pour reconstruire le bâtiment primitif ou un autre à peu près semblable, de même certains aggrégats d'atomes persistent, malgré l'écroulement de la molécule, et sont capables de se transporter intacts au sein d'une nouvelle combinaison, puis de celle-ci à une troisième. C'est, en définitive, sur ce principe, qu'est basée toute la chimie synthétique et les résultats merveilleux qu'elle a obtenus, en prouvent surabondamment la généralité et la fécondité.

Fidèle au plan que nous nous sommes imposé, dès le début de ce travail, au lieu d'entamer la question petit à petit, en retraçant l'évolution historique des idées et la série des phénomènes successivement observés, au lieu de procéder par voie démonstrative, nous allons entrer immédiatement dans le cœur même du sujet, sans nous astreindre à aucun ordre chronologique. En premier lieu, nous analyserons les causes d'erreur affectant les mesures de densité de vapeurs et résultant de la scission trop facile de certaines molécules en deux autres molécules distinctes.

Résumé de la théorie de la dissociation. — Outre la destruction complète et irrémédiable, certaines matières sont capables de subir un genre particulier de décomposition partielle et limitée, généralement beaucoup plus régulière, à laquelle on applique le nom de *dissociation*. Ce terme est dû à un savant illustre, mort depuis peu d'années, M. H. Sainte-Claire-Deville, qui, le premier, avait réussi à observer le phénomène, et à en formuler les règles essentielles. M. H. Sainte-Claire-Deville était d'ailleurs un adversaire résolu des principes que nous essayons de vulgariser dans ce livre, et, plus d'une fois, comme nous le verrons, il s'est trouvé dans le cas de fournir des armes à ses contradicteurs du parti atomiste.

La dissociation tend à se produire toutes les fois que l'on chauffe, à une température inférieure à celle de la décomposition absolue, un corps composé capable de se couper en deux autres substances, dont l'une, au moins, est gazeuse dans les circonstances où l'on opère, et que le fluide qui se dégage n'est pas balayé par un courant de gaz inerte, au fur et à mesure de sa production. Considérons, par exemple, l'oxyde de carbone CO, que longtemps on a cru indécomposable par la chaleur seule : faisons passer un courant continu de ce gaz dans un appareil échauffé au rouge blanc, et disposé de telle façon que l'air extérieur ne puisse y pénétrer. L'oxyde de carbone se dissocie en carbone et oxygène, mais, dès que la proportion de l'oxygène libre, ou, pour mieux s'exprimer, la force élastique de celui-ci atteint une certaine limite variable avec la température, mais fixe pour un degré donné de l'échelle, l'altération ne fait plus aucun progrès. Si la chaleur devient plus forte, la limite recule [1], et la dissociation

(1) Presque toujours les « tensions de dissociation » comme les

gagne jusqu'à ce que la pression de l'oxygène dégagé la contrebalance ; si l'opérateur laisse tomber le feu, le carbone et l'oxygène se retrouvent en présence et se réunissent de nouveau. Dans la pratique, cette reconstitution se produit dans les parties froides de l'appareil, et le phénomène passerai absolument inaperçu, si, grâce à un artifice ingénieux, on n'arrivait à surprendre la nature, pour ainsi dire, sur le fait.

Au centre du récipient échauffé, constituant un gros tube cylindrique dans lequel circule lentement l'oxyde de carbone, est disposé un second tube concentrique assez étroit, au travers duquel on injecte constamment un courant d'eau froide assez rapide pour que, durant le trajet, l'eau ne puisse s'attiédir. Au contact du tube refroidi, règne une température relativement basse, qui, agissant brusquement sur le petit nombre des molécules dissociées, que le hasard écarte des parois chaudes, empêche toute reconstitution ultérieure. Les parois extérieures du tuyau, maintenu à 10°, se recouvrent petit à petit de carbone extrêmement divisé, c'est-à-dire de noir de fumée, tandis que l'oxygène, au défaut de carbone, s'unit, dans les régions les moins chaudes, à l'oxyde de carbone pour donner naissance à du gaz carbonique. L'analyse chimique permet, en effet, de retrouver des traces de ce dernier corps noyées dans un énorme excès d'oxyde de carbone inaltéré ou reformé après dissociation.

Avec l'anhydride sulfureux, les choses se passent à peu près de même ; le tube froid, préalablement argenté, noircit par endroits, parce que le soufre déposé se combine avec l'argent. L'anhydride sulfureux qui se

tensions de vapeur de liquides volatils augmentent avec la température. Toutefois, le parallélisme des deux phénomènes, chimique et physique, n'est pas parfait comme on l'avait constaté d'abord.

dégage, est mêlé d'une très faible quantité d'anhydride sulfurique SO^3, créé par le conflit de l'oxygène libéré avec le gaz sulfureux.

Conservons la disposition qui vient de nous servir pour ce dernier composé, et recommençons l'expérience avec le chlorure mercureux Hg^2Cl^2 solide, mais assez facile néanmoins à sublimer. On recueille du chlorure mercurique, et l'on reconnaît que l'argent s'est amalgamé. La dissociation s'exprime au moyen de la formule suivante, très simple :

$$\underbrace{Hg^2Cl^2}_{\text{Chlorure mercureux.}} = \underbrace{HgCl^2}_{\text{Chlorure mercurique.}} + \underbrace{Hg}_{\text{Mercure.}}$$

On peut dissocier l'eau en oxygène et hydrogène, et l'acide chlorhydrique en chlore et en hydrogène. Il est clair qu'alors les forces élastiques réunies des deux gaz libérés simultanément, jouent le même rôle modérateur que remplissait, dans les exemples précédents, la tension du gaz unique. Les procédés qu'on emploie pour séparer les constituants, avant que les atomes ne se ressoudent à nouveau, varient suivant les circonstances : tantôt, c'est un tube intérieur poreux qui laisse très inégalement filtrer chacun des deux fluides ; tantôt, on diffuse la vapeur d'eau dans un énorme excès d'anhydride carbonique, dont la masse entrave la reconstitution de l'oxygène et de l'hydrogène ; tantôt c'est un tube froid, enduit de mercure, qui retient le chlore libéré, au lieu que le métal demeure inaltéré au sein de l'acide chlorhydrique.

Exceptions apparentes à la loi d'Avogadro et d'Ampère. — Considérons le sel nommé autrefois « chlorhydrate d'ammoniaque », et appelé maintenant, avec plus de justesse, chlorure d'ammonium (*sel ammoniac* des anciens chimistes), sa formule, déduite de l'analyse élémentaire et confirmée par diverses analogies frappantes est AzH^4Cl; elle peut s'écrire AzH^3HCl, c'est-à-dire ammoniaque plus acide chlorhydrique, et, par le fait, on en réalise aisément la synthèse en combinant directement ces deux gaz. Son poids moléculaire doit être égal, ou bien à $14 + 4 + 35,5$, soit 53,5; ou bien à un multiple de 53,5, mais il ne peut être moindre. Par suite, sa densité de vapeur, par rapport à l'hydrogène, ne saurait s'écarter beaucoup, soit de 26 ou 27, valeur minima, soit de ce même nombre, doublé, triplé..., etc.

Faisons la vérification expérimentale au moyen du procédé de Dumas que nous n'avons point à décrire ici. Plaçons au fond du matras, préalablement taré et jaugé, un gros fragment de substance; provoquons-en la sublimation en chauffant jusqu'à 350°, point d'ébullition du mercure, et lorsque tout l'air du matras aura été expulsé par les vapeurs du sel ammoniac, fermons à la lampe et pesons. En tenant compte, bien entendu, des corrections indispensables, nous connaissons par différence le poids d'une certaine quantité de vapeur, occupant un volume connu, ce qui nous donne la densité elle-même. Seulement, le résultat se trouve être bien différent de ce que nous attendions : au lieu de parvenir à une valeur proche de 27 ou multiple de 27, nous arrivons à un chiffre voisin de 15, c'est-à-dire sensiblement moitié trop faible.

Lorsque ce résultat fut connu, les chimistes qui soutenaient la doctrine atomique se trouvèrent dans un très grand embarras. Il leur fallait ou bien dédoubler à la fois les poids atomiques du chlore, de l'hydrogène et de l'azote, chose absolument impossible, ou bien dénoncer la loi d'Ampère, laquelle, une fois déclarée inexacte dans un cas particulier, eût perdu toute sa valeur. Or, comment nier l'universalité de cette loi, qui constitue, en somme, la pierre angulaire de toute la chimie moderne? Et, cependant, l'expérience semblait prouver que deux litres de chlorure d'ammonium sublimé, contenaient autant de molécules qu'un litre d'hydrogène, d'azote ou de vapeur d'eau (1).

Les partisans de la notation en équivalent triomphaient. De nombreux travaux furent entrepris, et, à force de longues discussions, d'intéressantes controverses, de critiques subtiles, la vérité se fit jour. MM. Sainte-Claire Deville, Marignac, Lieben, Kopp, Cannizaro, Kekulé (tous, sauf le premier, sectateurs des idées modernes), finirent par tomber d'accord, et convinrent, unanimement, qu'à 350° température d'observation, l'ammoniaque et l'acide chlorhydrique sont séparés l'un de l'autre, ce qui double le nombre total des molécules. L'ensemble se diffuse donc dans un espace double de celui qui conviendrait, si le chlorure ammonique se vaporisait inaltéré. La densité, exprimant le poids contenu dans l'unité de volume, se trouve affaiblie précisément de moitié à cause de cette séparation.

Conformément aux règles de la dissociation que nous avons formulées déjà, pour peu que la température baisse dans le matras à expérience, les deux gaz se recombinent à nouveau et, finalement, on retrouve le chlorure ammoniacal condensé sur les parois, comme si rien ne s'était passé. Voilà pourquoi cette explication

(1) Quelques auteurs éludèrent la difficulté au moyen d'un biais assez ingénieux. Ils prétendirent que de la soudure de l'acide chlorhydrique, corps saturé, avec l'ammoniaque également saturée, il résultait un composé *sui generis* d'un autre ordre que celui de l'hydrogène avec le chlore ou l'azote, susceptible néanmoins de se gazéifier sans altération. Tout en restant associées, les deux molécules intégrantes continuaient à occuper chacune pour leur part le volume exigé par la règle d'Ampère. L'hypothèse des « combinaisons moléculaires » rendait compte, tant bien que mal, de la densité irrégulière du sel ammoniac et de diverses autres matières qui seront énumérées plus loin.

fort simple de la densité anormale ne s'est pas présentée, tout d'abord, à l'esprit des savants, et une fois mise en avant, a été sévèrement discutée. Une circonstance accessoire contribue aussi à compliquer le phénomène : vers 350°, la tension de dissociation du chlorure d'ammonium est légèrement inférieure à la pression atmosphérique qui, naturellement, s'exerce à l'intérieur du ballon. Il s'ensuit que la décomposition n'est pas totale, qu'un peu de chlorure persiste inaltéré, et qu'enfin, la densité observée, de beaucoup inférieure à la valeur théorique, est encore supérieure à celle d'un simple mélange des deux gaz, tout en serrant d'assez près cette dernière limite.

C'est à M. Pebal qu'est due la meilleure preuve de la dissociation de la vapeur; il a réussi à séparer l'acide et l'alcali, non pas au moyen d'un agent chimique dont l'intervention, en pareil cas, eut été suspecte, car on aurait pu objecter que la décomposition était due à ce réactif, mais à l'aide d'un procédé purement mécanique. On chauffe au degré voulu du chlorure ammonique en présence d'une cloison poreuse; celle-ci laisse plus facilement exsuder l'ammoniaque que l'acide; la première s'épanche à l'extérieur, où sa présence est aisée à constater au moyen du tournesol, tandis que de l'autre côté, l'acide chlorhydrique tend petit à petit à dominer.

Peut-être, au risque d'abuser de la patience du lecteur, avons-nous trop insisté sur ces anciennes controverses, aujourd'hui terminées, mais dont la portée philosophique était considérable. On a aussi longuement discuté au sujet d'autres vapeurs; nous n'en citerons seulement que quelques-unes. Le perchlorure de phosphore, à une certaine température, se scinde en chlorure phosphoreux et en chlore libre; l'acide sulfurique SO^4H^2 fournit de l'anhydride SO^3 et de l'eau : le calomel ou chlorure mercureux, du chlorure mercurique et du mercure. Mais aucun composé à densité anormale n'a fait plus parler de lui et n'a eu plus de célébrité qu'une matière organique assez insignifiante par elle-même, l'hydrate de chloral. Chacun connait le chloral, ce remède calmant que les médecins prescrivent journellement; mêlé à l'eau, il fournit une molécule dont le symbole, assez complexe, s'écrit $C^2H^3O^2Cl^3$, et celle-ci, sous l'action d'une température modérée, repasse à l'état de chloral anhydre C^2HOCl^3, en laissant dégager de l'eau. Cette décomposition, successivement niée, affirmée, attaquée et défendue, avec preuves et expériences à l'appui, est rangée maintenant parmi les vérités les plus incontestables. En parcourant les *Comptes-rendus de l'Académie des sciences*, de 1877 à 1881, on pourra se rendre compte des phases successives de cette véritable cause célèbre, qui a fait noircir bien du papier.

Ainsi, la loi d'Avogadro et d'Ampère ne saurait comporter une seule exception; tous les faits que nous avons énumérés et bien d'autres que nous avons omis, ont été impuissants à nous en affaiblir la valeur. Mais, de toute cette discussion, il ressort qu'une molécule chimique est loin de constituer un tout homogène. Dans une association de ce genre, les liens d'affinités qui rattachent les atomes entre eux, présentent une résistance très inégale. Il nous reste à examiner, sous un point de vue beaucoup plus général, la nature, le rôle, les propriétés de ces « sous-molécules », et à faire ressortir le parallélisme des fonctions qu'elles remplissent, avec celles dont s'acquittent les corps simples.

Des radicaux. — En chimie minérale, ces atomes, qui sont mieux agglutinés entre eux qu'ils ne sont soudés aux autres atomes constituant la molécule, ces assemblages, qu'on peut transporter avec quelques précautions d'une combinaison à l'autre, ces *radicaux*, enfin,

— c'est le terme consacré, — sont beaucoup moins nombreux et importants qu'en chimie organique. Toutefois, si les quelques exemples qu'il est permis d'emprunter ne sont pas aussi frappants lorsqu'on les choisit dans la première des deux grandes catégories, ils n'en sont pas moins très bien caractérisés. L'anhydride sulfureux a pour formule SO^2 au contact de l'eau ; il fournit l'acide sulfureux proprement dit, SO^3H^2, qu'on n'a pas toutefois encore réussi à isoler ; il est très facile de le ramener à l'état de SO^2, et de le dessécher complètement. Dans cet état, mélangé au chlore et soumis à l'influence des rayons solaires, il forme un liquide volatil qu'on appelait, jadis, acide chlorosulfurique, et qu'on représente par la notation SO^2Cl^2. Il n'est pas impossible de suroxyder l'anhydride sulfureux et de le transformer en anhydride sulfurique, figuré par la formule SO^3 ; le passage de ce terme à l'acide sulfurique hydraté est immédiat, puisqu'il suffit d'abandonner l'anhydride à lui-même en vase ouvert. Au surplus, si l'on eût voulu, on aurait réussi à reproduire l'acide au moyen de l'action de l'eau sur l'acide chlorosulfurique.

Ceci posé, les corps

SO^2				
SO^3H^2	ou	SO^2	plus	H^2O
SO^2Cl^2	»	»	»	Cl^2
SO^3	»	»	»	O
SO^4H^2	»	»	»	H^2O^2

ont tous un terme commun SO^2, lequel, d'abord isolé, sert ensuite comme d'un noyau auquel viennent successivement adhérer l'eau, le chlore, l'oxygène, et le groupe H^2O^2. Le radical SO^2 se transporte intact d'une molécule à l'autre et, notons-le bien, il ne s'agit pas ici d'un simple jeu de formules, puisque nous avons expliqué comment il était possible de passer, expérimentalement, d'un terme à l'autre, au moyen de réactions chimiques extrêmement simples. Dans un certain nombre de circonstances, passagères et limitées, il est vrai, cet anhydride (autrefois acide) sulfureux remplit le rôle d'un corps simple véritable, d'un élément fictif, lequel a reçu le nom de sulfuryle. Aussi, le véritable nom scientifique du corps SO^2Cl^2 est-il *chlorure de sulfuryle* (1).

Parmi les radicaux les plus importants, il faut noter l'ex-acide hypoazotique, que, fréquemment, l'on appelle *azotyle* (2); il peut se combiner avec le chlore, avec l'oxygène; il entre dans la composition de l'acide nitrique et des nitrates, mais son rôle, en chimie organique, est encore plus important, comme nous le verrons dans le chapitre suivant.

Nous allons consacrer quelques lignes à deux radicaux dont le rôle en chimie organique aussi bien qu'en chimie minérale est de la plus haute importance et mérite d'être examiné en détail. Ces groupes, dérivés tous deux de l'azote, sont l'ammonium et le cyanogène.

Ammonium et cyanogène. — Ce n'est pas sans raison que depuis des siècles l'on a attribué à la solution aqueuse de gaz ammoniac le nom « d'alcali volatil » que justifient presque toutes les propriétés chimiques de la liqueur ; le rapprochement avec les « alcalis fixes », la potasse ou la soude, était manifeste. Mêlons à cette solution une proportion convenable d'acide ou d'anhydride ; un vif dégagement de chaleur se produit et annonce une réaction chimique des plus nettes. Finalement, après refroidissement et concentration, nous

(1) Dans la nomenclature moderne, la terminaison *yle* a été adoptée pour désigner les radicaux oxygénés.

(2) Ce terme ne s'emploie que pour désigner le radical combiné.

retrouvons des cristaux d'un sel correspondant à l'acide employé et dont l'analogie avec ceux du même genre obtenus avec la soude ou la potasse ne saurait être niée. On parviendrait au même résultat en faisant barboter du gaz ammoniac dans de l'eau acidulée, mais l'on n'y arriverait pas par le seul contact du même gaz sec avec un anhydride également desséché, ou du moins les produits finals différeraient des précédents.

Les hydracides que forment par leur copulation avec l'hydrogène le soufre et les éléments de la famille du chlore sont tous des matières gazeuses ; on observe que ces fluides dépouillés d'humidité s'unissent instantanément avec la plus grande ardeur à l'ammoniaque sèche. Si dans une éprouvette remplie d'acide chlorhydrique, par exemple, on introduit quelques bulles de gaz ammoniac, un épais nuage de fumée blanche se produit aussitôt, parce que le composé formé par la soudure pure et simple des deux molécules, au lieu d'être gazeux à la température ordinaire, affecte l'état solide et se condense au fur et à mesure qu'il se produit.

Soumis à l'analyse chimique, ce brouillard précipité dénote la constitution AzH^4Cl. Nous venons d'en parler longuement pour expliquer avec quelle facilité il se dissociait en acide chlorhydrique et ammoniaque lorsqu'on voulait le sublimer ; le nom de chlorure d'ammonium dont nous nous sommes servis naguère est destiné à rappeler les analogies étroites que ce sel présente avec les chlorures alcalins. On admet par suite qu'il possède aussi une structure analogue à celle du chlorure de potassium KCl et qu'il résulte de l'union du chlore avec le groupe d'atomes AzH^4 constituant un métal alcalin fictif, l'*ammonium*. Tel est le principe imaginé par Ampère et depuis lors universellement admis dans la science.

On peut former directement le nitrate d'ammonium

par exemple avec l'acide nitrique et l'alcali volatil et constater son parallélisme absolu avec le nitrate de potassium ; mais si on le produit par double décomposition en mélangeant en « proportions moléculaires » le chlorure ammonique avec l'azotate d'argent en solution aqueuse, on voit nettement que le radical Am (notation abrégée figurant AzH^4) s'est déplacé en bloc et sans altération d'une molécule à l'autre. C'est ce qu'indique l'équation

$$AmCl + AzO^3Ag = AgCl + AzO^3Am$$

Le potassium ne se comporterait pas autrement si on faisait réagir l'azotate d'argent sur le chlorure de potassium (1).

Si l'ammonium rappelle le sodium, métal essentiellement électro-positif, il existe une autre combinaison azotée susceptible dans une certaine mesure d'imiter les allures du chlore, dont le rôle électro-chimique est absolument inverse. Lorsque l'on chauffe à l'air libre un mélange de charbon et de carbonate potassique, il se produit en plus ou moins fortes proportions un sel blanc, extrêmement vénéneux et soluble dans l'eau avec production d'une liqueur douée d'une odeur assez agréable d'amandes amères. Ce corps, bien connu des photographes, utilisé constamment par les chimistes modernes dans leurs expériences synthétiques et finalement employé par les praticiens pour enlever les taches noirâtres produites sur la peau par le nitrate d'argent,

(1) Il n'est pas inutile de faire observer que l'hydrogène phosphoré PH^3, ou phosphure d'hydrogène gazeux, présente comme un pâle reflet des caractères si nets et si bien marqués du gaz ammoniac ; il est susceptible comme lui de s'assimiler certains hydracides comme l'acide iodhydrique pour donner lieu à des combinaisons salines peu stables rappelant l'iodure d'ammonium. Pour cette raison, on attribue parfois au groupe PH^4 le nom de *phosphonium*.

ce corps, disons-nous, rappelle à divers égards les chlorures de potassium et de sodium, surtout par la forme cubique de ses cristaux. L'analyse élémentaire, il est vrai, conduit à lui attribuer la formule ternaire KCAz, mais ses allures chimiques se trouvent interprétées d'une façon beaucoup plus claire si l'on englobe l'atome de carbone ainsi que celui d'azote sous le symbole unique Cy et si l'on écrit KCy. Dès lors, à l'analogie des caractères correspond la similitude des notations. Gay Lussac a imposé à ce radical, dont il a soupçonné, puis étudié le rôle sous l'empire d'idées théoriques trop absolues, le nom de cyanogène, parce que le *bleu de Prusse* (1) figure au nombre de ses dérivés ; de là vient l'usage des initiales Cy. Les combinaisons métalliques du cyanogène s'appellent cyanures. Presque tous les métaux sont capables de s'unir au cyanogène, mais à mesure que l'on s'éloigne des métaux alcalins, le parallélisme des cyanures et des chlorures devient de moins en moins saillant. En sa qualité de métal bivalent, le mercure absorbe deux molécules de cyanogène, de même qu'il retient deux atomes de chlore et le cyanure $Hg''Cy^2$ traité par l'acide sulfhydrique gazeux passe à l'état de sulfure mercurique, tandis qu'il se dégage des vapeurs d'acide cyanhydrique HCy. Cette combinaison du cyanogène avec l'hydrogène, beaucoup plus connue sous le nom d'acide prussique, constitue un poison foudroyant. En bonne règle, l'acide prussique devrait être l'homologue de l'acide chlorhydrique, et durant bien des années, tous les professeurs de chimie se sont efforcés dans leurs cours de mettre cette similitude en évidence. Malheureusement les résultats des derniers

(1) Le bleu de Prusse est un sel ferrique de l'acide ferrocyanhydrique, dont on verra la constitution dans le paragraphe suivant. Bleu se dit κυανος en grec.

travaux entrepris ne sont nullement favorables à cette hypothèse ; à part un fort petit nombre de réactions, les caractères de l'acide prussique tendraient plutôt à le rejeter du côté des ammoniaques composées (voir le dernier chapitre de l'ouvrage), et de fait notre prétendu acide entre en conflit avec les acides véritables pour donner lieu à des sortes de sels. Il peut sembler paradoxal qu'une substance toujours identique à elle-même puisse jouer indifféremment l'un ou l'autre des deux rôles les plus opposés que la science mette en évidence, mais la chimie organique a réussi à habituer les savants de la seconde moitié du XIXe siècle à ne plus douter de rien, et, en particulier, leur a fait envisager une multitude de composés à fonctions mixtes capables de s'acquitter tour à tour des emplois les plus variés.

Radicaux isolables et non isolables. — Parmi les divers radicaux que nous venons de passer en revue, l'un d'eux, le premier que nous ayons cité, le sulfuryle, a par lui-même une existence réelle et peut être effectivement isolé sous le nom d'anhydride sulfureux SO^2. L'oxyde de carbone, susceptible de jouer un rôle à peu près semblable, est dans le même cas. Il faut noter que cet anhydride et cet oxyde sont l'un et l'autre capables d'absorber deux atomes de chlore ; ils sont donc bivalents comme le mercure, et il n'y a rien de surprenant que leur molécule puisse être isolée comme l'atome de ce dernier métal.

L'ammonium libre n'ayant jamais pu être préparé, mais obtenu seulement sous forme d'amalgame, nous passerons directement au cyanogène. Reprenons le cyanure de mercure et chauffons-le modérément ; le mercure repasse à l'état métallique et il se dégage un gaz dont la formule quantitative est bien CAz. Toutefois, mesurons la densité de vapeur de notre azoture de carbone et nous lui trouvons un poids moléculaire expérimental de 52.16 par rapport à l'hydrogène, et, la notation CAz ne conduisant qu'au nombre théorique 26, il faut nécessairement doubler les exposants pour obtenir l'accord. La molécule du cyanogène libre doit donc s'écrire C^2Az^2 ; dans les conditions pratiques correspondant aux expériences, elle constitue un véritable « cyanure de cyanogène », de même que le chlore Cl^2 se trouve être en réalité du « chlorure de chlore ». D'ailleurs, tout comme le chlore, le cyanogène prend un atome d'hydrogène ou de potassium ; comme lui, il est monovalent.

Nous est-il permis de généraliser ce cas particulier et d'énoncer comme un principe absolu que les radicaux de valence paire sont seuls isolables, ce terme étant compris dans le sens le plus strict, et que ceux de valence impaire se doublent dès qu'on parvient à les mettre en liberté [1] ? En ce qui regarde l'immense majorité des cas, la réponse doit être affirmative, et cependant on constate quelques exceptions embarrassantes. Par exemple l'hypoazotide ne devrait pas théoriquement se formuler autrement que Az^2O^4, puisque l'expérience prouve que AzO^2, dans une molécule saturée, prend la place d'un atome d'hydrogène, de chlore ou de brome. Au delà de 100°, la densité du fluide, lequel, par parenthèse, se trouve alors fortement coloré en rouge foncé, ne diffère presque pas de la valeur 46 correspondant à la molécule triatomique AzO^2. A basse température, la teinte bien connue des chimistes s'affaiblit, et les vapeurs elles-mêmes se trouvent être notablement plus lourdes. Le point spécifique observé dans

(1) Du reste, le lecteur aura déjà deviné, sans que nous le disions, qu'un radical de valence impaire contient forcément un nombre impair d'atomes dyades. Or, il est bien rare qu'il existe des molécules ainsi constituées.

le voisinage du point d'ébullition 23° se rapproche assez du nombre 92, corrélatif de la constitution Az^2O^4, pour que certains auteurs, M. Salet entre autres, aient été en droit d'en conclure que les molécules gazeuses émises par le liquide de — 9° à + 23° sont à l'état condensé hexatomique. De 23° à 100°, suivant le même expérimentateur, la teneur en Az^2O^4 diminuerait progressivement en même temps que la densité décroît et que la couleur se fonce. Nous avons déjà appris que le bioxyde d'azote, susceptible, lui aussi, dans quelques circonstances, de se comporter comme un radical de valence impaire (*nitrosyle*), doit être écrit AzO et non Az^2O^2.

Théorie des radicaux généralisée. Types. — Pour être vraiment féconde et utile, la théorie des radicaux a besoin d'être élargie dans une notable mesure. Considérons une molécule saturée quelconque, ce terme désignant surtout les associations dans lesquelles un atome central retient captifs divers autres atomes non reliés entre eux, mais s'appliquant aussi aux ensembles qui se prêtent mieux aux phénomènes de substitution qu'aux phénomènes d'addition, modifiant l'équilibre général. Dérobons par la pensée, dans le premier cas, un ou plusieurs des atomes secondaires, et, dans le second cas, enlevons tout ou parties des atomes susceptibles d'être échangés contre d'autres atomes de même ordre, et nous aurons formé un radical dont l'existence, il est vrai, peut être purement abstraite et fictive, mais dont la considération est propre à faciliter grandement l'exposé des théories chimiques, à simplifier les écritures et en fin de compte à soulager la mémoire.

De peur de rester trop longtemps dans le domaine de l'abstraction, nous nous empresserons de fournir des exemples. Considérons l'eau, corps saturé H—O—H ; par suppression de l'un des deux hydrogènes nous obtenons *l'oxhydryle* ou *hydroxyle* OH [1]. Comme l'oxygène est bivalent dans l'eau et qu'une des deux valences demeure inoccupée, le résidu ne peut être que monovalent et l'on peut prévoir que l'oxhydryle absorbera pour se compléter un atome de chlore ou de sodium, ou bien, fait encore plus digne d'intérêt, dans une molécule saturée en équilibre, pourra prendre la place d'atomes tels que l'hydrogène, le sodium ou le chlore, pourvu bien entendu que ceux-ci se prêtent au remplacement. Nous voyons que les deux atomes de chlore du chlorure de sulfuryle SO^2Cl^2 peuvent très aisément être chassés sous l'influence de l'humidité en cédant leur place à deux oxhydryles ; il se produit de l'acide sulfurique $SO^2 < \begin{array}{l} OH \\ OH \end{array}$ ou $SO^2(OH)^2$. On peut encore juxtaposer deux atomes de valence inégale, comme le phosphore et l'oxygène, et les rattacher entre eux ; le radical obtenu possédera, la plupart du temps, un nombre d'unités d'attraction égal à la différence des valences propres aux deux corps [2] ; le phosphore ayant sur l'oxygène trois valences en excès, la capacité de saturation du *phosphoryle* sera égale à trois, comme le prouve l'existence de l'oxychlorure de phosphore ou chlorure de phos-

(1) L'eau oxygénée H^2O^2 représente-t-elle réellement l'oxhydryle doublé ? La facilité avec laquelle ce singulier composé se dédouble en eau et gaz oxygène ne serait-elle pas mieux expliquée avec le schéma développé $\begin{array}{c} O'' \\ \| \\ H - O^{iv} - H \end{array}$? On voit que dans cette hypothèse le second atome d'oxygène bivalent lui-même serait retenu peu solidement par deux valences supplémentaires de l'oxygène central.

(2) Le radical obtenu pourrait être de valence supérieure si les deux matières qui forment le noyau n'échangeaient pas entre elles toutes leurs valences.

phoryle $(PO)'''\left\{\begin{array}{l}Cl\\Cl\\Cl\end{array}\right.$ et de l'acide phosphorique $PO\left\{\begin{array}{l}OH\\OH\\OH\end{array}\right.$

C'est principalement en chimie organique que l'on observe des cas très nombreux de groupes d'atomes se rattachant à la seconde des deux catégories que nous avons citées, quoiqu'en définitive il n'y ait au fond qu'une seule classe de radicaux. Mais nous aurons à parler longuement de *l'éthyle* C^2H^5 dérivant de l'éthane C^2H^6, de *l'acétyle* C^2H^3O dérivant de l'aldéhyde C^2H^4O, par perte d'un atome d'hydrogène de substitution, du *glycéryle* trivalent C^3H^5 se rattachant au propane C^3H^8

Jusqu'à présent, pour figurer la constitution atomique des corps composés, nous n'avons fait usage que de deux espèces de formules : les unes « brutes », propres seulement à figurer le nombre et la nature des atomes réunis dans le même agrégat moléculaire ; les autres « développées », expliquant, d'après les données de la science moderne, les relations mutuelles des affinités. Les premières ne sont pas assez instructives, et, par contre, les secondes, trop minutieuses, fatiguent l'esprit à la longue, entravent parfois l'évolution de la pensée, et, de plus, il faut bien le dire, ne sont pas d'un emploi commode dans la pratique de l'imprimerie. Les chimistes contemporains tendent de plus en plus à user de formules « rationnelles » ou « demi-brutes » dans lesquelles ils ont soin de grouper toujours ensemble les atomes qui ne se séparent point pendant le cours de la série de réactions qu'ils envisagent, ou ceux dont le rôle est secondaire, tandis qu'ils séparent ceux qui caractérisent la fonction essentielle en s'efforçant toujours de noter de la façon la plus claire. Dans les cours de chimie théorique, en maniant leurs symboles abstraits, les professeurs emploient fréquemment de véritables « ficelles » qui rappellent beaucoup certains artifices de calcul, usités dans les démonstrations de l'algèbre et de l'analyse.

Partons de l'ammoniaque, et, comme on a réussi à le faire depuis quelques années, substituons un oxhydryle à l'un des trois atomes d'hydrogène; nous formons ainsi l'oxyammoniaque AzH^3O. Or, nous pouvons selon notre bon plaisir écrire cette formule de trois manières différentes. La notation $AzH^2.OH$ montrera que notre molécule est formée par l'union d'un hydroxyle avec un radical AzH^2 monovalent, *l'amidogène*. Cette constitution binaire rappelle l'acide chlorhydrique; mais si nous employons le schéma $O < {AzH^2 \atop H}$, nous montrons que l'oxyammoniaque peut encore être supposée dériver de l'eau par substitution d'un amidogène à l'un des deux hydrogènes. Veut-on rattacher à l'ammoniaque le même composé, on le figurera ainsi : $Az\left\{ {H^2 \atop OH} \right.$. Deux des valences de l'azote étant satisfaites par autant d'hydrogène, la troisième se trouve saturée par un oxhydryle.

Cet exemple, que nous avons choisi entre mille, nous prouve qu'une matière donnée ne se relie point toujours à un type unique, mais plutôt à un ensemble de types. On peut bien souvent supposer à une molécule telle ou telle structure, suivant le caractère qu'on veut mettre en évidence. La plupart du temps, il y aura grand avantage à couler dans des moules semblables les corps composés qui jouent le même rôle et subissent les mêmes réactions. Gerhardt avait voulu créer un petit nombre de molécules fixes, propres à servir de calques pour toutes les substances minérales et organiques alors connues; seulement il n'avait pas prévu l'existence des composés à fonctions mixtes. La théorie des types de Gerhardt, bien qu'abandonnée aujourd'hui, aura eu l'immense avantage de frayer la voie à celle de la valence des atomes et il eût été injuste de la passer complètement sous silence.

§ IV. — Acides, bases et sels.

Principes généraux. — La chimie était encore dans l'enfance que déjà les trois ordres de composés dont on vient de lire les noms en tête de ce paragraphe étaient connus, distingués et définis. Plus tard, à mesure que la science progressa, les notions primitives se modifièrent, puis se transformèrent, toujours, bien entendu, en s'élargissant petit à petit ; toutefois, cette évolution théorique s'est opérée par degrés sans grand bouleversement, au point qu'à l'heure actuelle, presque toutes les substances que les prédécesseurs de Lavoisier caractérisaient comme acides ou sels continuent à être ainsi qualifiées par les auteurs contemporains. D'innombrables découvertes se poursuivant coup sur coup depuis le début du XIX° siècle ont, il est vrai, fortement allongé une liste déjà respectable, mais tous ces acides ou sels nouveaux ne diffèrent pas sensiblement de leurs congénères que maniaient déjà Baumé et Fourcroy. En revanche, depuis que les idées dualistiques ont cessé de régner, l'ancienne définition de la base disparait de la science, et la tendance actuelle consiste non plus à opposer aux acides la chaux, la soude, l'oxyde ferreux, mais à grouper ces matières dans une tribu spéciale dépendante de la vaste classe des composés salins.

Nous avons déjà défini les acides et les sels au cours de notre bref aperçu sur la nomenclature, mais il est indispensable de répéter plus en détail les indications provisoires que nous avons fournies ; sans cela, la suite du présent paragraphe risquerait d'être obscure. Ainsi nous poserons en principe les trois conventions suivantes :

« Diatomique ou polyatomique, binaire, ternaire, ou, plus complexe encore, oxygénée ou non, une molécule est *acide* lorsqu'elle renferme *un* ou *plusieurs* atomes d'*hydrogène basique*, aisément remplaçables par un égal nombre d'atomes de potassium ou de sodium, avec production d'un dérivé soluble, cristallisable, et d'une certaine stabilité. » Ajoutons que les acides étant eux-mêmes plus ou moins miscibles à l'eau, les combinaisons alcalines dont nous venons de parler s'obtiennent en mélangeant la liqueur acidulée avec une lessive sodique ou potassique. Les acides modifient la teinte d'un grand nombre de réactifs tels que la cochenille, le tournesol, le campêche, l'acide rosolique et font virer au rouge ou au jaune la nuance bleu ou violette de ces teintures ; ils décolorent la phtaléine du phénol primitivement rouge (1).

Il ne faut pas confondre les *acides* avec les *anhydrides*. Lorsqu'une molécule d'acide est oxygénée, elle peut perdre, sous l'influence de la chaleur ou des agents de déshydratation, une ou plusieurs molécules d'eau. Quelquefois, le phénomène est plus complexe : deux molécules d'acides se « cotisent », si l'on peut s'exprimer ainsi, pour fournir les trois atomes H^2O, après quoi les deux résidus se réunissent. Le caractère acide est alors détruit, à moins que l'hydrogène primitif n'ait pas entièrement disparu. Au contact de l'eau, l'anhydride

(1) En sus du tournesol que tous les candidats au baccalauréat ès-sciences connaissent de réputation, les chimistes se servent d'un très grand nombre de réactifs colorés, parmi lesquels nous n'avons mentionné que les principaux. Mais, il faut bien l'avouer, il n'est pas une de ces substances qui ne soit en défaut dans tel ou tel cas particulier, et, malgré toutes leurs recherches, les savants n'ont pas encore trouvé ce qu'ils souhaitent vivement découvrir, un agent d'une sûreté et d'une sensibilité absolues.

régénère souvent l'acide, mais, parfois aussi, il refuse de se transformer de nouveau.

« Les sels les mieux caractérisés sont ceux qu'engendrent les métaux alcalins, comme le potassium ou le sodium, en remplaçant l'hydrogène basique atome pour atome. La substitution est-elle complète, le sel est *neutre*. Il est *acide* s'il conserve encore un ou plusieurs atomes d'hydrogène basique. Tous les autres métaux jouissent aussi de la faculté d'engendrer des sels ; seulement, l'atome métallique, suivant sa valence, déplace un, deux, ou trois hydrogènes, et le composé obtenu n'est pas forcément soluble. » Il est évident qu'au besoin, deux ou plusieurs molécules acides contribuent à fournir l'hydrogène dont un seul atome de métal polyvalent doit tenir lieu, et que rien n'empêche deux métaux de s'associer pour saturer un même acide.

Les composés salins s'obtiennent de diverses manières : tantôt ils se produisent par l'action directe du métal sur l'acide ; tantôt ils se forment en dissolvant dans les acides, purs ou diffusés dans l'eau, les oxydes ou les hydrates d'oxydes dont nous parlerons bientôt ; tantôt enfin, dans un petit nombre de cas particuliers, ils prennent naissance grâce à l'union des anhydrides avec les oxydes secs. Longtemps on a attribué à ces oxydes ou hydrates le nom de « bases », terme très commode en pratique, mais qui ne conserve plus aujourd'hui aucune valeur théorique. Une base constitue donc un composé métallique, binaire ou ternaire, forcément oxygéné, mais pouvant aussi contenir une certaine proportion d'hydrogène, et susceptible de s'assimiler purement et simplement un anhydride ou un acide, sans qu'il puisse s'éliminer autre chose que de l'eau, phénomène qui passe absolument inaperçu lorsqu'on opère avec des solutions.

Il existe aussi des sels basiques, mais leur constitution ne saurait être opposée à celle des sels acides. Nous reviendrons sur ce point.

Acides et sels monobasiques. — Un acide est dit monobasique lorsqu'il ne renferme qu'un atome d'hydrogène, susceptible d'être chassé au profit d'un atome de potassium. Nous distinguerons plusieurs cas particuliers.

Quelquefois, l'hydrogène est associé à un atome d'un corps simple, nécessairement monovalent. C'est le cas des acides engendrés par les éléments de la famille du chlore : acides fluorhydrique, chlorhydrique, bromhydrique, iodhydrique, dont la structure atteint au maximum de simplicité.

On conçoit sans peine la constitution de sels à métaux monovalents, tels que le chlorure de sodium NaCl correspondant à l'acide chlorhydrique HCl, et le bromure d'argent AgBr dérivé de l'acide bromhydrique HBr. Si l'on avait affaire à un métal bivalent comme le calcium, trivalent comme l'or, tétravalent comme le platine, on se dirait que l'atome plurivalent doit occuper la place de deux, trois ou quatre hydrogènes, d'autant de molécules acides associées entre elles.

Le fluorure de calcium, identique au minéral appelé « fluorine », se forme au moyen de deux molécules d'acide fluorhydrique.

$$\underbrace{\left\{\begin{matrix}HF\\HF\end{matrix}\right.}_{\text{Deux molécules d'acide.}} \qquad \underbrace{Ca'' \left\{\begin{matrix}F\\F\end{matrix}\right.}_{\text{Une molécule de fluorure.}}$$

La création du bromure d'or exige trois molécules d'acide bromhydrique pour chaque atome d'or :

Les schémas relatifs au chlorure de platine s'expliquent de même :

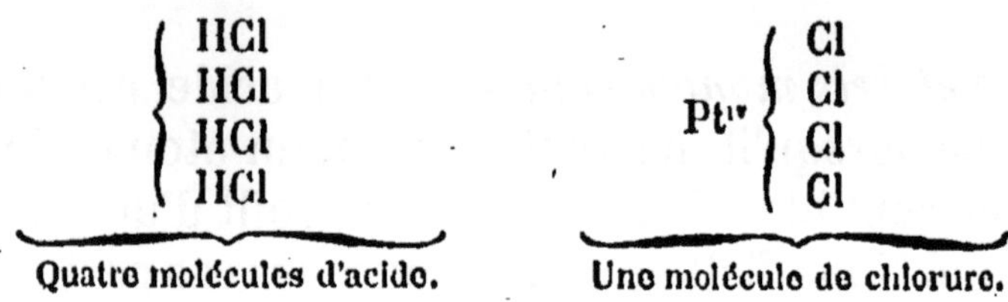

Quatre molécules d'acide. Une molécule de chlorure.

Nous n'avons mentionné que des atomes métalliques simples, mais les mêmes fonctions peuvent être remplies par des radicaux homogènes comme le mercurosum (Hg^2) bivalent, ou le ferricum (Fe^2) hexavalent, ou par des groupes hétérogènes, tels que l'ammonium, que nous connaissons déjà, l'antimonyle et le bismuthyle, dont nous parlerons bientôt.

Inversement, qui empêche que le rôle du chlore ou du fluor soit rempli par une association polyatomique? Il suffit, pour se convaincre de cette possibilité, de penser à l'acide cyanhydrique et aux cyanures.

La troisième classe d'acides monobasiques, celle que nous allons envisager maintenant, est des plus importantes. Les acides chlorique et azotique en font partie; ils contiennent un atome d'hydrogène qui caractérise la fonction acide, un atome de chlore ou d'azote, et, enfin, trois atomes d'oxygène. Mais il vaut mieux séparer l'hydrogène du reste de la molécule, et réunir tous les autres atomes sous un symbole unique, pour mieux mettre en évidence le parallélisme de ces acides et des sels qu'ils forment avec l'acide chlorhydrique et les chlorures :

Acide chlorhydrique ClH. . . .	Acide nitrique $AzO^3.H$ Acide chlorique $ClO^3.H$
Chlorure d'argent ClAg. . . .	Nitrate d'argent $AzO^3.Ag$
Chlorure de baryum Cl^2Ba''. .	Chlorate de baryum $(ClO^3)^2Ba''$
Chlorure ferrique $Cl^6(Fe^2)^{vi}$ . .	Azotate ferrique $(AzO^3)^6(Fe^2)^{vi}$

Il est intéressant de noter que les métaux tri ou tétravalents ne se combinent pas aux radicaux acides oxygénés, auxquels on a donné le nom de « résidus halogéniques ». Tel est, du moins, le cas de l'or et du platine; et, plus loin, nous indiquerons la restriction qu'il faut poser à propos du bismuth.

En quatrième lieu, il arrive qu'un acide rigoureusement monobasique contient dans sa molécule un ou plusieurs hydrogènes non « salifiables », outre l'hydrogène unique propre à mettre la fonction en évidence. Tous les acides organiques, sans exception, se trouvent constitués de cette façon. Examinons un des plus connus, l'acide acétique, que nous retrouverons, du reste, bientôt. Il est strictement exact qu'après analyse élémentaire et mesure de la densité de vapeur, le chimiste est conduit à représenter ainsi la molécule de cette substance :

$$C^2H^4O^2$$

Mais il ressort d'un examen attentif et raisonné des propriétés chimiques de l'acide acétique qu'*un seul* des quatre hydrogènes est susceptible de céder la place au potassium et au sodium. Cet hydrogène mérite d'être compté à part; il faut donc écrire

$$C^2H^3O^2.H$$

et l'acétate de potassium se notera

$$C^2H^3O^2.K$$

Avec l'acide hypophosphoreux PO^2H^3, la distinction à faire est sensiblement moins facile. Des trois atomes d'hydrogène que l'on voit figurer dans la formule brute, l'un peut s'échanger contre des métaux; le second est rebelle à toute substitution; mais le troisième, tout en refusant de s'éliminer devant le potassium, le sodium ou l'ammonium, consent à se laisser chasser par certains radicaux organiques. Par la nature de son rôle, il s'intercale entre ses deux compagnons. Nous pourrions aisément multiplier de pareils exemples, si nous mettions à profit les indications de la chimie organique, mais nous nous bornerons seulement à citer le cas de l'acide lactique (1).

$$C^3O^3H^4.H.H$$

L'atome de droite fait place aux métaux ; il est basique. Celui du milieu, comme on l'expliquera ultérieurement, est de nature « alcoolique ». L'un et l'autre caractérisent la fonction mixte de l'acide lactique, aussi sont-ils tous deux qualifiés de typiques, par opposition aux quatre atomes du centre de la molécule, dont le rôle est beaucoup plus effacé.

Il n'est pas toujours possible d'isoler les anhydrides des acides oxygénés monovalents, mais lorsque cette transformation moléculaire est réalisable, comme la molécule acide ne renferme qu'un hydrogène, par définition, et qu'une molécule d'eau en comprend deux, il faut que deux molécules acides fournissent, l'une le premier hydrogène, l'autre le second et l'oxygène. Une fois l'élimination faite, la nouvelle molécule construite avec les débris de deux autres ne possède plus d'hydrogène basique et a perdu tout caractère acide.

La relation intéressante qui unit l'anhydride nitrique à l'acide ressort bien mieux si on écrit celui-ci $AzO^2.OH$, ou

$$O < {AzO^2 \atop H}$$

car alors, l'anhydride figuré de la façon suivante,

$$O < {AzO^2 \atop AzO^2}$$

(1) C'est un produit de la fermentation des sucres.

se présentera comme de l'eau dont les hydrogènes ont tous deux été remplacés par le groupe « azotyle » monovalent, tandis que l'acide lui-même figure de l'eau dans laquelle la même substitution n'est que partielle.

En résumé, tous les acides monobasiques simples ou complexes, binaires ou ternaires, peuvent tous être représentés par le symbole commun

$$RH$$

dans lequel H figure l'hydrogène basique et R le « résidu halogénique », pouvant être simple ou composé. Autrefois, lorsque la première des deux circonstances se présentait, le sel était dit « haloïde », et dans l'hypothèse contraire, on le qualifiait d' « amphide ». La première de ces deux expressions laissait entendre que l'on ne considérait l'iodure de potassium IK et le sublimé corrosif ou chlorure mercurique que comme des pseudo-sels, de véritables contrefaçons naturelles des véritables matières salines, dans le genre du nitrate de potassium AzO^3K, et l'on ajoutait que le sel marin, qui avait servi de type à toute la série et qui lui avait même donné son nom, n'était pas un sel, dans le sens strict du mot. Cette barrière artificielle n'a plus de raison d'être et doit être renversée; la seule différence à noter, c'est que tantôt le radical combiné au potassium ou au sodium est monoatomique, tantôt il se trouve polyatomique, ce qui, au point de vue des conceptions modernes, n'a aucune importance.

D'après M. Raoult, tous les sels à base de potassium des acides monobasiques étant dissous dans l'eau et soumis à la méthode cryoscopique, possèdent un coefficient d'abaissement qui, multiplié par le poids moléculaire du sel, c'est-à-dire par le poids de sel qui contient 39 de potassium, est égal à 35 ou fort près de 35.

D'après cela, pour s'assurer qu'un acide est monobasique, on le sature par la potasse; on apprécie le coefficient d'abaissement et l'on vérifie si, après multiplication par le poids moléculaire probable, l'on obtient un produit voisin de 34. Appliquons ce principe à l'acide fluorhydrique :

Coefficient d'abaissement du fluorure de potassium . . . 0,605
Poids moléculaire déduit de la formule KF . . . $39 + 19 = 58$

$$58 \times 0,605 = 35,1$$

L'acide fluorhydrique est donc monobasique.

Nous espérons intéresser le lecteur en résumant, sans les garantir, toutefois, quelques idées nouvelles émises tout récemment par M. J. Corin, de Liège, relatives à la saveur des divers acides monobasiques. Tout le monde le sait : les composés en question, mélangés à l'eau dans des proportions convenables, c'est-à-dire suffisamment concentrés pour affecter les organes du goût, et cependant assez dilués pour ne pas produire une sensation de brûlure qui masque la saveur véritable, produisent une impression d'aigreur susceptible d'être appréciée et même mesurée avec certaines précautions. Ceci posé, diffusons, dans des volumes d'eau identiques, un gramme d'acide chlorhydrique ClH, et un gramme d'acide acétique $C^2O^2H^3H$, et dégustons ces deux « limonades » comme l'a fait M. Corin; l'acidité n'est pas la même. Opérons autrement : acidulons deux volumes égaux avec 365 milligrammes d'acide chlorhydrique et 600 milligrammes d'acide acétique, la différence d'aigreur n'est pas moins sensible, et, pourtant, nos deux liqueurs renferment l'une et l'autre un nombre égal de molécules d'acide et d'atomes d'hydrogènes basiques. L'effet physiologique produit sur le palais par la liqueur chlorhydrique est plus net, plus intense, que l'impression formée par l'eau additionnée d'acide acétique. Expérimentons successivement avec d'autres acides étendus à doses moléculaires, et nous constatons que la saveur aigre est d'autant plus faible que le poids moléculaire de l'acide est plus fort. On dirait que l'influence de l'hydrogène isolé, qui communique à la molécule sa sapidité caractéristique, s'exerce mieux avec l'acide formique $CO^2H.H$, dont le résidu halogénique est léger (12 + 32 + 1 ou 45), qu'avec l'acide butyrique $C^4O^2H^7.H$, dont le résidu, plus lourd (48 + 32 + 7 ou 87), paraît entraver l'action acidifiante.

M. Corin croit même pouvoir conclure de ses expériences, et comme règle approchée, ce fait qu'il y a proportionnalité entre la pesanteur moléculaire du résidu [1] et l'affaiblissement de la saveur. Si ce fait est exact, 88 centigrammes d'acide butyrique mêlés à 10 centimètres cubes d'eau produiraient sensiblement *deux* fois moins d'effet que 46 centigrammes d'acide formique dissous dans le même volume, et, pour obtenir des liqueurs comparables au point de vue du goût, il faudrait *doubler* la dose du premier réactif, c'est-à-dire en dépenser 176 centigrammes. Le rapport des poids absolus employés *quadruple* pendant que celui des poids moléculaires ne devient que deux fois plus fort. Plus généralement, pour réaliser des « limonades » également aigres au moyen d'acides monobasiques, il faut diluer dans des volumes d'eau égaux des poids d'acides proportionnels aux *carrés* des poids moléculaires de ces mêmes acides.

Acides bibasiques et polybasiques. — A côté des acides à un seul atome d'hydrogène se rangent ceux, plus

(1) Il est clair qu'on peut raisonner à volonté, tantôt sur les poids moléculaires des résidus, tantôt sur les poids moléculaires de l'ensemble. La différence entre ces deux valeurs est complètement négligeable dans le cas qui nous occupe.

nombreux et tout aussi importants, qui ont deux ou plusieurs hydrogènes remplaçables par les métaux. Occupons-nous d'abord du cas dans lequel il y a simple dualité.

Trois hydracides ouvrent la marche : les hydrogènes tellurié H^2Te, sélénié H^2Se, et sulfuré H^2S. Les deux premiers n'ont pas d'importance, le troisième ne constitue qu'un acide médiocrement puissant.

Vient ensuite l'acide fluosilicique $SiF^6.H^2$, accompagné non seulement des fluosilicates, mais des fluostannates et des chloroplatinates, tous fondus dans le même moule.

Passant de là aux substances oxygénées, nous observons l'acide sulfurique $SO^4.H^2$, l'acide carbonique $CO^3.H^2$, l'acide silicique $SiO^3.H^2$, l'acide chromique $CrO^4.H^2$, et ainsi de suite.

Quelquefois, tout l'hydrogène de la molécule ne remplit pas le rôle fonctionnel. Cette circonstance se présente avec un acide organique très important : l'acide tartrique $C^4O^6H^4.H^2$, et avec un acide minéral, l'acide phosphoreux $PO^3H.H^2$.

Avec les acides bibasiques, les métaux alcalins monovalents engendrent trois séries de sels bien distinctes. Nous allons successivement fournir des exemples propres à définir ces trois classes.

Tout d'abord, saturons l'acide sulfurique par la potasse ; un vif dégagement de chaleur se produit et, après refroidissement, on retrouve un dépôt cristallin constitué par un sel médiocrement soluble et inaltérable par la chaleur : le sulfate neutre de potassium SO^4K^2, dérivant de l'acide sulfurique par remplacement des deux hydrogènes basiques par deux potassiums. Pareillement, le carbonate de sodium (carbonate de soude), qu'on prépare en grand par la méthode Solvay, et qu'on utilise dans l'industrie, constitue un sel neutre CO^3Na^2, par le fait qu'il est dépouillé d'hydrogène.

Chauffons maintenant le sulfate de potassium avec une dose d'acide sulfurique concentré, précisément égale à celle qui nous a servi tout à l'heure pour le préparer; il se forme du sulfate acide SO^4KH, intermédiaire par sa composition entre l'acide et le sel neutre. Ce corps, chauffé à 600°, laisse dégager de l'acide sulfurique et repasse à l'état de sel neutre inaltérable; aussi l'emploie-t-on continuellement en analyse, comme agent d'attaque et de désagrégation. Il est beaucoup plus soluble dans l'eau que son congénère; il est vrai que les chimistes ont de bonnes raisons de croire que l'eau le dissocie en acide libre et sulfate ordinaire.

Un courant de gaz carbonique, traversant une solution froide et saturée de carbonate de sodium, détermine la formation de gros cristaux de carbonate acide de sodium ou bicarbonate sodique (sel de Vichy), dont la formule est CO^3HNa. Le bicarbonate, à la différence du carbonate, est assez instable et se mêle moins bien à l'eau.

Comme dernier exemple de sel acide, nous tenons à citer le tartrate acide de potassium ou « crème de tartre » $C^4O^6H^4.HK$, dont l'origine est bien connue, et qui, grâce à son insolubilité presque absolue, se précipite au fond des tonneaux de vin. Toutefois, la crème de tartre se diffuse passablement dans l'eau bouillante; ajoute-t-on de la potasse à la liqueur chaude, du tartrate neutre soluble prend naissance; emploie-t-on de la soude au lieu de potasse, il se forme du « sel de Seignette »,

$$C^4O^6H^4.NaK$$

Tartrate de sodium et de potassium,

lequel peut servir d'exemple comme représentant une troisième catégorie, celle des sels « mixtes ». Les atomes métalliques substitués dans la molécule acide peuvent donc être de nature différente.

On pourrait se figurer *a priori* qu'avec les métaux bivalents dont l'atome occupe sur-le-champ la place des deux hydrogènes disponibles, il ne peut se former de sels acides. Mais c'est une erreur; le bicarbonate calcique est là pour démentir ce préjugé. Il suffit de s'imaginer que le métal remplace deux hydrogènes appartenant à deux molécules distinctes.

$$\underbrace{\begin{array}{l} CO^3 < \begin{array}{l} H \\ H \end{array} \\ CO^3 < \begin{array}{l} H \\ H \end{array} \end{array}}_{\text{2 molécules d'acide carbonique.}} \qquad \underbrace{\begin{array}{l} CO^3 < \begin{array}{l} H \\ \end{array} \\ \qquad\quad Ca'' \\ CO^3 < \begin{array}{l} \\ H \end{array} \end{array}}_{\text{Bicarbonate de calcium (1).}}$$

Toutefois cette seconde catégorie de sels acides n'a pas assez d'importance pour que nous nous y arrêtions plus longtemps.

Les acides minéraux oxygénés à fonctions bibasiques engendrent fort aisément des anhydrides, circonstance aisée à prévoir, puisque leurs molécules contiennent les éléments de l'eau préparés d'avance, pour ainsi dire. L'anhydride sulfurique est bien connu, et, comme nous l'avons déjà dit à propos des anhydrides d'acides monobasiques, il est dépourvu de tout caractère acide. Du moins ne se forme-t-il point spontanément par concentration de l'acide, tandis que lorsqu'on s'efforce d'isoler de leurs solutions les véritables acides sulfureux, carbonique, chromique et silicique,

(1) A la différence du calcaire, ce sel est un peu soluble. Les carbonates barytique et magnésien se dissolvent aussi dans l'eau chargée d'acide carbonique. Lorsque la pression diminue et que l'acide carbonique s'échappe de la solution, tous les carbonates alcalino-terreux se précipitent.

on ne recueille, au lieu des corps SO^3H^2, CO^3H^2, CrO^4H^2, SiO^3H^2, que leurs anhydrides SO^3, CO^2, CrO^3, SiO^2. Seulement ces anhydrides n'agissent sur les oxydes métalliques qu'en présence de l'eau (ou du moins, en ce qui concerne la silice, après fusion ignée du mélange), parce que l'eau régénère l'acide.

Quelquefois les phénomènes se compliquent. Enlevez une molécule d'eau à deux molécules distinctes d'acide sulfurique et vous réalisez l'acide disulfurique ou persulfurique connu depuis longtemps sous le nom d'acide de Saxe ou de Nordhausen et employé comme dissolvant de l'indigo.

$$\begin{matrix} SO^2 < \begin{matrix} OH \\ O'' \end{matrix} \\ SO^2 < OH \end{matrix} \quad \text{ou } S^2O^7H^2$$

Les disulfates neutres contiennent deux atomes de métal alcalin absolument comme les sulfates. Mais comme aucun d'entre eux ne mérite une citation, nous préférons mentionner l'existence du dichromate potassique.

$$\begin{matrix} Cr < \begin{matrix} OK \\ O \end{matrix} \\ Cr < OK \end{matrix} = Cr^2O^7K^2$$

Dichromate de potassium (1).

On n'a pas oublié que la classification de Mendeléjeff adjoint le chrome au soufre, hypothèse justifiée d'ailleurs par l'analogie des sulfates et des chromates.

Les phénomènes se compliquent bien davantage si on examine les dérivés de l'acide silicique dont les molécules sont fortement prédisposées à se grouper et

(1) L'expression vulgaire de *bichromate de potasse* est absolument impropre et doit être uniquement appliquée au sel acide CrO^4KH, qui est inconnu, ou du moins peu étudié.

à se souder; partielle ou totale, la perte d'eau peut affecter plusieurs molécules à la fois. Supposons que certains métaux, potassium, sodium, fer, aluminium, etc., remplacent l'ensemble des hydrogènes basiques restants ou seulement quelques-uns d'entre eux, et nous obtenons des variétés infinies de silicates qui, avec ou sans adjonction d'eau, s'identifient pour la plupart avec quelques-unes des nombreuses espèces reconnues par les minéralogistes.

Plus l'on s'élève dans l'échelle de la basicité, moins les exemples à énumérer sont nombreux; en fait d'acides minéraux à trois atomes d'hydrogène, nous ne pouvons guère citer que l'acide phosphorique PO^4H^3, l'acide arsénique AsO^4H^3 et l'acide arsénieux AsO^3H^3, et encore celui-ci n'est guère connu qu'à l'état d'anhydride condensé As^4O^6. Nous pourrions leur adjoindre un quatrième composé dont nous reparlerons en chimie organique: l'acide citrique.

Théoriquement, en faisant réagir sur les alcalis des proportions convenables d'acide phosphorique, on obtient deux séries de sels acides et une série de sels neutres, et, à la rigueur, un même phosphate pourrait contenir jusqu'à trois métaux monovalents bien distincts. Si l'on introduit dans les molécules des atomes bivalents, les cas particuliers deviennent très nombreux et en voulant les énumérer tous, on n'aboutirait qu'à dresser un catalogue ennuyeux. Bornons-nous pour le moment à un exemple choisi dans la chimie pratique. Lorsque l'essayeur désire apprécier la quantité d'acide phosphorique contenue dans une liqueur, il ajoute à la solution un mélange d'ammoniaque de chlorure d'ammonium et de sulfate magnésique. D'abord cette triple addition semble ne produire aucun effet; mais au bout de quelque temps un « louche » apparait, un précipité blanc, grenu, se forme peu à peu et ne tarde pas à se rassembler au fond du vase. La constitution de ce précipité, qu'on nomme « phosphate ammoniaco-magnésien », présente un vif intérêt :

$$PO^4 \left\{ \begin{array}{l} AzH^4 \\ Mg'' \end{array} \right.$$

Une des trois valences de résidu halogénique PO^4 est occupée par le radical ammonium, monovalent, tandis que les deux dernières affinités sont retenues par le magnésium, dont la capacité de saturation est égale à deux. Ajoutons que l'acide arsénique, traité par les mêmes réactifs, manifeste une fois de plus son analogie avec l'acide phosphorique en se précipitant sous forme d'arséniate ammoniaco-magnésien.

Comme l'acide phosphorique renferme trois atomes d'hydrogène, il reste encore acide après que la calcination a fait perdre une molécule d'eau ; le résidu PO^3H (acide métaphosphorique) est monobasique et peut se comparer à l'acide nitrique. Cette transformation, d'une extrême simplicité, n'est ni la seule, ni la plus ordinaire ; lorsque l'on chauffe violemment l'acide phosphorique ou certains phosphates à éléments volatils, il se forme de l'acide pyrophosphorique ou des pyrophosphates, et il se dégage de l'eau. Le phosphate ammoniaco-magnésien donne du pyrophosphate de magnésium P^2O^7Mg'' correspondant à l'acide pyrophosphorique tétrabasique.

$$\begin{array}{l} PO \begin{cases} OH \\ OH \\ O'' \end{cases} \\ PO \begin{cases} OH \\ OH \end{cases} \end{array} \quad \text{ou bien} \quad \underbrace{\begin{array}{l} PO \equiv (OH^2) \\ \quad > O'' \\ PO \equiv (OH)^2 \end{array} = P^2O^7H^4}_{\text{Acide pyrophosphorique.}}$$

Il suffit d'imaginer que deux molécules d'acide phosphorique se sont réunies après avoir perdu une molécule d'eau. Ajoutons que si la tétrabasicité du composé dont nous parlons a pu être longtemps contestée, elle paraît aujourd'hui absolument établie. Mais il n'en reste pas moins vrai que la question des divers anhydrides phosphoriques est loin d'avoir été élucidée à fond ; aussi n'insistons-nous pas davantage.

Rigoureusement parlant, un atome donné d'un corps métalloïdique pourrait grouper autour de lui autant d'oxhydryles qu'il compte de valences, de sorte que les éléments des tribus de l'azote et du carbone donneraient lieu à des acides penta ou tétrabasiques dont les acides réellements existants seraient les anhydrides. Ces composés hypothétiques se désignent au moyen de la préfixe « ortho ». Ainsi l'acide orthophosphorique

$$P^{v}\left\{\begin{array}{l}OH\\OH\\OH\\OH\\OH\end{array}\right.$$

et l'acide orthosilicique

$$Si^{iv}\left\{\begin{array}{l}OH\\OH\\OH\\OH\end{array}\right.$$

diffèrent des acides phosphorique et silicique par H^2O en plus.

Peut-être que l'acide orthosilicique se rencontre dans les solutions de silice gélatineuse, mais à coup sûr, parmi les minéraux les plus importants figurent bon nombre d'orthosilicates, parmi lesquels nous ne mentionnons que la pierre transparente jaune-verdâtre nommée « péridot » ou « olivine. »

$SiO^4Mg''^2$

On peut se poser, à propos des acides polybasiques, une question assez curieuse que les chimistes sont parvenus à résoudre, au moins d'une façon partielle. Les fonctions multiples d'un acide polybasique sont-elles rigoureusement égales entre elles ou du moins comparables en énergie? Trois bases d'appréciation ont été employées à résoudre le problème; d'abord l'analyse même des sels acides, puis l'étude thermique de la saturation des divers hydrogènes ; en dernier lieu, on a examiné les teintes qu'adoptent, suivant les circonstances, les divers réactifs colorés.

Nous n'apprécierons que les résultats obtenus. Suivant M. P. Sabatier, de Toulouse, la première fonction de l'acide chromique égale à peu près en énergie la fonction unique de l'acide chlorhydrique et surpasse celle de l'acide acétique ainsi que les premières fonctions des acides phosphorique et carbonique, tandis que la deuxième fonction de ce même acide chromique est inférieure à toutes celles que nous venons d'énumérer et ne l'emporte que sur les dernières fonctions des acides carbonique et phosphorique. Il se dégage beaucoup de chaleur lorsqu'on sature par de la soude l'acide phosphorique de façon à substituer du sodium à l'hydrogène basique n° 1 ; il s'en produit moins lorsque vient le tour du deuxième et le sel obtenu, le phosphate disodique $Na^2H.PO^4$, ne semble pas acide, mais bien neutre, lorsqu'on l'essaie au tournesol. Enfin la disparition, au profit du sodium, de l'hydrogène n° 3 ne provoque même pas de modification de température. Au tournesol, le phosphate neutre Na^3PO^4 se comporte comme une base et ramène au bleu la teinture rougie ;

de là le nom de phosphate basique, qu'on lui attribue souvent et qui n'est pas absolument impropre. Somme toute, le troisième hydrogène des acides phosphorique, arsénique, arsénieux, joue un rôle effacé, à peu près semblable à celui que remplit en chimie organique l'hydrogène typique des phénols (1) ; il peut céder la place aux métaux, mais l'union réalisée est instable et cède au premier choc. Affaiblissez encore cette même tendance et vous vous retrouverez dans le cas de l'acide phosphoreux présentant deux atomes d'hydrogène basique et un troisième rebelle à toute substitution métallique, mais capable néanmoins de céder la place à certains radicaux organiques.

Quoi qu'il en soit, jamais la saturation successive des diverses affinités d'un même acide n'amène des résultats identiques entre eux, et, d'un autre côté, il y a continuité régulière, souvent dans la même molécule de l'affinité la plus violente à l'indifférence presque absolue.

Un moyen de comparaison assez utile pour s'assurer de la basicité d'un acide consiste à examiner les chlorures ou oxychlorures formés par les divers éléments capables de constituer des acides. Au contact de l'eau, ces chlorures se décomposent tous sur-le-champ ; l'acide se régénère, et, chaque atome de chlore faisant place à un oxhydryle, on acquiert de précieuses indications sur l'architecture de la molécule. Quelquefois la concordance entre l'acide et le chlorure d'acide est parfaite. Ainsi :

Le chl.	d'azotyle	AzO^2Cl	répond à	l'ac.	azotique	$AzO^2.OH$
»	de nitrosyle	$AzOCl$	»	»	azoteux	$AzO.OH$
»	de sulfuryle	SO^2Cl^2	»	»	sulfurique	$SO^2(OH)^2$
»	de chromyle	CrO^2Cl^2	»	»	chromique	$CrO^2(OH)^2$
»	de phosphoryle	$POCl^3$	»	»	phosphorique	$PO(OH)^3$
»	d'arsenic	$AsCl^3$	»	»	arsénieux	$As(OH)^3$

(1) Voyez plus loin le § 3 du chapitre IV.

et nous pourrions ajouter encore d'autres exemples. D'autres fois, le parallélisme est moins frappant : le chlorure phosphoreux PCl^3 traité par l'eau ne donne lieu qu'à un acide bibasique ; le chlorure correspondant à l'acide arsénique et aux acides méta et pyrophosphoriques n'existe pas, et, pour faire rentrer dans la règle le chlorure de silicium $SiCl^4$, il faut admettre que le véritable acide silicique est l'acide ortho, ce qui, après tout n'a rien d'improbable.

Si on désire appliquer la méthode de Raoult à la détermination de la basicité d'un acide, on commence par transformer l'acide en sel neutre de potassium, puis on multiplie le coefficient d'abaisement par le poids de sel contenant 39 de potassium. On doit trouver une constante égale à 20 si l'acide est bibasique et à 15 s'il est tri ou tétrabasique. Avec le carbonate de potassium les données de l'expérience sont d'une part 0,292, de l'autre 69 (1),

$$0{,}292 \times 69 = 20{,}1$$

donc l'acide carbonique est bibasique.

D'après M. Corin, si on soumet aux épreuves de la dégustation des solutions aqueuses d'acides polybasiques, on constate que les liqueurs renfermant sous même volume des poids absolus égaux ou des proportions moléculaires des divers acides de même basicité sont inégalement aigres. La saveur est d'autant plus prononcée que le poids moléculaire est plus faible. Tout se passe comme pour les acides monobasiques ; il suffit de considérer une molécule *tribasique* comme assimilable à une molécule monacide de poids *trois* fois moindre. On raisonnera sur l'acide citrique $C^6H^5O^7.H^3 = 72 + 5$

(1) 69 figure le demi-poids moléculaire de CO^3K^2.

$+ 112 + 3$ ou 192, en supposant que sa molécule pèse $\frac{192}{3}$, soit 64 ; avec l'acide tartrique dibasique, le résultat serait $\frac{150}{2}$ ou 75. On en conclut que l'acide citrique est un peu plus aigre que son congénère.

Oxydes, hydrates, sels basiques. — Considérons une ou plusieurs molécules d'eau et remplaçons tout ou partie de l'hydrogène par un ou plusieurs atomes métalliques, en ayant égard aux valences respectives des métaux intervenants; nous réalisons, de cette manière, les oxydes et les hydrates. Si l'on compare l'eau à un acide, les hydrates en sont les sels acides, et les oxydes les sels neutres.

A peu d'exceptions près, comme l'oxyde d'antimoine d'une part, la soude et la potasse de l'autre, ces deux catégories de matières sont également fixes et insolubles dans l'eau; il en résulte que, dans l'état actuel de la science, il ne faut pas songer à peser leurs molécules, les formules qu'on retrace dans tous les ouvrages et que, nous-mêmes, avons citées à diverses reprises, sont absolument hypothétiques et n'expriment que de simples rapports pondéraux. Cette proposition mérite d'être examinée en détail et nous espérons la justifier pleinement.

Lorsque l'on compare un certain nombre d'oxydes métalloïdiques gazeux ou volatils avec les chlorures ou oxychlorures qui leur correspondent, et qu'on réalise en chassant un ou plusieurs atomes d'oxygène, et en insinuant à leur place un nombre égal de doubles atomes de chlore, on constate une règle absolument générale ; les combinaisons chlorées manifestent une volatilité moindre que les dérivés oxygénés du même ordre. Ce phénomène n'offre rien qui soit de nature à nous surprendre; la fixité ou la volatilité d'un composé dépend plus ou moins de la même propriété relative aux substances composantes. Or, l'oxygène est un des anciens gaz permanents, au lieu que le chlore est liquéfiable sans difficulté. Afin de ne pas abuser des exemples, nous n'en citerons que deux :

Le chlorure de sulfuryle SO^2Cl^2 bouillant à 77° répond à l'anhydride sulfurique bouillant à 46°.

Le chlorure de carbone CCl^4 bouillant à 78° répond à l'anhydride carbonique bouillant à 78°.

La règle qui vient d'être posée paraît cependant en opposition complète avec les faits, dans le cas du chlorure et de l'anhydride arsénieux. Le chlorure d'arsenic $AsCl^3$ est liquide et bout vers 130°, tandis que l'anhydride correspondant ne se sublime qu'au delà de 220°.

Mais les grandeurs moléculaires diffèrent sensiblement suivant qu'il s'agit de l'un ou de l'autre composé. Non seulement l'adoption de la formule minima As^2O^3 implique ce fait que deux molécules de chlorure dérivent d'une seule molécule d'oxyde ou réciproquement, mais encore la mesure de la densité de vapeur de ce même anhydride, densité déterminée par Mitscherlich depuis bien des années, conduit à la notation As^4O^6, double de la précédente. Nous trouvons l'occasion de confirmer une règle que nous connaissons déjà : la condensation moléculaire ou polymérisation, en alourdissant la molécule, diminue la volatilité au point d'intervertir la règle qui aurait force de loi, si le chlorure et l'oxyde contenaient un nombre égal d'atomes de l'élément électropositif. De même, le chlorure d'antimoine $SbCl^3$ est notablement moins fixe que l'oxyde antimonieux, dont le symbole Sb^4O^6 est, en revanche, plus complexe que le sien. Veut-on comparer les densités à l'état solide ou liquide, l'on constate encore que la balance penche en faveur des oxydes, au détriment des chlorures spécifiquement plus légers.

M. Louis Henry, professeur à l'Université catholique de Louvain, a fait observer que les oxydes métalliques se montrent tous, sans aucune exception, infiniment plus fixes et plus denses que les chlorures correspondants, et que cette divergence, illogique *a priori*, résulte aussi, sans nul doute, d'un phénomène de condensation semblable à celui dont nous venons de parler, et grâce auquel les molécules oxygénées deviennent beaucoup plus pesantes que les associations chlorées. Or, celles-ci, presque toujours solubles et parfois franchement volatiles, se laissent peser, et on peut, sans hésitation, leur appliquer leur véritable symbole. Le chlorure de baryum doit s'écrire $BaCl^2$, le chlorure stannique $SnCl^4$, et le chlorure chromique Cr^2Cl^6 ou $CrCl^3$, suivant la température d'observation. Mais, dans aucun cas, la baryte ne saurait correspondre à la notation simple BaO, ni le bioxyde d'étain ou le sesquioxyde de chrome aux formules SnO^2 ou Cr^2O^3.

Ces considérations préliminaires une fois exposées, examinons les transformations qu'il est possible de réaliser en chauffant et desséchant progressivement les hydrates, et, dans ce but, analysons les produits obtenus à diverses températures. Nous observons que l'eau s'élimine peu à peu, mais toujours aux dépens de plusieurs molécules qui se soudent ensemble, tandis que les résidus groupés, de moins en moins simples, de moins en moins hydrogénés, tendent de plus en plus à présenter la composition de l'oxyde pur. Très souvent, si l'influence déshydratante est trop brusque, trop énergique, les types intermédiaires passent inaperçus aux yeux du chimiste, lequel peut s'imaginer bien à tort que l'oxyde dérive directement de l'hydrate normal. L'analyse de certains minéraux hydratés fournit souvent des renseignements précieux qu'il ne faut pas négliger, et nous confirmerons cette remarque par un exemple choisi, du reste, dans le mémoire publié par M. Henry.

Quand on verse une lessive alcaline dans une liqueur renfermant du chlorure ferrique, on voit apparaître immédiatement un précipité brun ocreux d'hydrate ferrique $Fe^2O^6H^6$, ou, en adoptant la forme dualistique, $Fe^2O^3 + 3\,H^2O$. Ce précipité, bien lavé, puis desséché dans le vide sans l'intervention de la chaleur, perd de l'eau et devient $Fe^4O^9H^6$, soit $2\,Fe^2O^3 + 3\,H^2O$. Certaines *limonites* ou *hématites brunes*, certaines ocres jaunes, présentent une composition semblable. Chauffé vers 100°, cet hydrate se détruit au sein même de l'eau bouillante, et présente alors la constitution de la *göthite* $Fe^4O^8H^4$ ou $2\,Fe^2O^3 + 2\,H^2O$. Toutefois, une difficulté nous arrête; cette dernière formule peut être simplifiée, et les minéralogistes interrogés répondront qu'ils écrivent toujours $Fe^2O^3 + H^2O$ lorsqu'ils veulent figurer la göthite, et qu'ils ne se croient nullement obligés de doubler les exposants. La pétition de principe semble manifeste, car pour établir que la molécule grandit sans cesse, nous nous appuyons sur des formules de pure fantaisie. A cette objection, M. Henry s'empresse de répondre en citant des nombres et des faits. « Ouvrez, dira-t-il, l'*Agenda du chimiste*, et vous verrez que les poids spécifiques respectifs de la limonite et de la göthite sont inégaux; le chiffre convenable pour le premier minéral oscille de 3,6 à 4, et celui qui s'applique au second approche de la valeur 4,4. Or, du moment qu'il s'agit de *combinaisons du même ordre*, formées *avec les mêmes corps simples*, il est sans exemple qu'un *accroissement* de densité soit corrélatif d'une *diminution* du poids moléculaire : le contraire s'observe toujours.

Donc, la molécule de la göthite doit être à la fois plus lourde et plus complexe que celle de la limonite, en sorte que le symbole doublé dont nous nous sommes servis et qui rend les deux notations comparables, non seulement n'est pas susceptible de réduction, mais se trouve trop faible et doit être multiplié par un facteur inconnu supérieur à l'unité. Suffisamment chauffés, les trois hydrates que nous avons mentionnés, ainsi que d'autres types que nous avons laissés de côté, finissent par aboutir à un composé absolument déshydrogéné : l'oxyde ferrique semblable à l'*oligiste* ou *hématite rouge* et dont la densité atteint 5,3. La notation Fe^2O^3, généralement admise, ne saurait d'aucune manière rendre compte de la vraie grandeur de la molécule. Puisque le poids spécifique de l'oligiste dépasse celui de la göthite, il faut que l'accumulation atomique, déjà notable dans ce dernier minéral, ait fait de nouveaux progrès à la suite de l'expulsion définitive de l'hydrogène, lors de la création de l'oxyde pur. »

Naturellement, il est bien difficile, avec le seul aide des ressources incomplètes dont nous disposons, de fixer la valeur exacte du coefficient de polymérisation, mais on peut lui assigner une limite minima. Admettons que l'hydrate normal soit $Fe^2O^6H^6$, nous aurons

Limonite. . $Fe^4O^9H^6$ Göthite. . $Fe^6O^{12}H^6$ Oxyde. . Fe^7O^{21}

Mais il est probable que les chiffres indiqués sont beaucoup trop faibles, et voici le motif de notre restriction : en chimie organique, des phénomènes de même ordre ont été observés ; au moyen de déshydratations successives, on a pu constituer des groupes atomiques de plus en plus condensés, de poids moléculaires et de poids spécifiques croissant graduellement. Il ressort de l'examen de pareilles substances qu'à une accumulation déjà considérable ne correspond qu'un médiocre changement dans les propriétés. Pour que, d'un terme de la série des hydrates à l'autre, le passage soit si net, il faut que les molécules, chaque fois qu'elles se transforment, s'accroissent dans une mesure très large.

La singulière anomalie que nous venons de faire ressortir et qui sépare nettement les chlorures des oxydes est motivée par la bivalence de l'oxygène et par son aptitude à s'unir de deux côtés différents à deux atomes voisins. Si le métal qu'il retient captif est bivalent lui-même, il se forme des chaînes régulières qui se forment d'elles-mêmes, dès que les deux derniers atomes d'hydrogène ont disparu. Soit l'hydrate de plomb $Pb''^3O^4H^2$: son symbole est linéaire :

$$HO - Pb - O - Pb - O - Pb - OH.$$

Mais celui de la « litharge » ou protoxyde de plomb adopte la forme annulaire :

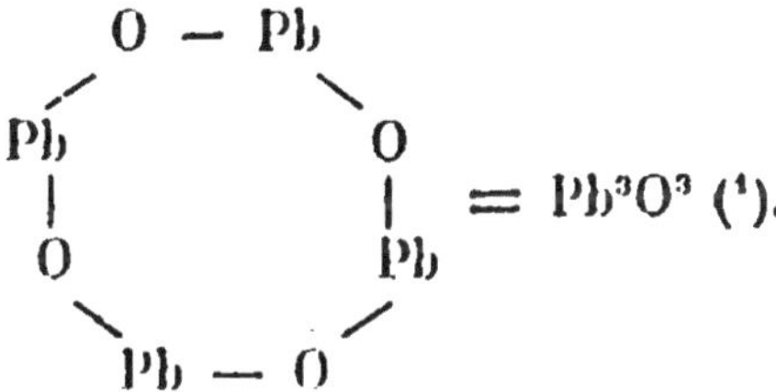

Si, revenant en quelque sorte sur nos pas, nous recherchons la cause de la fixité de certains anhydrides d'acides se rattachant à des métalloïdes parfaitement caractérisés, si nous constatons, par exemple, le défaut absolu de volatilité de la silice opposé à la nature gazeuse de l'anhydride carbonique, nous sommes en droit de répéter les mêmes raisonnements, basés sur les mêmes principes. C'est, purement et simplement, un

(1) Il va sans dire que le nombre 3 est arbitraire. Peu importe, au surplus, que l'anneau soit large ou étroit.

phénomène d'agrégation qui alourdit outre mesure les groupes atomiques de la silice, des anhydrides phosphorique et borique, et, précisément, dans ces trois cas particuliers, la marche de la déshydratation progressive a pu être étudiée à fond par les savants.

A s'en tenir aux règles strictes de la nomenclature, on devrait réserver exclusivement le nom de « sels basiques » aux combinaisons obtenues par remplacement partiel de l'hydrogène d'une base polyvalente. Ainsi, la baryte $Ba'' < \begin{matrix} OH \\ OH \end{matrix}$ engendrerait le nitrate acide de baryum $Ba'' < \begin{matrix} OAzO^2 \\ OH \end{matrix}$; mais comme de semblables composés, aux yeux de l'analyseur ou du pharmacien, du philosophe ou de l'industriel, sont absolument dépourvus d'intérêt, la dénomination précédente s'applique de préférence, maintenant comme autrefois, à tous les sels plus riches en métal et plus pauvres en radicaux acides que les sels neutres définis ci-dessous. Cette classe nombreuse de dérivés salins mérite d'être examinée avec attention pour deux motifs; d'abord, nous trouverons de nouveaux exemples propres à éclaircir et à confirmer les idées de M. Henry; ensuite, de curieux radicaux oxygénés vont se présenter à nous et nous permettront d'élargir sensiblement la définition primitive des sels.

Les alchimistes n'ignoraient pas que lorsqu'on étend d'eau pure une solution nitrique d'azotate mercureux ou d'azotate mercurique, la liqueur ne tarde pas à se troubler, et qu'un précipité blanc jaunâtre se rassemble au fond du vase. Soumise aux épreuves analytiques, la poudre que fournit en particulier le nitrate de *mercuricum* trahit la composition.

$$(AzO^3)^2Hg'' + 2HgO.$$

L'ancienne chimie n'avait pu que signaler l'existence de ce sel et lui donna le nom de « turbith nitreux » ; la science dualistique de Lavoisier, Thénard et Dumas, le qualifiait « d'azotate tribasique de bioxyde de mercure », ce qui constituait déjà un progrès. Mais il est permis à l'unitaire moderne d'aller plus loin, de supprimer même ce signe + qui peut faire croire à l'existence d'une combinaison d'oxyde et de sel neutre, et, finalement, de proposer la formule développée suivante :

$$AzO^3 - Hg - O - Hg - O - Hg - O^3Az,$$

absolument pareille à celle que nous avons retracée tantôt pour l'hydrate de plomb, sauf qu'à la place de l'hydrogène, aux deux postes extrêmes de droite et de gauche, figurent deux résidus halogéniques monovalents. A force de lavages, on réalise de nouveaux dérivés basiques dont la teneur en mercure et en oxygène non relié à l'azote va croissant par degrés ; l'importance relative de l'azote s'affaiblit de plus en plus, tandis que les schémas figuratifs s'allongent outre mesure. Finalement, l'excès d'eau achève l'œuvre de destruction déjà commencée ; les radicaux azotés disparaissent simultanément aux deux extrémités et celles-ci se rejoignent, grâce à la saturation mutuelle des deux valences devenues disponibles. Nous ignorons absolument le nombre exact des chaînons élémentaires du cycle, mais il doit être considérable, puisque l'oxyde mercurique est solide, en dépit de la volatilité absolue de l'oxygène et de la volatilité relative du métal.

La médecine utilise — dans des circonstances bien différentes — deux sels basiques qui vont fixer notre attention durant quelques instants, non point à cause de leur usage thérapeutique, mais à cause de l'intérêt que présente la structure de leurs molécules. Le premier, sur l'emploi duquel nous n'avons nul besoin d'insister, est connu sous le nom assez impropre de sous-azotate de bismuth et s'obtient en diluant outre mesure une solution de nitrate ordinaire $(AzO^3)^3Bi'''$ dans l'acide azotique. Il se produit alors un précipité blanc dont la formule brute s'écrit AzO^4Bi'''. Certains auteurs n'ont pas cru devoir la modifier ; ils se sont empressés de la noter comme curieuse et intéressante. « Considérez, disent-ils, l'acide phosphorique ordinaire ou ortho-phosphorique PO^4H^3 ; remplacez les trois hydrogènes par un atome isolé de bismuth trivalent et vous réalisez le phosphate de bismuth PO^4Bi''' composé très bien défini et très stable dont M. Chancel a fait ressortir l'utilité en chimie analytique pour le dosage du phosphore. Il est probable que le sel AzO^4Bi''' se rattache à un acide ortho-azotique AzO^4H^3 encore inconnu et constituerait lui-même l'unique représentant des ortho-azotates. » D'autres théoriciens, méconnaissant la coïncidence que nous venons d'exposer, préfèrent s'en tenir à une autre hypothèse suivant laquelle le sous-nitrate serait un azotate semblable aux autres, dont la base serait non le bismuth, mais le « bismuthyle ». Ce terme désigne le radical monovalent BiO ; les mêmes savants écrivent alors :

$$AzO^3.BiO$$

Azotate de bismuthyle.

Cette deuxième interprétation, si elle n'est pas la véritable, a du moins le mérite d'être fort commode et très générale, d'autant plus que l'on connait d'autres composés à base de bismuthyle. Ainsi le chlorure de bismuthyle est facile à préparer ; on le réalise en hydratant le chlorure ordinaire comme naguère le nitrate neutre.

$$\underbrace{BiCl^3}_{\text{Chlorure de bismuth.}} + \underbrace{H^2O}_{\text{Eau.}} = \underbrace{2HCl}_{\text{Deux molécules d'acide chlorhydrique.}} + \underbrace{BiO.Cl}_{\text{Chorure de bismuthyle.}}$$

Le chlorure de bismuthyle, ou oxychlorure de bismuth, est blanc comme l'azotate de même base et insoluble comme lui. Il ne sert pas de remède, mais il s'emploie comme fard et se débite alors sous le nom gracieux de « blanc de perles ».

Lorsque M. Peligot étudia les sels d'uranium, métalloïde proche parent du bismuth, il put reconnaître que l'oxyde d'uranium ou uranyle fonctionnait, non plus de temps en temps, mais, dans l'immense majorité des cas, comme un véritable corps simple. Signalons seulement en passant cette tendance excessive et revenons à des exemples empruntés à des substances plus communes et plus intéressantes.

Le chlorure d'antimoine $SbCl^3$ s'altère au contact de l'eau et fournit une matière insoluble, l'oxychlorure d'antimoine ou chlorure d'antimonyle SbOCl. Toutefois, ce magma se dissout sans difficulté dans l'eau bouillante saturée de crème de tartre ou tartrate acide de potassium $C^4H^4O^6.HK$ et la liqueur refroidie ne tarde pas à laisser déposer des cristaux d' « émétique » ou « tartre stibié ». Laissons de côté l'histoire médicale de l'émétique, et ne nous attachons qu'à l'étude de sa constitution chimique. On doit le regarder comme un tartrate double de potassium et d'antimonyle, ce dernier occupant la place du second atome d'hydrogène disponible dans le tartrate acide,

$$\underbrace{C^4H^4O^6.K(SbO)'}_{\text{Émétique.}}$$

Si, dans une solution d'émétique, on verse goutte à goutte de l'acide chlorhydrique, on voit se former au sein du liquide un nuage blanc laiteux qu'un excès d'acide ne tarde pas à faire disparaître. Tout d'abord la crème de tartre s'est trouvée régénérée par l'hydrogène du réactif, et le chlore devenu libre a entraîné l'antimonyle en produisant un chlorure insoluble,

$$C^4H^4O^6.K(SbO) + HCl = C^4H^4O^6.KH + (SbO)Cl.$$

Mais bientôt la proportion d'acide est suffisante pour reformer du chlorure d'antimoine soluble et la liqueur reprendra sa limpidité (1).

Déchu au point de vue pharmaceutique, le tartre stibié a, par contre, acquis beaucoup d'importance aux yeux des savants. On n'apprendra pas sans intérêt qu'il sert de type et de modèle à un fort grand nombre de composés dans lesquels le potassium n'existe plus, mais se trouve suppléé par le sodium, l'argent ou même le calcium (2) ; mais, circonstance encore plus essentielle à noter, il est facile de réaliser des sels du même genre en faisant bouillir la crème de tartre soit avec de l'oxyde de bismuth, soit avec de l'acide arsénieux, soit même avec de l'acide borique (3).

$C^4H^4O^6.K(BiO)$	$C^4H^4O^6.K(AsO)$	$C^4H^4O^6.K(BoO)$
Émétique de bismuthyle.	Émétique d'arsényle.	Émétique de boryle.

Après tout, le bismuth et l'arsenic font partie du même groupe naturel que l'antimoine, et le bore n'est

(1) L'apparition du précipité blanc dont nous venons de parler embarrasse souvent les élèves qui débutent dans leurs travaux d'analyse et leur fait confondre les solutions d'émétique avec les liqueurs de plomb ou d'argent.

(2) Naturellement le calcium occupe alors la place de deux atomes de potassium empruntés à deux molécules distinctes :

$C^4H^4O^6.SbO\ K$ $C^4H^4O^6.SbO\ K$	$\left.\begin{matrix}C^4H^4O^6.SbO\\C^4H^4O^6.SbO\end{matrix}\right> Ca''$
Deux molécules d'émétique.	Émétique à base de calcium.

(3) L'émétique à base de bore se nommait jadis « crème de tartre soluble ».

pas non plus sans quelque affinité avec ce dernier. Le fer au contraire semble de prime abord doué de caractères d'ordre absolument différent. Cependant il existe un émétique et un tartrate à base d'oxyde de fer.

Lorsque l'on verse de l'ammoniaque ou de la potasse dans la solution d'un persel de fer, on détermine instantanément un volumineux précipité couleur de rouille. Mais si la liqueur a été préalablement mélangée d'acide tartrique, l'addition d'alcali ne détermine aucun trouble. Les praticiens mettent journellement cette circonstance à profit dans le cours des analyses industrielles, mais peut-être tous ne pourraient pas expliquer la réaction qui s'est produite ; aussi disons-nous que l'acide tartrique a formé un émétique soluble en doublant sa molécule, puis en s'unissant au métal alcalin d'une part et au radical bivalent $(Fe^2O^2)''$ de l'autre [1], ce dernier équivalant à deux antimonyles.

$$\underbrace{\begin{matrix} C^4H^4O^6.K \\ C^4H^4O^6.K \end{matrix} > (Fe^2O^2)''}_{\text{Tartrate ferrico-potassique.}}$$

Sels doubles. — Lorsqu'on procède à l'analyse d'un sel basique, on l'envisage toujours comme une combinaison du sel neutre avec l'oxyde, c'est-à-dire comme le résultat de la soudure de deux sels de même base, puisque les oxydes mêmes peuvent être rangés parmi les composés salins [2]. Peu nous importe en ce moment

(1) Ce groupe est bivalent parce qu'il dérive du composé saturé Fe^2O^3 par perte d'un oxygène. Ajoutons que l'acide tartrique empêche aussi les sels de manganèse, de chrome, de cobalt, d'être précipités par l'ammoniaque, et que l'acide citrique produit le même effet sur les mêmes composés.

(2) Au contraire, lorsqu'on définit un sel basique un sel dans lequel le métal simple est remplacé par un radical constitué lui-même par un métal uni à un élément électro-négatif, on arrive à d'intéressantes généralisations qui nous entraîneraient bien au delà

que cette manière de concevoir la structure de ces dérivés soit juste ou fausse ; il suffit qu'elle nous amène à renverser les circonstances tout en généralisant, et à examiner ce qui se passe lorsqu'on cherche à combiner synthétiquement deux sels différents engendrés par le même acide.

Mélangeons une solution de chlorure platinique $PtCl^4$ avec une solution de chlorure de potassium KCl, en ayant soin d'opérer avec les liqueurs suffisamment concentrées. Ajoutons de l'alcool pour faciliter la réaction, qui déjà se manifeste par un « louche » très net, et abandonnons nos produits à eux-mêmes. Au bout de quelques heures, nous pouvons recueillir au fond du vase à précipité une poudre brillante d'une jolie couleur aurore et répondant à la formule

$$PtCl^4.2KCl.$$

Deux molécules de chlorure alcalin se sont réunies à une molécule de chlorure de platine. Ce chlorure double est fort utile pour le dosage de la potasse, parce qu'il présente la particularité, très rare chez un sel de potassium, d'être presque rigoureusement insoluble. Avant que M. Carnot eût découvert la méthode volumétrique d'analyse au moyen de l'hyposulfite de bismuth, le chimiste agronome titrait toujours au moyen du sel de platine la richesse en potasse de ses engrais.

Si de la science appliquée nous passons à la science pure, nous observons que l'importance du chlorure double de platine et d'ammonium est plus considérable

des bornes de ce travail. Un exemple, emprunté à la minéralogie, nous suffira : en substituant aux quatre hydrogènes de l'acide orthosilicique SiO^4H^4 le groupe Al^2F^2 tétravalent, on réalise la topaze

$$\underbrace{SiO^4(Al^2F^2)^{iv}}_{\text{Topaze.}}$$

encore que celle de son congénère. Afin d'apprécier l'azote d'un dérivé organique, on transforme d'abord cet azote en ammoniaque au moyen de la chaux sodée, puis en chlorure d'ammonium par l'acide chlorhydrique. L'addition de chlorure de platine détermine alors un précipité qui, lavé et calciné, fournit en fin de compte du platine pur dont chaque atome correspond à deux atomes d'azote de la molécule primitive (1).

La stabilité relative des deux substances dont il vient d'être question, ainsi que l'étude de leurs principales propriétés, autorisent à penser que leurs deux molécules forment en réalité des ensembles qu'on aurait tort de vouloir diviser. Il y a positivement mieux qu'un simple mélange défini, qu'une simple association moléculaire dans le composé $PtCl^4.2KCl$, et il faut positivement renoncer à cette notation surannée pour écrire avec l'unanimité des chimistes $PtCl^6K^2$, ce qu'on énonce chloroplatinate de potassium. Notre précipité jaune forme donc le sel de potassium de l'acide chloroplatinique.

Cependant, il paraît illogique au premier chef qu'une véritable molécule puisse être constituée avec trois molécules ordinaires, chacune parfaitement saturée et équilibrée. Le platine est-il devenu octovalent, comme l'azote du sel ammoniac AzH^4Cl, trivalent dans l'ammoniaque AzH^3, est devenu pentavalent? Cette explication

(1) Un pareil procédé de dosage est fort avantageux, parce qu'il revient à apprécier un faible poids d'azote $2 \times 14 = 28$ au moyen d'une forte quantité de platine : 198 parties. L'opérateur, s'il n'a pas bien recueilli tout le précipité ou s'il s'est trompé dans sa pesée, a commis une erreur de $\frac{1}{100}$ par exemple sur le poids de son métal; mais cette erreur, divisée par 7, devient très minime lorsqu'on repasse de la proportion de platine à celle d'azote. En général, les meilleures méthodes analytiques sont celles dans lesquelles le « facteur d'analyse », c'est-à-dire le rapport des poids de l'élément cherché à l'élément trouvé, est le plus petit possible.

n'a rien d'illogique ; toutefois on peut en présenter une autre plus satisfaisante d'après laquelle les atomes du chloroplatinate potassique seraient disposés comme l'indique le schéma fermé.

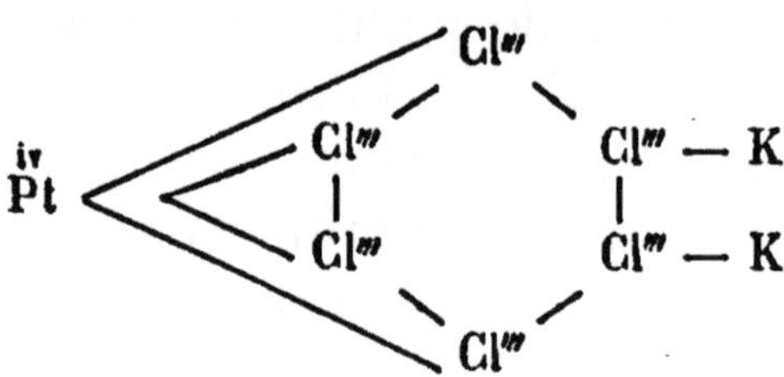

La capacité de saturation du chlore se serait élevée subitement de la valeur 1 à la valeur 3, ce qui n'a rien de surprenant, puisque ce même caractère, loin d'être constant chez les halogènes, est variable suivant les circonstances depuis 1 jusqu'à 7. Les mêmes atomes, se trouvant au nombre de six, en ont profité pour se ranger sur un même hexagone. Ce tracé polygonal correspond à un équilibre interne mystérieux et peut-être très différent comme forme et disposition de nos schémas figuratifs ; mais par une singulière coïncidence, qui se répète trop souvent pour être fortuite, les assemblages auxquels nos conventions permettent d'attribuer cette figure régulière se forment dans un assez grand nombre de circonstances et paraissent doués d'une stabilité relative qui se manifeste surtout en chimie organique. Pour en revenir à nos atomes de chlore, nous ajouterons que chacun d'entre eux échange une valence avec l'atome de métal, potassium ou platine, auquel il était lié précédemment, et deux autres avec chacun de ses deux voisins.

Nous aurions beaucoup moins insisté sur les chloroplatinates alcalins et leur constitution, si leur formule, soit brute, soit rationnelle, n'eût pas été également applicable à de fort nombreux sels, doubles en apparence, simples en réalité, formés non plus par le chlore, mais par le fluor, son proche parent, réuni au silicium, au titane, à l'étain. Nous ne fournirons que deux exemples, et nous citerons d'abord le fluosilicate de potassium, SiF^6K^2, précipité gélatineux non miscible à l'eau, mais que sa transparence rend difficile à reconnaître lorsque l'on verse de l'acide fluosilicique dans une liqueur renfermant de la potasse. Aussi n'est-il guère utilisé en analyse. Nous ajouterons en second lieu que l'existence établie par MM. Nilson et Krüss du germanosilicate d'ammoniaque GeF^6Am^2 n'a pas peu contribué à confirmer les théories mendeléviennes qui assignaient au germanium une place à côté du silicium.

Les ferrocyanures alcalins méritent d'être rangés au nombre des sels doubles les plus curieux et cela à raison de diverses circonstances. Tout d'abord leurs solutions aqueuses ne s'altèrent jamais, pas plus à froid qu'à chaud, pendant que celles des cyanures ordinaires de même base se décomposent rapidement en dégageant de l'acide cyanhydrique aisément reconnaissable à son odeur. Ensuite leur innocuité est presque parfaite, tandis que les cyanures correspondants se comportent comme d'effroyables poisons. De plus, quoiqu'on puisse réaliser leur synthèse théorique (1) en ajoutant par exemple une quantité suffisante de cyanure potassique à une solution de chlorure ou de sulfate ferreux, de manière que le précipité qui se forme en premier lieu se redissolve ensuite, on est fort embarrassé si l'on veut prouver qu'on a créé un véritable cyanure double de formule $Fe''Cy^2 + 4KCy$. En effet, on voit tous les sels de fer sans exception noircir par le sulfure d'ammo-

(1) La préparation industrielle est toute différente, cela va sans dire. Même nous avons formulé un cercle vicieux : c'est du prussiate jaune qu'on extrait, par calcination et lavage à l'alcool, le cyanure de potassium du commerce.

nium et le même réactif ne trouble pas les solutions de ferrocyanure. Qu'est donc devenu le fer? Ajoutons que cette fois-ci encore nous sommes en présence de molécules saturées contractant union, ce qui bouleverse les règles les plus générales.

Aux différentes questions qui ont été posées nous adresserons une seule et même réponse. Nous dirons que le ferrocyanure de potassium, le prussiate jaune, se distingue très nettement des cyanures simples et probablement aussi de certains cyanures doubles peu stables par sa constitution annulaire toute spéciale, laquelle, d'après M. Friedel, rappellerait celle de la benzine. Nous signalerons dans le chapitre suivant l'élégante symétrie de celle-ci (1) ; pour être moins frappante, la régularité hexagonale de la formule du sel n'en est pas moins digne d'intérêt. Le jour n'est peut-être pas loin où, grâce à une transformation peu compliquée, l'on parviendra à passer de la série de la benzine à celle du ferrocyanure.

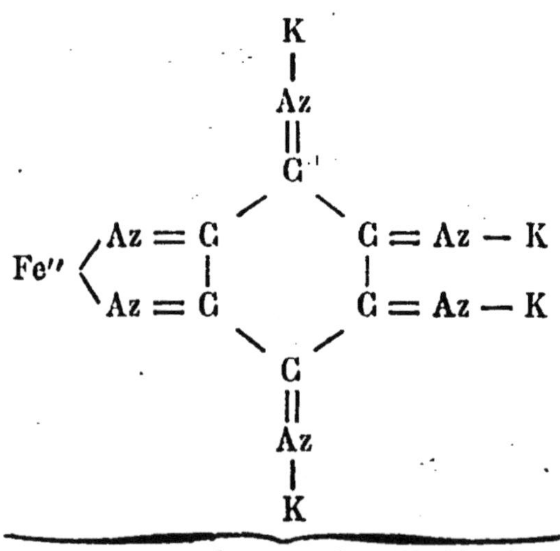

Ferrocyanure de potassium $FeC^6Az^6K^4$
ou $FeCy^6K^4$

(1) Voir plus loin le schéma de la benzine.

Nous risquerions fort de répéter ce que nous avons déjà dit à propos de la fécondité du type chloroplatinate et d'énoncer par avance ce que nous observerons bientôt relativement au nombre énorme d'individus chimiques dérivés de la benzine, si nous faisions trop longuement ressortir la variété presque illimitée des molécules à noyau azoté et carboné. Et pourtant nous ne pouvons pas négliger d'énumérer l'acide ferrocyanhydrique $FeCy^6H^4$ dont M. Raoult a établi la tétrabasicité, les ferrocyanures à deux atomes de métal bibasique comme le ferrocyanure de baryum $FeCy^6Ba^2$, le ferricyanure de potassium ou prussiate rouge $FeCy^6K^3$, dans lequel le fer jouerait le rôle d'un élément trivalent, enfin l'acide ferricyanhydrique $FeCy^6H^3$, simplement tribasique suivant M. Raoult (1), et tous les sels qui en résultent. Joignez à toute cette liste toutes les combinaisons obtenues en faisant remplir le rôle du fer bivalent ou trivalent par le chrome, le manganèse, le cobalt, le nickel, et vous arriverez à un total effrayant. Seule, une restriction assez curieuse limite quelque peu cette abondance de corps à noyaux d'hexagone ; le nickel, en effet, une

(1) La plupart des ouvrages de chimie atomique doublent encore les formules de l'acide ferricyanhydrique et des divers ferricyanures. Pourtant, le prussiate rouge, soumis à l'épreuve de la cryoscopie, contrairement à la croyance générale, s'est trouvé correspondre, non au symbole doublé $Fe^2Cy^{12}K^6$, mais à la notation simple $FeCy^6K^3$,

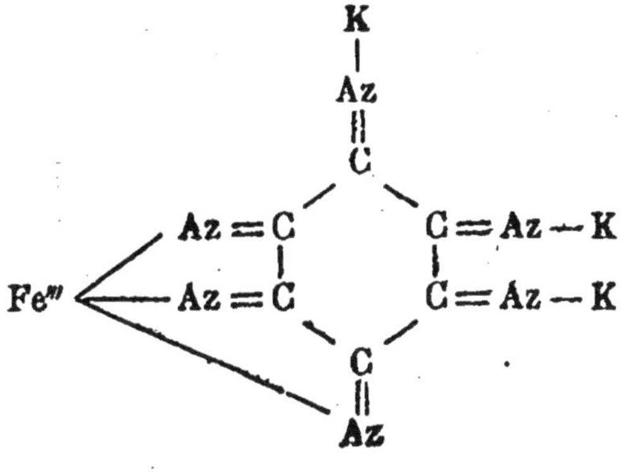

```
                    K
                    |
                    Az
                    ||
                    C
                  /   \
         Az = C         C = Az — K
        /     |         |
Fe''' <—— Az = C         C = Az — K
        \         \   /
         \          C
          \         ||
           ———————— Az
```

fois en passant, se refuse à répéter le cobalt, qui lui-même répète le fer et ne donne lieu qu'à un nickelocyanure de potassium sans former de nickelicyanure.

Les chimistes contemporains, qu'ils fassent ou non usage de la notation par atomes, sont presque unanimes à condamner l'ancienne théorie du dualisme ; ils n'admettent pas que l'on puisse définir un sel le résultat de l'union d'un acide anhydre avec un oxyde ou une base. Mais ce vieux principe, au fur et à mesure de l'avancement de la science, s'est trouvé banni et battu en brèche, non comme *faux* et *absurde*, ainsi que l'a été le phlogistique, mais comme notoirement *insuffisant* dans la plupart des circonstances. On pourra dire tant qu'on voudra que Lavoisier s'est trompé ; cela n'empêchera pas que dans les fours à chaux de l'industrie le calcaire ne se scinde en chaux vive et gaz carbonique.

$$CO^3Ca = CaO + CO^2.$$

Avec l'anhydride carbonique et la chaux, on peut de nouveau régénérer le calcaire sans que la moindre trace d'eau soit nécessaire à la réaction. Le carbonate de calcium se comporte donc comme un vrai composé binaire. M. Béchamp a prouvé également que la baryte sèche fixe aisément l'anhydride sulfurique pour former du sulfate barytique.

$$BaO + SO^3 = BaSO^4.$$

Le même auteur n'a pu réaliser cependant la réaction inverse.

Ce double exemple prouve qu'en science il ne faut pas toujours envisager les phénomènes et les théories à un point de vue trop absolu et nous serions en droit d'ajouter qu'une formule chimique, quelle que soit sa forme, est toujours bonne et avantageuse lorsqu'elle rend compte de certains phénomènes importants, ou bien qu'elle soulage la mémoire ou facilite l'enseignement théorique.

Donc, trouvant tout simple, tout naturel que le professeur des sciences physiques d'une classe de philosophie ou de mathématiques élémentaires écrive $CaO.CO^2$ pour retracer le carbonate de chaux, nous ne blâmerons pas le minéralogiste qui, voulant expliquer la composition de la *leucite* ou *amphigène*, dira que sa molécule est formée d'une molécule de silicate d'aluminium soudée à une molécule de silicate potassique,

$$\underbrace{(SiO^3)^3(Al^2)^{vi} + SiO^3K^2}_{\text{Amphigène.}}$$

Au contraire, si l'on consulte le savant *Cours de Minéralogie* de M. de Lapparent, atomiste zélé autant qu'unitaire convaincu, on verra comme notation du même minéral

$$K^2Al^2Si^4O^{12}.$$

Cette écriture ne préjuge rien ; elle ne fait que traduire brutalement les résultats des analyses chimiques et n'expose à aucune erreur. En somme, il est fort possible que des recherches ultérieures soient défavorables à l'hypothèse qu'implique la formule dédoublée dont l'usage se trouve purement facultatif et subordonné à l'utilité qu'on peut en retirer.

Nul auteur ne serait compris s'il donnait comme notation de l'alun ordinaire $Al^2K^2S^4O^{40}H^{48}$; le symbole de la substance est au contraire toujours divisé et l'on écrit :

$$\underbrace{(SO^4)^3(Al^2)^{vi} + SO^4K^2 + 24H^2O}_{\text{Alun alumino-potassique,}}$$

classant ainsi les atomes en trois groupes distincts. Cette séparation a-t-elle sa raison d'être ? Pour répondre à cette question, il nous faut envisager le mode de production des aluns.

Mélangeons deux solutions chaudes et concentrées de sulfate d'aluminium et de sulfate de potassium et laissons refroidir. Au bout de quelques instants, nous voyons apparaître un précipité constitué de petits cristaux microscopiques d'alun ; effectivement ce dernier sel est médiocrement soluble à froid. Donc notre formule a du moins le mérite d'expliquer le mécanisme de formation, mais cela ne nous suffit pas.

Les vingt-quatre molécules d'eau empruntées au véhicule des sulfates simples primitifs sont absolument nécessaires au sel pour cristalliser. De même le sulfate de cuivre ne saurait se passer de ses cinq molécules d'hydratation sans perdre sa forme et sa couleur. Mais qu'il s'agisse du vitriol bleu ou de l'alun, cette eau disparaît sans difficulté par la calcination, bien avant le degré de chaleur suffisant pour détruire complètement et irrémédiablement l'alun ou le vitriol. Nous pouvons facilement nous assurer que l'alun calciné, ou la poudre blanchâtre qu'on obtient en cuisant le sulfate cuivrique au degré voulu, ne renferment plus d'eau ni l'un ni l'autre, mais que ces deux matières fondues dans l'eau reprennent immédiatement leurs vingt-quatre ou cinq molécules. Vient à humecter le sel de cuivre, la couleur reparaît immédiatement (1). Ce n'est donc pas sans raison que l' « eau de cristallisation » est figurée à part lorsque l'on veut rappeler la constitution de l'alun ou

(1) Les chimistes ont mis à profit ce caractère intéressant du sulfate de cuivre. Pour s'assurer qu'un alcool prétendu absolu est réellement bien dépouillé d'eau, ils projettent dans le liquide du sulfate de cuivre déshydraté qui bleuit sur-le-champ pour peu que l'alcool ait conservé quelques traces d'eau.

plus généralement celle d'une combinaison hydratée quelconque ; en effet, elle n'est pas indispensable à la constitution même du composé et elle ne s'ajoute à lui que lorsqu'il est prêt à revêtir la structure régulière qui constitue en somme l'état cristallin.

Lorsque les professeurs expliquent aux élèves soit la chimie des métaux, soit les premiers principes des lois cristallographiques, après avoir présenté à leur auditoire de gros cristaux d'alun limpides et réguliers, ils montrent ensuite d'autres fragments de même apparence géométrique, mais formés d'une couche externe transparente recouvrant un noyau opaque d'un noir violacé semblable à son enveloppe. Le bloc central a été obtenu au moyen d'une mixture de sulfate chromique et de sulfate potassique qu'on a fait cristalliser, ce qui prouve que le chrome, ou plutôt le « chromicum » à l'état de sulfate, est capable, tout comme l'aluminium, d'engendrer un alun.

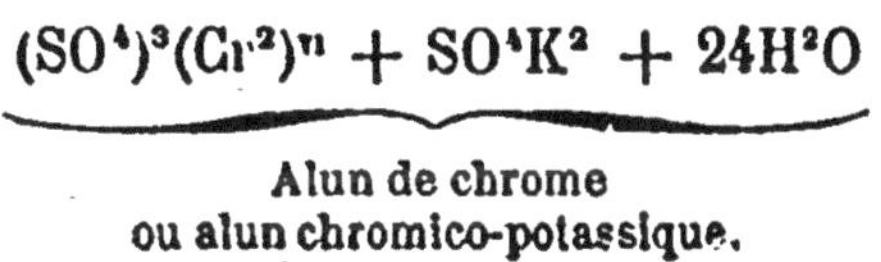

$$\underbrace{(SO^4)^3(Cr^2)^{\text{VI}} + SO^4K^2 + 24H^2O}$$

Alun de chrome
ou alun chromico-potassique.

Le cristal noir transporté ensuite dans une solution incolore d'alun ordinaire a continué régulièrement à s'accroître et à se « nourrir » absolument comme l'eût fait un fragment de ce dernier sel.

L'expérience que nous venons de citer nous prouve qu'il peut exister un autre alun correspondant à merveille, par sa composition, à l'alun vulgaire et n'en différant que par la substitution du chrome à l'aluminium, atome pour atome, et de plus elle a mis en relief la perfection d'isomorphisme de ces deux substances. Le rôle de l'aluminium peut également être confié non seulement au chrome, mais au gallium, au manganèse, au fer, sans que la forme extérieure des cristaux en soit pour cela modifiée ni leur formule typique altérée.

Reprenons le sulfate d'aluminium dissous, et comme nous l'avons naguère mélangé avec le sulfate de potassium, mélangeons-le avec les sulfates de l'un des métaux suivants : sodium, ammonium, rubidium, cœsium, thallium, argent. Nous réaliserons toute une nouvelle série d'aluns de figure constante, susceptibles d'être englobés dans une même formule générale pareille à celle de l'alun ordinaire, et capables en outre de se mêler en toutes proportions dans des cristaux mixtes. Joignons à ces substances déjà très nombreuses les aluns dans lesquels ne figure ni l'aluminium ni le potassium, comme l'alun ferrico-ammonique

$$(SO^4)^3(Fe^2)^{vi} + SO^4Am^2 + 24H^2O$$

et ceux obtenus en faisant intervenir, au lieu d'un sulfate alcalin, un séléniate de même base, et nous réaliserons un nombre de sulfates doubles vraiment énorme.

Il a été prouvé que lorsqu'on dissolvait dans l'eau un cristal d'alun ou qu'on mélangeait des solutions froides et étendues des sulfates primitifs, de manière à ce qu'aucun précipité ne se formât, on obtenait non pas une liqueur alunique proprement dite, mais une dilution aqueuse contenant les deux sels générateurs séparés. Ainsi se trouve justifiée l'écriture dualistique dont nous avons fait usage. Les aluns, en somme, ne doivent être regardés que comme des précipités cristallins de composition définie, et naturellement ils se trouvent être d'autant plus faciles à produire et d'autant plus stables que leur insolubilité est plus exagérée. Ceux dont l'aluminium constitue la base sont aussi les mieux caractérisés et leur résistance à la désagrégation par fusion aqueuse augmente à mesure que le poids atomique du métal alcalin employé s'accroît; l'alun potassique, si facile à obtenir pourtant, se forme encore moins facilement que les aluns de rubidium, de cœsium, de thallium. On remarquera un détail assez curieux : le sulfate double d'aluminium et d'argent a pu être créé; tandis que celui que devrait, selon les apparences, engendrer le lithium n'est pas connu. Ce point d'interrogation ne peut être levé qu'au moyen d'observations thermo-chimiques combinées avec de nombreuses mesures des coefficients de solubilités des sulfates alcalins.

Nous en avons fini avec les sels doubles. Certes la matière est bien loin d'être épuisée ; mais nous pensons que les combinaisons dont le tour se présenteront, bien que méritant une étude attentive, nous entraîneraient trop loin du programme que nous nous sommes fixé : l'étude des molécules proprement dites. Or, la question de savoir si l'unité moléculaire est bien rigoureuse soit dans les sels hydratés, soit dans les iodomercurates (1), soit dans les sels acides étudiés par M. Engel, est des plus délicates et des plus contestées. L'acide fluorhydrique en particulier tend si bien à s'unir molécule pour molécule aux fluorures, tels que les fluorures de potassium, et les fluorures, de leur côté, sont si disposés à s'unir entre eux que la question de la basicité véritable de l'acide fluorhydrique devenait assez difficile à trancher. M. Raoult, en prouvant que cet acide est réellement monobasique, a levé toute ambiguïté, mais ce fait même, suffisamment généralisé, conduit à penser que les sels doubles peuvent être divisés en deux classes, suivant que les deux molécules intégrantes se

(1) Le sel double nommé iodomercurate de potassium $HgI^2,2KI$, prend naissance quand on sature une solution de chlorure mercurique $HgCl^2$ par de l'iodure de potassium, de façon que le précipité rouge qui se forme d'abord se redissolve ensuite.

fondent ou bien se juxtaposent simplement. On obtiendrait tantôt des sels simples par leurs fonctions, mais de structure complexe, tantôt de véritables « confédérations » auxquelles conviendrait exclusivement le terme de sel double. Seulement, et c'est là que gît la difficulté, entre ces deux pôles extrêmes ne se trouve-t-il pas des exemples d'associations de nature intermédiaire ?

Remarques au sujet de quelques-unes des propriétés physiologiques et physiques des sels. — Il a été déjà question dans le cours du chapitre II, au paragraphe consacré à l'examen des triades, de quelques règles assez curieuses relatives à la nocuité ou l'innocuité des sels; pour tout ce qui concerne ce dernier point nous renverrons le lecteur au paragraphe cité.

Il serait tout à fait impossible de formuler aucune remarque absolument générale au sujet de la propriété dont jouissent la plupart des sels de se fondre dans l'eau. On sait que les sels alcalins (1er groupe mendelévien) sont les plus solubles de tous et que ceux qui dérivent des métaux alcalino-terreux viennent ensuite. On n'ignore pas qu'en général, un type salin étant fixé, sa solubilité, soit dans l'eau, soit dans tout autre véhicule, s'affaiblit à mesure que l'on passe d'un terme d'une triade à l'autre terme supérieur. Le chlorure mercurique ou sublimé corrosif $HgCl^2$ se diffuse assez bien dans l'eau et l'alcool, surtout à chaud; le bromure moins aisément; l'iodure est presque insoluble.

Deux métaux, l'argent [1] et le plomb, forment des sels remarquables par leur défaut d'aptitude à se mêler à

(1) L'insolubilité absolue des autres composés haloïdes de l'argent d'une part, et, d'autre part, celle des fluosilicates de potassium et de sodium, fait d'autant mieux ressortir la solubilité relative du fluorure d'argent et du fluosilicate de même base. L'exception confirme la règle.

l'eau et aux autres dissolvants neutres ; il n'est peut-être pas inutile de faire observer que leurs poids atomiques (108 et 207) sont presque exactement doubles l'un de l'autre.

Les liqueurs salines une fois obtenues jouissent de diverses propriétés remarquables dont l'étude, encore très incomplète, s'annonce aux savants de l'avenir comme devant fournir de nombreux résultats propres à éclairer la philosophie chimique. N'oublions pas quel parti M. Raoult a su tirer d'un sujet en apparence complètement étranger à la chimie et qui semblait devoir n'intéresser que les physiciens.

Nous terminerons ce chapitre, déjà trop long et que nous avons dû cependant bien abréger, par quelques réflexions sur la couleur des sels. Humides ou secs, les composés du chrome, du manganèse, du fer, du nickel, du cobalt (poids at. 52 à 59) et les dérivés du cuivre, dont l'atome n'est guère plus lourd (63), présentent souvent de fort belles teintes ; il suffit de mentionner le jaune citron du chromate de potassium, le rouge ponceau du bichromate, le violet du permanganate, le vert élégant du sulfate ferreux, le rouge ou le bleu foncé des sels cobalteux, le bleu foncé du sulfate cuivrique. Augmentons de soixante et quelques unités la moyenne des nombres précédents et nous tombons dans le voisinage d'un corps électro-négatif : l'iode (127). Les iodures alcalins et alcalino-terreux sont incolores, il est vrai ; mais la nuance jaune de l'iodure de plomb, la coloration jaune ou rouge de l'iodure mercurique, contraste avec la blancheur des chlorures correspondants, en sorte que la teinte proviendrait réellement de la présence de l'iode. Franchissons maintenant un intervalle à peu près aussi considérable que le premier : le platine et l'or (194 et 196) se présentent. Ces deux métaux ne se réunissent pas aux radicaux acides oxygénés ; néanmoins, les exemples nous feront si peu défaut, que nous mentionnerons tout au plus en passant le jaune intense des chlorures aurique et platinique. Nous aimons mieux signaler, pour le platine, les éclatantes couleurs des platinocyanures (le platinocyanure de potassium s'écrit $PtCy^4K^2$), et en ce qui concerne l'or, le « pourpre de Cassius », qu'on obtient en mélangeant le chlorure d'or au chlorure stanneux souillé de chlorure stannique.

Un savant chimiste anglais, M. Carnelley, écrit les couleurs dans l'ordre suivant (la succession est la même que dans le spectre) :

Blanc, violet, indigo, bleu, vert, jaune, orangé, rouge, brun, noir.

Il choisit un composé binaire ou même une substance formée d'un élément simple unie à un radical et présentant approximativement une coloration marquée par un terme de cette liste et transforme la molécule, tantôt en augmentant le nombre des atomes métalloïdiques sans modifier la composition qualitative, tantôt en remplaçant quelques atomes d'un des constituants par un nombre égal d'autres atomes choisis dans les tons supérieurs de la même tribu mendelévienne. Ceci posé, l'auteur prend note de la teinte du nouveau sel et remarque que presque toujours elle se trouve inscrite à *droite* de la nuance primitive.

En effet :

1° Par accroissement du principe électro-négatif, on passe :

Du chlorure cuivreux *incolore* au chlorure cuivrique *vert* ou *vert bleu;*

Du ferrocyanure de potassium *jaune* au ferricyanure de potassium *rouge;*

Du chromate de potassium *jaune* au bichromate de potassium *rouge;*

Du manganate de potassium MnO^4K^2 *vert* au permanganate de potassium *rouge foncé;*

2° Par substitution d'atomes de même fonction, mais de poids atomiques croissants, on passe :

Du sulfure de zinc *blanc* au sulfure de cadmium *jaune;*
Du sulfure de cadmium *jaune* au sulfure de mercure *rouge* ou *noir;*
Du bromure de plomb *incolore* à l'iodure de plomb *jaune.*

Toutefois la propension indiquée par M. Carnelley ne se manifeste pas toujours aussi nettement. La première règle, qui paraît la plus nette des deux, souffre néanmoins plusieurs exceptions, parmi lesquelles plusieurs se présentent immédiatement à l'esprit. Le *réalgar* As^2S^2 est *rouge* et l'*orpiment* As^2S^3 *jaune;* l'ordre théorique des couleurs est interverti de même que pour le sulfure stanneux (*brun*) et le sulfure stannique ou *or mussif* (*jaune*). Néanmoins l'hypothèse de M. Carnelley, toute discutable qu'elle est, nous a paru digne d'être mentionnée; elle peut d'ailleurs servir de point de départ et de base pour les recherches de l'avenir.

§ V. — Cristallisation et isomorphisme.

Au moyen de divers procédés que nous ne pouvons énumérer ici, il est possible d'amener un grand nombre de sels ou de composés chimiques sous la forme cristalline que présentent dans la nature, plus ou moins confusément, les minéraux et les matériaux des roches examinées au microscope. Sous cet état particulier, l'aspect extérieur de la matière présente une certaine régularité typique, laquelle, pour ne pas équivaloir à celle des modèles en bois qu'on montre aux élèves dans les cours de chimie et de minéralogie, n'en est pas moins frappante. Les octaèdres de l'alun, les cubes de la fluorine, le prisme hexagonal doublement pyramidé du quartz, sont aisés à reconnaître, et, de plus, constituent des formes caractéristiques et exclusives de ces mêmes corps.

D'autres fois, il faut beaucoup de soin et d'attention pour reconnaître l'état cristallisé, et bien plus encore pour en donner un signalement précis. La complication peut devenir extrême et nous ne saurions même expliquer la difficulté du problème qu'il s'agit de résoudre. Mais, en somme, la symétrie manifeste des cristaux n'a d'importance que parce que l'étude raisonnée de cette structure a révélé aux savants la constitution moléculaire interne de ces mêmes cristaux, caractère autrement essentiel et peut-être plus facile à étudier.

Il nous faut d'abord expliquer ce qu'on entend par « édifice moléculaire ». Ce nom désigne un polyèdre bâti avec des atomes comme une construction est faite de briques ou de pierres de taille. Tous les corps solides ou liquides, tous les sels, tous les minéraux, résultent de l'agglomération d'une foule immense de ces minuscules associations. Chacun de ces polyèdres, identiquement pareils entre eux, ne peut, cela va sans dire, contenir moins d'une molécule, mais, d'autre part, il est possible et probable que ces associations sont constituées de deux, trois, quatre,... ou peut-être d'un grand nombre de molécules assemblées. Chacune de celles-ci conserve son individualité et conquiert du reste sa complète indépendance lorsque la substance se volatilise.

Si la matière, au lieu d'être cristallisée, affecte l'état *amorphe* comme il arrive pour le verre ou la silice des cailloux, les polyèdres moléculaires n'ont pas d'orientation fixe et sont entassés au hasard sans aucun ordre.

Suivant les idées de Bravais, universellement admises aujourd'hui dans la science, tous les édifices moléculaires, orientés dans le même sens, sont alignés au sein du cristal, à intervalles réguliers, le long de *rangées*.

Celles-ci s'assemblent symétriquement en files parallèles et engendrent ainsi un *plan réticulaire*. Ce dernier terme signifie que nos édifices moléculaires sont disposés à peu près comme les nœuds des mailles d'un filet. On peut aussi observer qu'un plan réticulaire ressemble assez bien à une vigne nouvellement plantée dont les sarments tous parallèles entre eux répondent aux agglomérations d'atomes; le long d'une même direction les intervalles entre les souches ou entre les particules sont invariables. De plus, suivant les habitudes locales, les théories agricoles ou la routine du vigneron, l'écartement d'un pied à l'autre varie; ici l'on plante en carré, là en quinconces, plus loin en rectangles. En cristallographie, la règle est la même, mais la disposition de l'assemblage reste invariable pour une substance donnée. Enfin la réunion d'un grand nombre de plans réticulaires ou strates constitue l'individu cristallin dans lequel d'innombrables édifices moléculaires sont tous alignés dans le même sens.

Au moyen d'un raisonnement fort simple, on peut démontrer qu'il existe dans un réseau, en sus des rangées qui ont servi de point de départ pour en concevoir la disposition, plusieurs autres systèmes de rangées obtenus en joignant les nœuds les uns aux autres et, de même, il se trouve d'autres directions de plans réticulaires que celles utilisées par la construction primitive. Certains plans sont fort riches en particules, et d'autres, moins abondamment pourvus, ne contiennent que des nœuds clairsemés; en d'autres termes, la maille peut être resserrée ou large. Dans les plans où la matière est copieusement accumulée, la cohésion est fort grande; au contraire elle atteint son minimum suivant les directions à nœuds relativement éloignés. Ainsi peut s'expliquer le *clivage*, ce phénomène si apparent dans le gypse et dans le mica; les feuillets qui se décollent avec tant de facilité constituent des plans réticulaires à maille étroite. Les facettes des cristaux produits dans la nature ou créés dans les laboratoires correspondent toutes à des plans réticulaires importants, et les arêtes qui les limitent coïncident avec des rangées sur lesquelles les particules intégrantes se pressent les unes contre les autres.

Guidé par le seul raisonnement théorique, Bravais a pu établir mathématiquement que tous les systèmes réticulaires, si variés qu'ils soient, peuvent se ramener à sept types principaux différant entre eux par le degré de leur symétrie et qu'il ne saurait y avoir d'exception à cette règle. Bien auparavant, Haüy, le fondateur de la cristallographie, avait déjà divisé tous les cristaux possibles en six ordres ; et, chose curieuse, cette classification fondée sur le seul examen extérieur des minéraux, s'est trouvée plus tard correspondre parfaitement avec les déductions abstraites de l'analyse, sauf une modification insignifiante qu'on a dû introduire en dédoublant en deux séries distinctes une seule des classes d'Haüy (1).

Nous avons déjà parlé des aluns, de leur facilité à cristalliser, de leur identité d'apparence, de leur aptitude à se mélanger en toute proportion dans leurs octaèdres, de même qu'un cristal formé par l'un d'entre eux continue à se « nourrir » dans la solution d'un autre sel d'alun. Ces propriétés caractérisent et définissent l'*iso-*

(1) Voici la nomenclature des sept systèmes cristallins. Tous sont indifféremment désignés par deux expressions synonymes : l'une, abstraite ou scientifique, due à Bravais; l'autre, plus concrète et plus usitée dans le langage courant, conforme aux notations d'Haüy et Delafosse.

Systèmes : 1° *terquaternaire* ou *cubique;* 2° *quaternaire* ou *du prisme à base carrée;* 3° *sénaire* ou *hexagonal;* 4° *ternaire* ou *rhomboédrique;* 5° *terbinaire* ou *rhombique;* 6° *binaire* ou *monoclinique;* 7° *asymétrique* ou *triclinique.* Haüy ne distinguait pas le troisième système du quatrième.

morphisme; d'un autre côté, tous les corps appartenant au groupe dont nous parlons peuvent être représentés par la formule générale

$$(SO^4)^3R^2 + SO^4R'^2 + 24H^2O,$$

dans laquelle la lettre R représente de l'aluminium, du chrome, du « ferricum », du gallium, etc., et R' du potassium, du sodium, du rubidium, du thallium... Les chimistes ont même réussi à préparer des aluns dans lesquels le soufre a fait place au sélénium, second terme de la triade dont le soufre est le chef.

On ignore, et peut-être on ne le saura jamais, quel rapport existe entre la forme du polyèdre moléculaire et la nature du réseau. Tout ce que l'on peut affirmer, c'est que ces deux éléments ont une relation intime l'un avec l'autre, puisqu'une substance chimique donnée, dans des conditions qui sont toujours les mêmes, revêt constamment la même apparence extérieure. Il est permis de préjuger que lors de la cristallisation, les rangées, les mailles, les plans réticulaires, se disposent et s'orientent de façon à ce que la symétrie de l'assemblage général coïncide, autant que faire se peut, avec celle de l'édifice atomique, et cette condition est d'autant plus nécessaire qu'il ne faut pas perdre de vue que l'état cristallin est, dans la nature, la condition régulière et normale, au lieu que l'état amorphe ne constitue que l'exception.

Ceci posé, considérons le polyèdre moléculaire de l'alun potassique ; de sa structure dépend la symétrie cubique et l'apparence octaédrique caractérisant l'alun. Remplaçons dans la molécule saline les deux atomes d'aluminium par deux atomes de chrome : le changement sera d'assez peu d'importance pour que notre nouveau polyèdre conserve sa figure et son équilibre primitif, et il en serait de même si le potassium faisait place au sodium, par exemple. A la persistance du polyèdre moléculaire correspond l'invariabilité de l'organisation cristalline; celle-ci en somme ne change pas, parce qu'à des atomes doués de certaines propriétés et jouant un certain rôle, nous en avons substitué d'autres à peu près équivalents. Enfin, nous aurions pu même troquer nos deux potassiums contre deux molécules d'ammonium, radical composé de nature assurément bien différente. Les raisonnements précédents ne méritent pas d'être taxés de cercle vicieux, reproche qu'on serait tenté de leur adresser, car, en dehors de tout examen cristallographique, la ressemblance de l'aluminium avec le chrome et le fer d'une part, du potassium avec le sodium et l'ammonium de l'autre, est absolument frappante et ne saurait être mise en doute. Au contraire, l'isomorphisme, une fois reconnu et constaté, peut servir de base pour rapprocher les uns des autres certains éléments doués d'allures plus personnelles. Quel meilleur argument pourrait-on employer quand il s'agit de réunir le gallium à l'aluminium, et d'assimiler l'argent et le thallium aux métaux alcalins?

Puisque nous avons parlé de l'aluminium, rappelons au sujet de ce métal que c'est précisément l'analogie du corindon ou alumine cristallisé avec le sesquioxyde de fer Fe^2O^3 qui a conduit Berzélius à formuler l'alumine Al^2O^3, d'où le poids atomique $Al = 27$. Actuellement cette supposition nous semble *a priori* très légitime, mais alors elle était très hardie, car on se figurait que dans sa combinaison la moins oxygénée, un corps simple devait toujours s'unir à un seul atome d'oxygène et cette sorte de pétition de principe conduisait à la notation AlO.

Plus tard, la notion de l'isomorphisme est venue prêter main-forte à la théorie atomique quand il s'est agi d'assigner des symboles aux sulfures de cuivre et d'argent, et de fixer le rapport des poids atomiques des deux métaux. L'apparence cristalline étant la même, les formules doivent être pareilles : Cu^2S et Ag^2S (1). Alors les poids atomiques de l'argent et du cuivre sont également conformes à la loi de Dulong et Petit, à laquelle l'ancien « équivalent » de l'argent ne satisfaisait pas.

La loi de l'isomorphisme, énoncée en 1817 par Mitscherlich à la suite de l'étude comparative des phosphates et des arséniates cristallisés, a longtemps été considérée comme une règle mathématique. « Les substances isomorphes, disait-on alors, sont celles qui fournissent des cristaux absolument comparables au point de vue géométrique, au sein desquels elles peuvent se mélanger en toutes proportions; alors les composés en question ont forcément une constitution chimique semblable, même nombre d'atomes dans la molécule et des atomes de même nature. Réciproquement il y a de fortes chances pour que des matières dont les formules soient analogues se trouvent reconnues isomorphes lorsqu'elles cristallisent. »

Ainsi formulé dans toute sa rigueur, le principe est inexact; en somme l'isomorphisme ne doit être considéré que comme une propension, tantôt plus nette, tantôt moins accusée, mais essentiellement relative.

Il arrive que les symboles des sels que l'on veut comparer sont absolument pareils, comme on le constate pour la série des carbonates suivants :

(1) Ces deux combinaisons ne sont pourtant pas constituées d'une façon absolument identique. Les formules développées

montrent que les atomes de cuivre sont réunis entre eux par un lien, au lieu que les atomes d'argent sont indépendants.

Spath calcaire. .	CO^3Ca	Sidérose.	CO^3Fe
Giobertite. . . .	CO^3Mg	Smithsonite . . .	CO^3Zn
Diallogite. . . .	CO^3Mn		

tandis que l'apparence des cristaux ne change pas. Mais une étude cristallographique plus attentive prouve que l'angle dièdre formé par deux faces données n'est pas toujours identique à lui-même et varie légèrement lorsque l'on passe du carbonate calcaire au carbonate magnésien, par exemple. Cela n'empêche pas que dans la nature on ne trouve des échantillons dans lesquels le mélange est parfait, mais alors l'angle prend une valeur intermédiaire entre les deux limites extrêmes propres aux deux composants. Il est probable qu'en pareil cas, à une différence infime dans la constitution et l'équilibre du polyèdre moléculaire, soit calcique, soit magnésique, correspond une transformation du réseau, médiocre sans doute, mais cependant susceptible d'infléchir d'une façon appréciable l'orientation des plans réticulaires les plus essentiels. Il est rare que les rhomboèdres de spath d'Islande ne renferment pas un peu de magnésie, dont les molécules, noyées au sein du calcaire, ont dû se plier aux exigences de la masse dominante. Mais pour peu que la proportion de magnésie augmente, l'influence de celle-ci devient assez forte pour provoquer l'équilibre interne et la forme géométrique externe propre à cette dernière substance ; la chaux agissant de son côté en sens inverse, il s'établit une sorte de *modus vivendi* qui ne satisfait complètement aucun des deux constituants, mais dont ils peuvent à la rigueur s'accommoder l'un et l'autre. De là l'angle moyen des cristaux mixtes.

Dans l'exemple que nous venons de citer, nous avons vu la forme d'un cristal se modifier légèrement avec la constitution chimique : ce dernier caractère peut aussi être influencé par les apparences externes. Expliquons-nous : les sulfates des métaux lourds les plus importants auxquels on peut joindre le sulfate de magnésium cristallisent toujours avec un certain nombre de molécules d'eau, 5, 6 ou 7, suivant les cas. En particulier, le sulfate magnésien exige 7 molécules et engendre des cristaux appartenant au système rhombique ; il en est de même des sulfates de zinc, de nickel, de cadmium. Au contraire, les sulfates ferreux, manganeux et cobalteux, tout en s'associant à 7 molécules d'eau, comme les précédents, se rattachent au système monoclinique. Quant au sulfate de cuivre, sa forme dérive du prisme triclinique et il ne se réunit qu'à 5 molécules d'eau. Toutefois le même sulfate, en solution aqueuse, confondu avec un grand excès de sulfate de fer, adopte en cristallisant la forme de ce dernier et complète l'eau qui lui fait défaut. Inversement, le vitriol vert mêlé à une forte proportion de vitriol bleu, lorsqu'il se dépose à l'état solide en même temps que son congénère, revêt sa figure, et comme lui se contente d'une hydratation à 5 molécules. Toutefois le mélange des deux sels à proportions égales dans les cristaux est irréalisable ; il faut toujours un fort excès d'une matière pour entraîner l'autre à revêtir l'aspect qui ne lui est pas habituel, phénomène corrélatif d'une hydratation anormale. Quoi qu'il en soit, il est très difficile d'obtenir dans le commerce du sulfate de cuivre chimiquement pur : même bien cristallisé et transparent, le vitriol bleu contient toujours du sulfate ferreux dont la dose est trop faible pour altérer la couleur, mais assez notable pour faire échouer certaines réactions minutieuses de laboratoire.

Ces restrictions, en somme, n'ont qu'une assez médiocre importance. Il existe des difficultés beaucoup plus sérieuses : considérons la silice SiO^2 et l'eau H^2O, formées l'une et l'autre de deux atomes de même nature accolés à un troisième de genre différent. Les cristaux de givre, que tout le monde a pu observer en hiver, trahissent, même aux yeux de l'observateur le plus inattentif, la symétrie hexagonale; et, d'un autre côté, avec son prisme bipyramidé à 6 pans, le quartz, lui aussi, semble se rattacher au même système. En réalité, l'eau congelée est bien hexagonale, mais la silice est ternaire, c'est-à-dire que sa forme dérive du rhomboèdre solide, voisin cristallographiquement du prisme hexagonal, mais néanmoins distinct de ce dernier. L'anomalie s'atténue si l'on tient compte de notre ignorance relativement au véritable poids moléculaire de la silice, lequel est inconnu et peut être très considérable. L'eau, molécule indiscutablement ternaire, ne saurait être comparée à un groupe renfermant peut-être quinze ou dix-huit atomes !

Fréquemment, les chimistes ont discuté entre eux pour décider si le carbonate calcaire CO^3Ca était ou non isomorphe avec le nitre AzO^3K. Ici, les grandeurs moléculaires sont mesurables et ont été reconnues égales (1), mais du carbone à l'azote et du calcium au potassium, la différence est telle que les édifices moléculaires, bien que dérivant, selon toute probabilité, du même ordre d'architecture, n'ont qu'une analogie confuse et engendrent des réseaux à peu près pareils, mais néanmoins assez dissemblables pour qu'un même individu cristallin ne puisse les réunir à la fois.

Inversement, l'isomorphisme des chlorures alcalins avec le chlorure d'ammonium saute aux yeux, bien qu'à première vue, le groupement hexatomique AzH^4Cl ne semble guère comparable au simple assemblage dualis-

(1) L'azotate de potassium est soluble dans l'eau et peut être soumis à l'épreuve de la méthode Raoult. Avec le carbonate calcique, il faut procéder par voie détournée et jauger sa molécule en la comparant à celle du carbonate éthylique $(CO^3)''(C^2H^5)^2$.

tique NaCl. L'embarras serait bien plus grand si l'on envisageait l'interminable série des chlorures d'ammoniums composés découverts à la suite des premiers travaux de Würtz. Tel d'entre eux, sosie du sel marin et du sel ammoniac sous le rapport cristallographique, n'englobe pas moins de vingt-quatre atomes dans sa molécule.

$$Az^{v}\,(CH^{3})\,(C^{2}H^{5})\,(C^{3}H^{7})\,HCl = AzC^{6}H^{16}Cl.$$

En résumé, pour qu'à la suite d'une ou plusieurs substitutions un assemblage moléculaire conserve assez son caractère primitif pour que la disposition du réseau, et, par suite, la forme extérieure du cristal, ne soient pas altérées, il n'est nullement nécessaire et parfois il ne suffit pas que les atomes ne varient pas en nombre. Il faut que la différence de l'atome remplacé à l'atome remplaçant ne surpasse pas une certaine limite, et, de plus, de nombreux atomes peuvent s'ajuster aux lieu et place d'un seul, de façon à ne pas compromettre la stabilité de la charpente s'ils remplissent certaines conditions encore imparfaitement connues, mais dépendant peut-être de leur légèreté (1).

La loi de l'isomorphisme a rendu aux chimistes théoriciens les plus grands services en leur permettant d'estimer la valence des corps simples. En effet, tout d'abord l'on remarqua un point essentiel : c'est que les combinaisons du même ordre d'éléments voisins et de valence identique, — chlore et brome, — phosphore et arsenic,

(1) En sus de deux termes constants, l'azote et le chlore, les chlorures d'ammoniums composés renferment des atomes de carbone et d'hydrogène, les premiers médiocrement lourds, les seconds de poids très faible. Ces derniers peuvent être comparés aux planches et aux poutres d'un échafaudage très compliqué, et néanmoins, au point de vue de l'équilibre général, correspondant à une construction simple bâtie en pierres de taille.

— potassium et sodium, — calcium et baryum, — affectaient presque toujours à l'état cristallin des formes semblables. L'on partit de cette base pour conjecturer quelle était, dans certains cas douteux ou ambigus, la capacité de saturation d'une substance primitive, en se basant sur l'examen cristallographique des sels ou minéraux qu'elle engendrait. Effectivement, le parallélisme des fluorures avec les sels haloïdes fournit à Ampère des arguments propres à confirmer la monovalence du fluor ; de même la tétravalence probable de l'aluminium, à basse température, n'a été invoquée qu'à raison de l'affinité de forme de l'alumine avec le sexquioxyde de fer.

Toutefois, en pareille matière, il ne faut pas trop se hâter de conclure, sinon les bévues sont à craindre. C'est une question d'isomorphisme mal comprise qui a longtemps égaré les savants au sujet du poids atomique et de la valence du glucinium, jusqu'à ce que les recherches de Nilson et Pettersson soient venues corroborer les pressentiments de Mendeléjeff, en attribuant à l'oxyde de glucinium la formule GlO et non le symbole Gl^2O^3, bien qu'à la vérité les apparences externes de l'alumine et de la glucine soient les mêmes (1). Les sulfures cuivreux et argentique sont isomorphes et les formules se correspondent. En est-il de même des valences ? Assurément non ; elles sont même de parités différentes.

Lorsqu'une molécule minérale est riche en atomes, lorsque son polyèdre moléculaire est de structure compliquée, ce dernier peut, sans trop de difficulté, subir certaines modifications ou substitutions qui ne produi-

(1) Il est probable que la coïncidence de structure de GlO avec Al^2O^3 n'est que fortuite. Au contraire, la glucine serait véritablement isomorphe avec l'oxyde de zinc ZnO.

sent pas de changements sensibles dans son équilibre, mais qui bouleverseraient complètement un édifice construit sur un modèle plus simple. On comprend sans peine que le sulfate de potassium, par exemple, ne puisse être isomorphe avec le sulfate de calcium ; la substitution d'un atome de calcium à deux atomes de potassium troublerait par trop l'équilibre général. Le plan primitif ne pouvant plus persister, un nouvel arrangement prend naissance, correspondant à un réseau tout à fait différent du premier. Au contraire, envisageons les micas, dont les molécules sont tellement riches en atomes que les minéralogistes ont dû renoncer à leur appliquer une formule chimique définie ; l'analyse élémentaire nous prouve que le potassium peut s'échanger contre de l'aluminium sans modification dans les apparences ou les propriétés du minéral. Ou bien encore, examinons les feldspaths qui renferment de l'alumine et de la silice unis à une substance alcaline, potasse ou soude. A la place du potassium ou du sodium glissons du calcium : le nombre des atomes variera, mais le changement est assez médiocre pour que la structure générale de l'édifice et celui du système réticulaire restent immuables.

Il est permis d'espérer que l'étude raisonnée de l'isomorphisme, poursuivie surtout au point de vue de ces phénomènes de compromission et combinée avec les notions mathématiques que l'on possède relativement à la texture des réseaux, conduira un jour à la connaissance complète de l'architecture des polyèdres moléculaires. Plusieurs circonstances contribuent à aggraver les difficultés de la question. Nous n'allons pas les énumérer toutes ici : nous n'en citerons que deux. N'est-il pas possible et probable que les *molécules cristallographiques* comprennent à elles seules plusieurs *molécules chimiques?* Celles-ci se trouvent forcément linéaires si elles n'ont que deux atomes (iodure de potassium), planes si elles n'en contiennent que trois (chlorure de plomb), et tout au plus tétraédriques si elles en renferment quatre (chlorure d'or). Or, une telle simplicité d'architecture cadre mal avec la haute complication de certains phénomènes. Toutefois, l'édifice moléculaire de minéraux ou de sels tels que la topaze, l'émeraude, le sulfate de cuivre, peut être supposé bâti avec le seul concours d'une molécule isolée, parce qu'alors les atomes constituants sont fort nombreux et se prêtent à tel arrangement qu'on voudra [1]. Ensuite plusieurs cristallographes, parmi lesquels se trouve M. Mallard, professeur à l'École des Mines, ont acquis la conviction que souvent des cristaux appartenant à des systèmes dépourvus de symétrie peuvent se grouper en « macles » ou association d'individus cristallins, de manière à simuler extérieurement un solide unique beaucoup plus régulier. Par exemple, l'on a dû extraire du système cubique plusieurs minéraux jadis considérés comme faisant partie de ce groupe et les reporter bien loin, jusque dans les catégories des matières monocliniques ou tricliniques. Tel a été le sort du grenat, de la boracite, de l'amphigène et de bien d'autres substances, tandis que certains cristaux prétendus quadratiques, rhombiques, hexagonaux, ont rétrogradé d'un ou deux rangs, comme le mica. Et il n'est pas dit que cet affaiblissement des systèmes supérieurs, provoqué par l'amélioration incessante des méthodes optiques, ne déclasse encore d'autres corps transparents [2].

(1) Les formules respectives des trois composés que nous avons cités s'écrivent ainsi :

Topaze : $SiO^4 (Al^2F^2)^{iv}$ (9 atomes).
Émeraude : $Al^2O^3 . 3GlO . 6SiO^2$ (29 atomes).
Sulfate de cuivre : $SO^4Cu + 5H^2O$ (21 atomes).

(2) Naturellement les cristaux opaques ou simplement translucides échappent à tout contrôle et conserveront à perpétuité le rang que leur assigne leur apparence externe.

Par malheur, des observations de cet ordre ne sont pas de nature à encourager le chercheur qui, croyant toucher au but, s'aperçoit qu'il s'est trompé de direction et que ses efforts ont été inutiles. Gaudin, dont les travaux de chimie minérale, spécialement entrepris en vue de parvenir à la reproduction artificielle des pierres précieuses, sont justement estimés et ont ouvert la voie à d'autres chercheurs, s'était efforcé d'établir une corrélation entre la forme extérieure des corps cristallisés et la structure de leur polyèdre moléculaire, construit d'après leur formule chimique (1). Par malheur, Gaudin s'est servi d'une notation surannée qui ne coïncide que partiellement avec celle dont nous usons dans le cours de cet ouvrage et qui diffère même de celle employée par M. Berthelot.

Voulant donner une idée succincte de la marche suivie par cet auteur, nous choisirons comme exemple le polyèdre atomique du chlorure de calcium hydraté $CaCl^2 + 6 H^2O$. Partant du principe que, tout déliquescent qu'il est, ce sel s'agglomère en cristaux dont la figure est le prisme hexagonal droit, Gaudin suppose, hypothèse assez vraisemblable, du reste, que le polyèdre constitué par les atomes présente la même structure. Dès lors, l'équilibre ne peut guère se concevoir qu'à la condition de placer :

Au centre de la charpente et au milieu de l'axe, l'atome unique de calcium;

Aux centres respectifs des deux polygones de base et aux deux extrémités de l'axe central, les deux atomes de chlore;

Au milieu de chaque arête et entourant le calcium, les 6 atomes d'oxygène ;

(1) *L'Architecture du monde des atomes*, par M. A. Gaudin. Paris, Gauthier-Villars.

Aux sommets de chaque hexagone terminal, les douze hydrogènes.

Tout séduisants qu'ils paraissent, de semblables jeux d'esprit sont en réalité infiniment moins utiles à l'avancement de la science que des travaux d'analyse patients et obscurs. On n'a le droit de se lancer en pleine synthèse que lorsque toutes les questions d'analyse ont été épuisées.

CHAPITRE IV

LA CHIMIE ORGANIQUE

§ I. — Coup d'œil d'ensemble sur la chimie organique.

Objet de la chimie organique. — Il y a cinquante ou soixante ans, un savant auquel on aurait posé la question suivante : qu'est-ce que la chimie organique ? aurait aussitôt répondu : « La chimie organique constitue une branche de la chimie tout à fait spéciale et distincte. Elle nous enseigne l'art de retirer des tissus des animaux ou des plantes, soit sauvages soit cultivées, les principes immédiats formés sous l'influence mystérieuse de la vie, nous fournit quelques indications relativement à la nature de ces mêmes principes, nous explique leurs propriétés et nous apprend même, dans un certain nombre de cas, à les transformer les uns dans les autres. Elle nous montre que si on soumet à l'analyse élémentaire les substances organiques, on peut en retirer invariablement du carbone, toujours de l'hydrogène, presque toujours de l'oxygène, fort souvent de l'azote, rarement du soufre et du phosphore. Mais s'il est possible de fabriquer de l'eau avec de l'oxygène et de l'hydrogène ou de l'ammoniaque avec de l'hydrogène ou de l'azote, il est impossible de reconstituer, une fois détruites, les combinaisons organiques dont l'origine nous échappe complètement. »

Si l'on répétait la même demande en 1888, on entendrait une explication passablement différente de celle exprimée ci-dessus. « On appelle tout simplement chimie organique la chimie des composés du carbone. Cette science particulière est régie par des lois et des formules assez simples et uniformes, mais, du reste, complètement pareilles à celles qui gouvernent les allures des autres combinaisons chimiques. En bonne règle, la doctrine est une, et, si l'on continue d'enseigner séparément l'histoire des dérivés du carbone et celle des autres combinaisons, cela tient d'abord à la routine consacrée par l'usage et les programmes, puis à ce que l'on préfère étudier à part et en dernier lieu les théories les plus élevées et les plus abstraites de la science moderne, enfin, à ce que l'on veut éviter de couper d'une façon par trop bizarre la chimie des métalloïdes. » Au surplus, les progrès incessants de la théorie et de l'expérience, marchant toutes deux côte à côte, contribuent chaque année à grossir les ouvrages réservés aux seuls composés du carbone, tandis que les livres de chimie inorganique n'augmentent pas sensiblement d'une édition à la suivante. Depuis trente ans la synthèse et l'analyse ont fait merveille au point qu'il n'existe que bien peu de matières que l'homme ait été impuissant à reformer de toutes pièces en partant des éléments, et moins encore de substances dont on ignore la statique moléculaire. Toutefois, à ce propos, il importe de distinguer avec soin la chimie organique proprement dite de la *chimie biologique*. Cette dernière, dont le rôle médical est des plus essentiels, s'occupe des caractères de certains aggrégats fort complexes de composition chimique variable garnissant des cellules ou des vaisseaux ou constituant des globules qui se forment uniquement à l'intérieur des corps vivants, et qui, après la mort de la plante ou de l'animal subissent la putréfaction. Tels sont : l'albumine, le sang, la bile, la chair, etc. Toute synthèse est alors irréalisable; le pouvoir du chimiste ne va pas jusqu'à la reconstitution d'un ensemble qu'il peut seulement détruire.

Revenons à la description des molécules proprement dites. Dans les ouvrages publiés jusqu'à ce jour, on n'a pas voulu, et à juste raison, reléguer jusqu'en chimie organique, après les chapitres relatifs aux métaux, l'étude d'un certain nombre de combinaisons carbonées. En se relâchant un peu de la stricte rigueur qu'exige la théorie, après la description de toutes les variétés de carbone connues, depuis le diamant jusqu'au charbon de sucre, les auteurs examinent : l'acide carbonique et son anhydride à cause de son importance dans la nature, et à cause de ses sels calcaires, sodiques ou potassiques, — l'oxyde de carbone à raison de ses relations intimes avec l'anhydride carbonique, — le sulfure de carbone parce qu'il est parallèle à ce dernier, — parfois le carbure d'hydrogène nommé acétylène, lequel, à l'exemple de l'oxyde et du sulfure, se forme par union directe des deux éléments constitutifs, — souvent le gaz des marais, le cyanogène et l'acide cyanhydrique. Mais cela n'empêche pas que tous ces dérivés, sans exception, ont leur place marquée dans la vaste série organique, et loin de jouir d'une constitution à part, ne se distinguent en rien de leurs homologues, sinon au point de vue de leur rôle économique, hygiénique ou industriel.

Application en chimie organique des principes fondamentaux de la théorie atomique. — Nous avons posé en principe, et nous nous sommes efforcé de le faire comprendre, que la théorie atomique découlait comme conséquence simple et évidente de la loi de Lavoisier ou des poids, — de la règle des proportions définies, —

de celle des proportions multiples, toutes trois rationnellement combinées avec le principe d'Avogadro, la doctrine étant de plus confirmée et éclaircie par les découvertes de Dulong et Petit et de Mitscherlich. Nous avons laissé pressentir qu'en chimie organique, une critique de ces grandes bases de la chimie s'imposait, critique destinée d'ailleurs à éclaircir et à corroborer plutôt qu'à combattre ou à renverser.

Tout d'abord, il ne saurait être question de la vieille proposition de Lavoisier, destinée à toujours servir d'appui inébranlable, qu'il s'agisse des combinaisons du carbone ou de celle des autres corps simples.

La formule des proportions définies est d'une grande clarté s'il s'agit de métaux ou de métalloïdes. De plus, elle est susceptible d'être renversée. Par exemple, on connait deux chlorures de phosphore, bien caractérisés et bien distincts l'un de l'autre : le premier, chlorure phosphoreux PCl^3 contenant 69,6 pour 100 de chlore et 30,4 de phosphore; le second, chlorure phosphorique PCl^5 renfermant 85,1 pour 100 de chlore avec 14,9 seulement de phosphore. Toute confusion est impossible et, de plus, si après une courte analyse rigoureusement conduite on s'aperçoit qu'un composé dans lequel se trouvent et du phosphore et du chlore se compose, par exemple, de 66 à 72 0/0 de chlore et de 32 à 27 0/0 de phosphore, la somme des deux chiffres étant inférieure ou supérieure à 100 mais voisine de 100, on peut être certain d'avoir affaire à du chlorure phosphoreux tout au plus souillé par quelques impuretés. Si les valeurs obtenues sont exactement 69,6 et 30,4, il est indubitable que l'on se trouve en présence de ce même chlorure chimiquement pur, et non en face de toute autre matière.

Mais supposons que nous nous adressions à une substance organique, l'acide acétique, par exemple, $C^2H^4O^2$. L'analyse élémentaire une fois menée à bonne fin, au moyen des procédés ordinaires dont nous n'avons pas à nous occuper ici, nous trouvons

Carbone. . 40 % Hydrogène. 6,7 % Oxygène. 53,3 %

Une autre opération du même ordre réalisée sur un composé de nature inconnue fournit les résultats suivants très voisins des nombres ci-dessus retracés :

Carbone. 39,1 % Hydrogène. 8,7 % Oxygène. 52,2 %

Sommes-nous en droit de conclure que notre manipulation et notre calcul se sont adressés à de l'acide acétique incomplètement isolé ? Non certes, car si l'on fait usage des divers procédés qu'emploient les chimistes pour découvrir la valeur du poids de la molécule d'un corps, on s'aperçoit après examen qu'il s'agit d'une substance qu'on doit noter $C^3H^8O^3$, la glycérine, laquelle, au point de vue des emplois industriels et de l'importance scientifique, n'occupe pas un rang moins élevé que l'acide acétique.

Préférant choisir nos exemples parmi des composés bien connus, et, de plus, dépourvus de toute connexité mutuelle, nous avons rapproché deux compositions centésimales qui ne se ressemblent qu'un peu grossièrement. Mais si nous avions consenti à nous adresser à des matières connues des seuls chimistes, ou bien douées d'une structure analogue, il nous eût été facile de montrer qu'il existe des gradations insensibles et non plus des sauts brusques, d'une combinaison à une autre, circonstance qui ne favoriserait guère les savants contemporains s'ils ne savaient où il leur faut aller pour se renseigner plus sûrement (1).

(1) Notons toutefois que cette continuité dans la composition s'observe également en chimie inorganique lorsqu'on envisage la classe si nombreuse des silicates naturels. L'obstacle ne saurait malheu-

En résumé, la loi des proportions définies n'est exacte que si on l'envisage sous son véritable aspect, celui d'une formule mathématique. Sa rigueur n'est alors infirmée en rien. Mais, même en admettant que les méthodes d'analyses soient parfaites et les expérimentateurs impeccables, il y a encore des restrictions à poser au sujet de la réciproque de la proposition.

Considérons, d'une part, la glucose, et, de l'autre, l'acide acétique, et soumettons ces deux corps aux épreuves analytiques. L'acide nous donnera le résultat inscrit à la page précédente et, après avoir recommencé la même suite d'opérations avec la glucose et terminé les calculs, les mêmes chiffres reparaîtront. Cette coïncidence ne saurait être détruite quand bien même on opérerait avec toute la minutie imaginable; elle doit donc correspondre à un phénomène réel. Comme les poids moléculaires (60 et 180) sont très différents, que les fonctions chimiques, la constitution, l'origine de la glucose et de l'acide acétique n'ont aucun point de rapprochement, il ne faut voir dans cette similitude qu'un fait de hasard et n'y attacher aucune importance. Un semblable parallélisme, qui n'échappe pas aux chimistes, mais dont ils se soucient médiocrement, ne mérite guère plus d'être pris en considération que la transformation de « mire » en « rime » par anagramme; semblablement, un linguiste ne s'inquiétera jamais de savoir pourquoi les mêmes lettres rangées dans le même ordre figurent le substantif français « four » et le nombre « quatre » en anglais.

L'acétylène et la benzine ont encore même composition centésimale; tous deux contiennent 7,7 0/0 d'hydrogène et 92,3 0/0 de carbone. Si l'on pèse leurs molécules

reusement être tourné par les minéralogistes, qui ont affaire à des poids moléculaires qu'ils ne peuvent apprécier que par conjecture. Aussi combinent-ils leurs formules à grand renfort d'hypothèses.

respectives, ce qui est d'autant plus aisé que le premier de ces deux carbures est gazeux et l'autre volatil, on s'aperçoit que la particule de la benzine pèse exactement trois fois plus que la particule de l'acétylène ; la formule de celui-ci s'écrit C^2H^2, et le symbole de celle-là se retrace C^6H^6, et, de plus, il n'est pas impossible de faire passer l'acétylène à l'état de benzine. On exprime ce fait en disant que la benzine est un *polymère* de l'acétylène, et le phénomène se trouve à peu près du même ordre que celui de la transformation de l'oxygène en ozone, ou celui du passage pour la vapeur de soufre de l'état diatomique à l'état hexatomique par abaissement de température. Dans certaines circonstances, les propriétés des corps polymères se trouvent être de même nature, à peu de chose près ; c'est ce qui arrive avec les hydrocarbures bivalents, qui répondent tous à la notation commune C^nH^{2n} dans laquelle on fait successivement $n = 2$, $n = 3$,... etc. Parfois l'analogie est encore plus étroite, comme le prouve la quasi-identité de l'essence de térébenthine $C^{10}H^{16}$ et de l'essence de copahu $C^{20}H^{32}$.

La chimie organique offre de nombreux exemples d'isomérie « par compensation », surtout par les dérivés dont nous entretiendrons bientôt nos lecteurs, qu'on nomme éthers. Ainsi, le formiate d'éthyle non seulement répond à la même formule brute que l'acétate de méthyle : $C^3H^6O^2$, mais les formules rationnelles sont de même ordre.

$H - CO - OC^2H^5$	$CH^3 - CO - OCH^3$
Formiate d'éthyle ou éther éthylformique.	Acétate de méthyle ou éther méthylacétique.

Le noyau lui-même ne varie pas ; seuls, les groupes extrêmes diffèrent ; il est aisé de s'apercevoir que H s'est modifié en CH^3 avec gain de CH^2, tandis que C^2H^5 a perdu ces trois atomes déplacés d'une extrémité de la molécule à l'autre.

En fin de compte, le cas d'isomérie de beaucoup le plus fréquent est celui de l'isomérie « de position », dont nous fournirons de nombreux exemples lorsque nous passerons en revue les diverses fonctions organiques. Ce dernier ordre d'isomérie peut toujours être prévu et expliqué au moyen de la théorie atomique, et il faut remarquer un fait très important. Jamais une exception défavorable à la doctrine n'a pu être constatée ; cette coïncidence, toujours confirmée, jamais démentie, n'a pas peu contribué au triomphe de la même théorie, sans laquelle il est devenu très difficile d'expliquer bon nombre de phénomènes et de découvertes.

Nous nous proposions de montrer que dans la seconde branche de la chimie, la composition élémentaire brute est bien peu de chose, que la constitution interne, au contraire, est tout. Il nous faut expliquer actuellement en quoi l'esprit de la loi des proportions multiples doit être modifié. Si l'on envisage, par exemple, les composés oxygénés de l'azote : l'oxyde azoteux Az^2O, l'oxyde azotique AzO, l'anhydride azoteux Az^2O^3, l'hypoazotide AzO^2 ou Az^2O^4 et enfin l'anhydride azotique Az^2O^5, on est frappé des rapports simples qui relient entre eux les doses variables d'oxygène rapportés à un poids constant d'azote 14 ou 28, et le fait se traduit par la simplicité des exposants exprimant le nombre d'atomes de même espèce figurant dans une molécule. Si l'on préférait citer des exemples analogues choisis non plus parmi les métalloïdes, mais parmi les métaux, on n'aurait que l'embarras du choix, et, comme font les trois quarts des ouvrages classiques, on aurait recours aux différents oxydes de manganèse. Mais, en chimie organique, avec des matériaux toujours les mêmes, engendrant une foule innombrable de composés, les rapports deviennent forcément complexes, ce dont il est facile de s'apercevoir à la lecture des exposants. Le sucre de canne doit être formulé $C^{12}H^{22}O^{11}$; comparez-le avec la glycérine $C^3H^8O^3$, avec l'acide benzoïque $C^7H^6O^2$, et vous serez forcé de convenir que la loi de Dalton a besoin d'être interprétée d'une façon un peu élastique. La même conclusion se fût encore imposée avec plus de force encore si l'on s'était adressé à des substances quaternaires, si, par exemple, on avait rapproché l'acide urique $C^5H^4Az^4O^3$ et la rosaniline $Az^3H^{19}C^{19}O$ (1).

Une notable partie des matières organiques est volatile et peut être soumise au précieux contrôle de la loi d'Ampère. Celles qui ne résistent pas sans se décomposer à l'épreuve de la volatilisation — et leur nombre est encore trop considérable — remplissent en général au moins une et quelquefois plusieurs fonctions, permettant de les comparer à d'autres substances de poids moléculaire connu ; d'autres fois, s'il s'agit d'acides monobasiques et polybasiques, on s'attache à l'étude de leurs sels alcalins. Mais, actüellement, ces procédés détournés, parfois longs et pénibles, n'ont plus guère d'utilité depuis l'invention de la méthode cryoscopique. Si le composé est insoluble dans l'eau, on essaie de la benzine (2) ; à défaut de benzine, on le dilue dans l'acide acétique.

(1) Est-il besoin de faire ressortir l'insuffisance et l'inutilité des symboles bruts, et le peu de profit qu'on peut retirer à se forcer la mémoire pour les apprendre? Ce qu'il importe de connaître, ce sont les formules rationnelles et typiques, plus ou moins développées, que désormais nous emploierons exclusivement. Grâce à elles, on se trouve tout de suite renseigné sur la nature, les caractères essentiels, et même le mode de génération du composé. Un petit calcul très simple qu'on peut faire de tête permet ensuite de reconstituer la formule brute, s'il y a nécessité de la retrouver.

(2) Qu'on n'oublie pas que, même à l'état pur, l'alcool et l'éther ne sauraient être congelés; sinon, on aurait recours, de préférence, à ces excellents dissolvants.

Bref, peser une molécule est devenu la chose la plus aisée du monde.

Remarques sur les notations de la chimie organique et l'enseignement de cette science. — Comme nous l'avons déjà fait pressentir, c'est principalement en chimie organique que la théorie des atomes triomphe avec tous ses avantages. S'il est permis d'objecter que la notation par équivalents est tout aussi claire, et peut-être même quelquefois plus simple en chimie minérale, on ne saurait nier — à moins d'en faire une question d'école et de parti pris — que sa jeune rivale se prête admirablement à l'étude des transformations mutuelles des composés du carbone. Quel avantage n'a-t-on pas à s'attacher aux pas de ce guide sûr qui n'a jamais égaré le chimiste au milieu de ce dédale effrayant d'atomes, de noyaux, de groupes, de radicaux, parmi les isoméries les plus complexes et les substitutions les moins simples! Grâce à elle, nombre de synthèses fort difficiles ont été réalisées et c'est encore elle seule qu'il faudra questionner lorsqu'on s'efforcera de résoudre les problèmes de ce genre dont la clef n'est pas encore découverte.

Convenablement interprétés, symboles et schémas finissent par constituer le plus clair et le plus précis des langages, et, de même qu'un bon mathématicien déchiffre une série d'équations algébriques bien déduites, presque sans avoir besoin de texte, de même le chimiste moderne, à la seule inspection d'une liste de formules rationnelles, saisit la marche intime des phénomènes, l'interprète, la suit, la critique. Les Allemands surtout, moins bons investigateurs que nous, sont beaucoup plus aptes en revanche à de pareilles discussions ; ils prennent un vif intérêt à tourner et à retourner les notations rationnelles, à les disséquer comme s'ils pouvaient à volonté fouiller dans l'intérieur des molécules. Hâtons-nous de dire que, même en France, avant de monter son appareil distillatoire, de vérifier ses réactifs et d'allumer son brûleur, le chercheur, la craie ou la plume en main, s'absorbe devant les formules rationnelles des substances qu'il s'apprête à manier et les interroge minutieusement.

Si, dans un cours de chimie des métalloïdes ou des métaux, ou dans une leçon de minéralogie, le professeur, à défaut d'un petit nombre de préparations rapides, n'exhibait pas aux élèves quelques acides, sels ou gaz, avec la démonstration immédiate de leurs caractères les plus essentiels, les leçons, outre qu'elles n'offriraient qu'un faible intérêt, ne seraient guère profitables. Au contraire, il est possible, même si l'on s'adresse à dés étudiants médiocrement instruits dans la pratique, d'enseigner la chimie organique devant un tableau noir, presque sans appareils ni expériences. A quoi bon présenter sans cesse des réactifs qui sont toujours les mêmes? Pourquoi remettre indéfiniment sous les yeux des spectateurs des instruments qui diffèrent à peine les uns des autres? Que dire au sujet de la pratique des opérations de synthèse et d'analyse, opérations longues et minutieuses, mais parallèles dans un bon nombre de cas? — L'aspect des substances obtenues? il est souvent bien peu variable lorsqu'on se borne aux dérivés d'une même série; — leurs propriétés? on perdrait son temps à les énumérer en détail : mieux vaut les indiquer sommairement et en bloc (1).

Les milliers de combinaisons du carbone actuellement

(1) L'apparence incolore et limpide d'un grand nombre de liquides organiques favorise la paresse des préparateurs, qui, parfois, lorsqu'ils sont trop pressés, remplissent simplement d'eau pure les flacons étiquetés destinés à être alignés sur la table des professeurs, et montrés au public. Il va sans dire que cette petite supercherie est impossible à pratiquer si l'on doit procéder à quelque expérience.

connues peuvent être partagées entre trois catégories, suivant les matières primordiales qui leur donnent naissance. Dans la première classe, les molécules, qui servent pour ainsi dire de base et de squelette à celles des autres séries, ne contiennent que du carbone uni à de l'hydrogène, et subsidiairement à du chlore, du brome, de l'iode. La seconde classe se compose de matières oxygénées et la complication s'accroît d'autant. Enfin, le cadre de la troisième classe, plus large encore, englobe les substances pouvant renfermer en sus du carbone de l'hydrogène, de l'azote, du phosphore et même des métaux. Cette distribution purement artificielle correspondra aux trois paragraphes par lesquels nous terminerons notre résumé théorique des notions acquises par la chimie contemporaine.

§ II. — Combinaisons du carbone avec les éléments monovalents.

Les hydrocarbures saturés. — Tout homme instruit — même s'il ne prend aucun intérêt aux sciences physiques — connaît de réputation le *feu grisou*, et n'ignore pas les effroyables accidents qu'il cause dans les houillères de France ou de Belgique [1]. D'un autre côté, il suffit d'avoir appris les premiers principes de la chimie ou feuilleté n'importe quel traité élémentaire, pour se souvenir qu'en battant avec une gaule la vase des marais, on fait dégager au sein de l'eau de nombreuses bulles d'un gaz inflammable [2]. Le lecteur enfin qui s'intéresse à la géologie ou aux récits de voyages aura entendu parler des « puits de feu » que les explorateurs ont

(1) Voyez Knab, *Les Minéraux utiles* (Biblioth. scient. comtemp.), 1888, page 330.

(2) Contrairement à un préjugé assez répandu, ce n'est pas à ce fluide qu'il faut attribuer l'insalubrité des régions marécageuses.

signalés dans certaines provinces de la Chine : les habitants du Céleste Empire enfoncent dans le sol de longues tiges de bambou creuses, propres à recueillir le fluide, qui se dégage à l'orifice supérieur et peut être utilisé comme combustible (1).

Le grisou, les gaz des marais et des puits de feu ont à quelques centièmes près la même composition chimique et sont constitués, au moins en grande partie, d'un corps hydrocarboné, auquel, jusqu'à ces derniers temps, on attribuait le nom de « protocarbure d'hydrogène ». Si celui-ci n'est pas introuvable dans la nature à l'état de liberté, il joue dans l'industrie un rôle beaucoup plus important, puisqu'il constitue à lui seul la majeure partie du gaz d'éclairage ; mais en chimie organique, ses fonctions théoriques sont bien autrement essentielles. Aussi doit-il à sa qualité de chef de file l'honneur d'avoir beaucoup attiré l'attention des chimistes, qui n'ont jamais pu se mettre d'accord au sujet du nom à lui donner ; outre ceux que nous avons déjà cités, les termes d' « hydrure de méthyle », de « formène » (Berthelot), de « méthane » (Hofman), ont été proposés et employés. On trouverait difficilement une autre substance dont la synonymie fût aussi riche.

Le gaz des marais, — nous emploierons provisoirement cette expression peu scientifique, qui, du moins, a le mérite d'être comprise et employée par tout le monde, — de tous les innombrables carbures d'hydrogène connus jusqu'à ce jour, est le plus riche en hydrogène et le plus pauvre en carbone (25 p. 100 du premier, 75 p. 100 du second). Son poids moléculaire déduit de sa densité est 16 ; il contient 5 atomes dans sa molécule :

(1) Sans sortir de France, on peut observer un phénomène du même genre à la *Fontaine-Ardente* du pays de Triêves, au sud de Grenoble.

4 d'hydrogène contre un seul de carbone ; sa formule brute est donc CH^4 et son symbole développé

$$\begin{array}{ccc} & H & \\ & | & \\ H - & C^{IV} & - H \\ & | & \\ & H & \end{array}$$

Dans ce composé, le carbone, élément rigoureusement tétravalent, est saturé ; le noyau CH^4 ne peut plus s'assimiler directement ou indirectement ni chlore, ni brome, ni iode, ni aucune matière simple monovalente, quelle qu'elle soit. En revanche, l'iode, le brome, le chlore, peuvent se substituer à l'hydrogène atome pour atome ; dans tous les cas, le type primordial subsiste inaltéré, comme le prouve l'exemple du chloroforme $CHCl^3$.

Depuis quelques années, de longues séries d'expériences poursuivies en premier lieu par Thomsen, puis par Geuther, et finalement par M. Henry, professeur à l'Université de Louvain, ont démontré, au moyen de preuves absolument indépendantes les unes des autres, un fait d'une importance capitale : les quatre valences du carbone sont rigoureusement identiques entre elles, au point de vue de l'énergie ; les quatre atomes d'hydrogène du gaz des marais se trouvent dans une situation semblable et jouent tous le même rôle : de même dans un carré, aucun angle, aucun côté ne se différencie des trois autres. Remarquons bien qu'il s'agissait d'une véritable proposition à établir : le carbone, en effet, pouvait très bien se comporter à la façon du phosphore, dont deux des cinq valences sont positivement inférieures aux trois autres.

Ce fait étant nettement posé, si, après avoir introduit

du chlore à un des quatre coins de l'atome et obtenu ainsi le produit substitué,

$$\underbrace{CH^3 - Cl}_{\text{Chlorure de méthyle,}} (^1)$$

nous faisons agir le sodium, ce métal à affinités violentes arrachera le chlore sans difficulté, et le radical CH^3, dont une valence reste disponible, se réunira au résidu semblable d'une molécule voisine pour former le composé C^2H^6, ou mieux $H^3C\text{-}CH^3$, formule abrégée du schéma développé :

$$\begin{array}{ccccccc} & & H & & H & & \\ & & | & & | & & \\ H & - & C & - & C & - & H \\ & & | & & | & & \\ & & H & & H & & \end{array}$$

L'on voit que dans cette combinaison hydrogénée du deuxième ordre, chacun des deux atomes de carbone échange avec l'autre une affinité, tandis que les trois autres valences sont saturées par l'hydrogène ; l'on constate aussi, et cette manière de voir simplifie les notations et les raisonnements, que notre nouvel hydrocarbure résulte du remplacement, dans une molécule du gaz des marais, d'un hydrogène par le résidu monovalent CH^3. Vu la parfaite symétrie du gaz des marais, il n'y a de possible qu'un seul « éthane » ou « hydrure d'éthyle » C^2H^6.

Pareillement, l'introduction d'un second groupe CH^3 dans la molécule du méthane, ou, ce qui revient au

(1) Cette formule ressemble à celle du chloroforme; seulement ici les rôles de l'hydrogène et du chlore sont renversés.

même, la substitution de ce même radical dans l'éthane, nous fournit le propane C^3H^8 que nous formulerons ainsi :

$$H^3C - CH^2 - CH^3.$$

Il n'est pas impossible de chasser encore un hydrogène du propane, et de loger à la place vacante un radical CH^3. Seulement, pour la première fois, il nous va falloir envisager et distinguer deux cas particuliers. En effet, cette substitution peut porter ou bien sur un hydrogène du chaînon central CH^2, ou bien sur un atome correspondant à l'un des deux chaînons extrêmes, du reste parfaitement équivalents entre eux. La théorie permet donc de prévoir deux hydrocarbures saturés à quatre atomes de carbone ; tous deux portent le nom de « butane », et par le fait ces deux substances, douées de la même formule, mais différant par les propriétés physiques et chimiques, coexistent simultanément. Le premier s'écrira :

$$H^3C - CH < \begin{matrix} CH^3 \\ CH^3 \end{matrix}$$

et le second sera représenté ainsi :

$$H^3C - H^2C - CH^2 - CH^3.$$

Nous faisons grâce à nos lecteurs de l'énumération des termes suivants, dans lesquels la complication s'accroîtrait encore ; des développements plus complets sur un pareil sujet deviendraient par trop arides et fastidieux. Le nombre des isomères augmente rapidement à mesure que l'on s'élève dans la série ; au commencement, toutes les combinaisons indiquées par le calcul sont connues, définies et isolées ; puis, à partir d'une certaine limite, on ne retrouve qu'un certain nombre de ceux dont l'existence est possible ; et au delà des termes plus reculés, on ne sait plus démêler les formules rationnelles. En revanche, *jamais* la liste n'a pu être grossie d'un dérivé que le raisonnement n'avait pas signalé *à priori*.

Envisagés dans leur ensemble, les hydrocarbures dont nous venons de parler jouissent d'une propriété qui leur est commune avec le gaz des marais : tout en se prêtant à merveille à de nombreux phénomènes de substitution, ils sont aussi incapables que celui-ci de s'unir purement et simplement à des corps simples ou à des radicaux monovalents comme l'iode et le cyanogène ; c'est même à raison de ce caractère essentiel qu'ils ont reçu la qualification de « carbures saturés ».

Tous peuvent être représentés par une formule brute commune :

$$C^nH^{2n+2}$$

Pour n=1 on retrouve le gaz des marais, pour n=2 l'éthane, pour n=3 le propane, et ainsi de suite. Mais s'il a été facile de leur trouver un symbole général commun, mais s'il a été possible même de reconnaître la structure intime de la plupart d'entre eux, il a été malaisé de leur inventer des noms qui fussent clairs, euphoniques et brefs. L'accord sur ce point est à peine complet, et encore les termes qui ont prévalu ne servent qu'à rappeler la notation brute sans chercher à distinguer entre les isomères.

Le gaz des marais, avons-nous dit, se nomme « méthane », et le radical qui en dérive par perte d'un hydrogène constitue le « méthyle ». Le terme suivant C^2H^6 s'appelle « éthane » et correspond au groupe monovalent « éthyle » C^2H^5. Puis viennent : le « propane » et le « propyle » (C^3H^8 et C^3H^7) ; le « butane » et le « butyle » (C^4H^{10} et C^4H^9) ; le « pentane » et l' « amyle » (C^5H^{12} et

C^5H^{11}). Au delà du pentane la nomenclature devient parfaitement régulière avec l' « hexane », l' « heptane », qui donnent lieu à l' « hexyle », l' « heptyle » (1).

Plusieurs carbures saturés complexes se désignent par des termes qui rappellent leur structure atomique. Ainsi, pour ne choisir qu'un exemple relativement simple, le pentane suivant :

$$\begin{array}{c} CH^3 \\ | \\ H^3C - C - CH^3 \\ | \\ CH^3 \end{array}$$

dans lequel on reconnait le gaz des marais dont les quatre hydrogènes ont fait place à des méthyles, se nomme aussi, à raison de cette circonstance, « tétraméthylméthane ». L'analyse de ce mot nous conduira à formuler la règle universelle de la nomenclature usitée en chimie organique, règle fort simple du reste : on accole au terme arbitrairement choisi pour indiquer la fonction chimique (*méthane*) un ou plusieurs préfixes (*méthyl-*) propres à rappeler le radical unique ou les divers radicaux substitués à l'hydrogène du type, chacun de ces derniers termes étant précédé des syllabes *mono*, *bi* ou *di*, *tri*, *tétra*, servant à noter le degré de substitution. D'habitude on supprime comme inutile l'indication *mono*. On obtient par ce moyen des termes parfaitement

(1) Le radical éthyle, et par suite l'éthane, ont reçu leurs noms à cause de l'éther commun qui constitue un de leurs dérivés les plus importants. Les expressions de méthane et de méthyle ont été choisies par analogie. Les acides butyrique (extrait du beurre aigri) et propionique se rattachent au butane et au propane. De même, l'alcool amylique ou huile de pommes de terre, qui s'obtient par la distillation de la fécule, substance « amylacée », suffit à expliquer le terme d' « amyle ». Probablement par raison d'euphonie, l'expression de « pentane » est exclusivement employée au lieu de celle d' « amane ».

clairs, du moins pour un chimiste, mais longs, difficiles à prononcer, et en définitive médiocrement appropriés au génie de notre langue [1]. Mais dans l'état actuel de la science il serait difficile de trouver mieux.

Enfin, nos hydrocarbures ont été distribués en trois sections bien distinctes. Les uns, qui sont dits « normaux » ou « primaires », ne contiennent que des groupes CH^3 ou CH^2, et le symbole qui les représente forme une ligne droite plus ou moins longue dont les deux bouts sont occupés par des agrégats CH^3, tandis que les chaînons intermédiaires sont des CH^2. Tel est le propane figuré plus haut. Si le même symbole se bifurque, comme on a pu voir dans le cas du premier butane de la page 250, le carbure, muni pour le moins d'un chaînon CH, est dit « secondaire ». Si, en troisième lieu, un carbone isolé vient à se saturer, non plus suivant trois, mais suivant quatre directions différentes, ainsi que cela arrive pour le tétraméthylméthane, le schéma présente la forme d'un trident et correspond à un carbure « tertiaire » :

$$\left.\begin{array}{l}H^3C\\H^3C\\H^3C\end{array}\right\rangle C - CH^3$$ [2].

Hydrocarbures bivalents. — On ne peut enlever un seul atome d'hydrogène aux carbures saturés sans le remplacer par un atome ou un radical d'égale capacité, car, sans cela, il se formerait un radical monovalent

(1) Sauf quelques exceptions peu importantes, les dérivés du carbone sont désignés par les mêmes noms dans les trois grandes langues scientifiques. Sans avoir aucune notion d'allemand et sans recourir au dictionnaire, un Français peut aisément parcourir les catalogues de produits organiques fabriqués en Allemagne et déchiffrer les étiquettes apposées par les industriels d'outre-Rhin.

(2) Afin de faire mieux saisir notre pensée, nous avons exagéré à dessein la forme trifurquée. Il va sans dire que *rien* au fond ne distingue les quatre méthyles l'un de l'autre.

C^nH^{2n+1} et nous savons que l'existence de pareils groupes est, en général, impossible, mais on peut parvenir à appauvrir ces mêmes molécules de deux atomes.

Lorsque l'on distille un mélange à doses convenables d'alcool ordinaire et d'acide sulfurique, on recueille un gaz difficilement liquéfiable auquel on a successivement attribué divers noms. Tantôt on l'a appelé « bicarbure d'hydrogène » ou « hydrogène bicarboné » (1), tantôt « gaz oléfiant », pour ce qu'il se combine avec le chlore au soleil pour former l' « huile des Hollandais ». Les chimistes contemporains ont consacré définitivement l'expression d' « éthylène », que nous emploierons de préférence. L'éthylène se formule C^2H^4, c'est-à-dire qu'il diffère de l'éthane par deux hydrogènes en moins. Son symbole rationnel probable,

$$H^2C = CH^2,$$

s'explique de lui-même. Deux atomes de carbone échangent entre eux *deux* valences, au lieu que dans la série saturée, deux atomes voisins n'étaient jamais liés que par une seule valence. Par le fait, puisque aucune affinité ne reste disponible, nos carbures ne sont pas moins saturés que ne l'étaient ceux de la série du méthane, mais si l'on offre à une molécule de cette espèce du chlore ou du brome, le carbone aimera mieux se rattacher le corps simple halogène que de rester uni à lui-même et l'atome double de brome ou de chlore s'ajoutera au carbure bivalent, comme si ce dernier constituait ue véritable radical. Il suffit, par exemple, de faire barboter l'éthylène dans du brome pour que le bromure d'éthylène prenne immédiatement naissance:

$$C^2H^4 + Br^2 = C^2H^4Br^2.$$

(1) Par le fait, ce composé, pour la même proportion d'hydrogène, renferme deux fois plus de carbone que le gaz des marais.

Cette réaction, comme nous le verrons ultérieurement, est d'une importance capitale, puisqu'elle permet de préparer le glycol (1).

Les homologues de l'éthylène : le « propylène », le « butylène », l' « amylène », etc., sont tous également caractérisés par la formule commune C^nH^{2n}, c'est-à-dire qu'envisagées en bloc, leurs molécules comprennent deux atomes d'hydrogène pour chaque atome de carbone ; ils se distinguent aussi par la liaison toute spéciale de deux atomes de carbone et enfin par la tendance fort nette qu'ils accusent en repassant facilement au type de l'éthane et consorts, grâce à l'adjonction de deux atomes monovalents. Les divers cas d'isomènes se multiplient et deviennent plus nombreux encore qu'avec les dérivés du méthane ; quant aux schémas, ils sont toujours soit linéaires, soit bifurqués.

Carbures acétyléniques. — Dans leur ensemble, toutes les combinaisons hydrogénées que nous venons d'énumérer sont relativement stables ; en particulier, le méthane ne se détruit qu'à la chaleur rouge ou sous l'influence de l'étincelle électrique. Toutefois, on ne peut obtenir l'éthylène ou le gaz des marais, ainsi que les autres homologues supérieurs, qu'à l'aide de procédés chimiques détournés, et, durant bien longtemps, on a considéré le carbone et l'hydrogène comme incapables

(1) La règle qui a présidé à la nomenclature de ces matières est trop simple pour avoir besoin d'être expliquée.

Le premier terme de la liste, le « méthylène », n'a pas encore été préparé et ne le sera peut-être jamais. En effet, l'expérience a démontré que, dans aucun cas, la soustraction de H^2 à un carbone saturé ne portait pas sur un chaînon unique, mais qu'elle affectait *toujours* deux chaînons consécutifs. Donc, avec un groupe unique, l'opération ne peut avoir lieu.

Dans le commerce, on appelle quelquefois fort improprement « méthylène » l'esprit de bois plus ou moins pur.

de s'unir directement, circonstance assez singulière, eu égard à la résistance des carbures en face des agents de destruction. Mais M. Berthelot, faisant circuler le courant d'une pile puissante entre deux charbons immergés dans une atmosphère d'hydrogène, a reformé par synthèse immédiate un carbure auquel il a attribué la dénomination d' « acétylène » (formule C^2H^2).

Derrière l'acétylène viennent se placer différents hydrocarbures répondant comme lui au symbole général brut C^nH^{2n-2}, c'est-à-dire différent des carbures éthyléniques par deux hydrogènes en moins. Mais on peut les distribuer en deux familles complètement distinctes ; effectivement quelques-uns, comme l'acétylène lui-même, contiennent deux atomes de carbone reliés entre eux par trois valences :

$$HC \equiv CH$$

D'autres, ainsi que le « valérylène » [1] de M. Reboul, renferment deux couples d'atomes échangeant respectivement deux valences.

$$\underbrace{H^2C = C = C < \begin{matrix} CH^3 \\ CH^3 \end{matrix}}_{\text{Valérylène.}}$$

Circonstance assez bizarre : cette divergence dans la constitution intime se traduit par un caractère extérieur d'ordre bien différent. Les carbures du groupe de l'acétylène troublent les solutions du chlorure cuivreux ammoniacal ainsi que les liqueurs contenant des sels d'argent, et donnent lieu ainsi à des précipités détonants. Au contraire, avec les homologues du valérylène, il ne se produit rien de pareil.

(1) Ainsi nommé parce qu'il est à l'acide valérique ce que l'acétylène est à l'acide acétique.

Mais tous les carbures tétravalents, sans exception, sont également susceptibles d'absorber soit deux, soit quatre atomes monovalents et peuvent s'élever le long de l'échelle des saturations. De même, on a réussi à descendre des carbures saturés aux carbures de la série acétylénique en passant par les homologues de l'éthylène.

Série grasse. — L'ensemble des trois catégories que nous venons d'envisager, joint à la totalité de leurs innombrables dérivés oxygénés, azotés, sulfurés, phosphorés, constitue dans la chimie organique une vaste division à laquelle on a attribué le nom de série « grasse », expression beaucoup trop générale et qui a besoin d'être expliquée. Il est parfaitement exact qu'à force de substitutions, on peut passer du méthane à certains corps gras ; il a été encore possible, dans d'autres cas, d'entrevoir une relation assez caractérisée entre les carbures supérieurs et certaines matières grasses ; mais il n'en reste pas moins vrai que les trois quarts, pour le moins, des carbures, alcools, acides et éthers, ne se rattachent en rien aux huiles végétales ou animales.

Depuis quelques années, les trois grandes classes de carbures qui servent de squelettes aux substances composant la série grasse ont été réunies dans une division unique : celle des carbures « arborescents ». Cette expression, dont l'étymologie échappe tout d'abord, nécessite quelques éclaircissements : les chimistes ont voulu faire entendre que les schémas ou symboles rationnels usités dans la science moderne, suivant les conventions habituelles et s'appliquant aux hydrocarbures énumérés ci-dessus, présentent une forme *ramifiée* analogue à celle d'une branche d'arbre. Quelquefois, la figure se simplifie et devient rectiligne, comme dans le cas d'un carbure saturé normal, mais il faut toujours distinguer des chainons extrêmes et des chainons intermédiaires. On serait en droit d'objecter, non sans apparence de raison, que notre méthode de représentation des molécules est purement arbitraire et subjective, qu'elle ne saurait être l'expression absolue des faits, et que la prétention de vouloir fonder une classification prétendue naturelle sur une combinaison de caractères typographiques est exorbitante. Ces arguments sont spécieux, mais ils auraient bien plus de valeur si l'échafaudage des formules atomiques ne s'était développé peu à peu, au fur et à mesure des progrès de la chimie, si d'un autre côté les savants ne s'étaient efforcés de maintenir en parfaite harmonie la notation et les phénomènes, si, enfin, de nombreuses découvertes faites après coup n'étaient toujours venues confirmer les prévisions déduites de l'examen de ces mêmes formules abstraites, sans jamais les contredire.

Il est fort possible que la véritable constitution interne des molécules du monde organique nous échappe complètement ; peut-être même ne posséderons-nous jamais la clef de ce mystère ; mais si les choses se passent *exactement de même* sur le papier et à l'intérieur des cornues, n'est-il pas permis de substituer l'image à la réalité et de raisonner sur nos C, nos H, nos traits de valence, comme sur les matières ? Imitons seulement la prudente réserve de Newton, formulant en ces termes la loi de la gravitation universelle : « Les phénomènes se produisent comme si les particules matérielles s'attiraient en raison directe de leurs masses, et en raison inverse du carré des distances. »

Carbures à noyaux fermés. Benzine. Série aromatique. — C'est à l'illustre savant anglais Faraday (1825) qu'est due la découverte de la benzine, noyau d'une interminable catégorie de substances douées des caractères les plus intéressants et les plus singuliers, propres à la fois à fournir au chimiste des réactifs fort délicats, au parfumeur des odeurs exquises, au teinturier des couleurs d'une richesse et d'un éclat merveilleux, au médecin ses remèdes les plus sûrs, et aussi, malheureusement, aux marchands de vin des drogues d'un usage trop facile [1]. Ensuite, de nos jours, M. Berthelot a réalisé la synthèse de la benzine au moyen de l'acétylène C^2H^2 ; celui-ci chauffé au rouge sombre dans un tube se polymérise et se transforme en benzine C^6H^6, expérience d'autant plus concluante que l'acétylène lui-même se produit par l'union pure et simple du carbone et de l'hydrogène. En troisième lieu, M. Kekulé a deviné la curieuse constitution intime du même carbure et a proposé une formule rationnelle encore en usage aujourd'hui, abstraction faite de quelques perfectionnements de détails [2].

Traçons un hexagone régulier ; à chaque sommet, plaçons un atome de carbone, et, pour plus de clarté, numérotons les carbones de 1 jusqu'à 6 en partant de l'atome supérieur et en descendant vers la droite pour remonter ensuite vers la gauche.

```
         C
        (1)
  C(6)       (2)C
  C(5)       (3)C
        (4)
         C
```

(1) La prétendue benzine du commerce, dont on se sert pour nettoyer les vêtements, n'est, le plus souvent, qu'un simple mélange de divers hydrocarbures saturés extraits par rectification des pétroles naturels.

(2) Nous croyons devoir avertir le lecteur que le symbole sur lequel nous allons raisonner n'est pas tout à fait celui qu'on a choisi dès le principe, — plusieurs chimistes scrupuleux l'ont critiqué et déclaré insuffisant, — ni même le schéma trop complexe dont on se sert dans le haut enseignement, mais un symbole équivalent à ce dernier et ayant sur lui l'avantage d'être plan.

Ceci posé, joignons par des traits d'échange de valence le nº 1 au nº 4, le nº 2 au nº 5, et en dernier lieu le nº 3 au nº 6. Unissons encore par d'autres traits pareils le carbone (1) au carbone (3) et au carbone (5), ces deux derniers entre eux, et dessinons le triangle 2-4-6. Plaçons un symbole d'hydrogène à côté et en dehors de chaque atome de carbone, et rattachons encore les deux lettres par un trait. Nous aurons construit le schéma suivant, beaucoup plus facile à comprendre, une fois décrit, qu'aisé à former avec le seul secours du texte.

H
|
C
H — C C — H
H — C C — H
C
|
H

L'inspection seule de la figure prouve que du nº 1 au nº 6, les six atomes sont *parfaitement équivalents* entre eux. Chacun d'eux a ses quatre affinités saturées : une d'entre elles par l'hydrogène extérieur correspondant, la seconde par le carbone diamétralement opposé, les deux dernières par les deux voisins de celui-ci. Quant aux six hydrogènes, leurs rôles sont pareillement de nature identique.

Circonstance très importante et dont il faut tenir note, la formule rationnelle de la benzine retrace une *chaîne fermée* au rebours de ce qui a lieu pour la série grasse, et de ce fait découlent plusieurs conséquences propres à expliquer toute l'histoire chimique de la benzine et de ses dérivés. On voit aussi que l'ensemble est homogène, bien stable et équilibré ; aussi la molécule, grâce à l'harmonie de sa structure, résiste à merveille aux efforts dissolvants de la chaleur et des réactifs chimiques les plus efficaces.

Les carbures qui se rattachent à la benzine ne se comptent pour ainsi dire plus, tant ils sont nombreux ; tous ont au moins un noyau fermé, quelquefois deux ou même davantage ; presque toujours sur ce noyau viennent se greffer des chainons latéraux arborescents. Il est facile de prévoir que les exemples d'isoméries seront aussi nombreux que compliqués ; mais le schéma hexagonal va nous servir de guide.

Tout d'abord, on peut retirer du goudron de houille la méthylbenzine ou « toluène ». C'est de la benzine dans laquelle un des six hydrogènes a fait place au radical monovalent méthyle.

$$\underbrace{C^6H^5 - CH^3}_{\text{Toluène.}}$$

Comme rien ne distingue l'un de l'autre les six hydrogènes, la substitution ne peut engendrer qu'un seul toluène, et, en effet, celui-ci est unique.

L'éthylbenzine $C^6H^5 - C^2H^5$ ou C^8H^{10} offre la même composition brute que la diméthylbenzine ou « xylène » qu'on obtient en chassant du noyau benzénique deux hydrogènes au profit de deux méthyles.

$$\underbrace{C^6H^4 \left\langle \begin{matrix} CH^3 \\ CH^3 \end{matrix} \right. \quad \text{ou } C^8H^{10}}_{\text{Xylène.}}$$

Mais le xylène ne saurait être unique. Comme on peut le prévoir à l'inspection des formules et comme l'expérience le prouve, trois isomères sont possibles. En effet, nos deux méthyles peuvent occuper l'un vis-à-vis de l'autre trois positions distinctes : ou bien ils sont accolés à deux carbones contigus du groupe hexagonal, ou ils se trouvent liés à deux atomes séparés par un troisième, ou finalement ils se rattachent à des carbones symétriquement opposés. Au moyen des figures suivantes, la distinction peut être comprise sans difficulté (1).

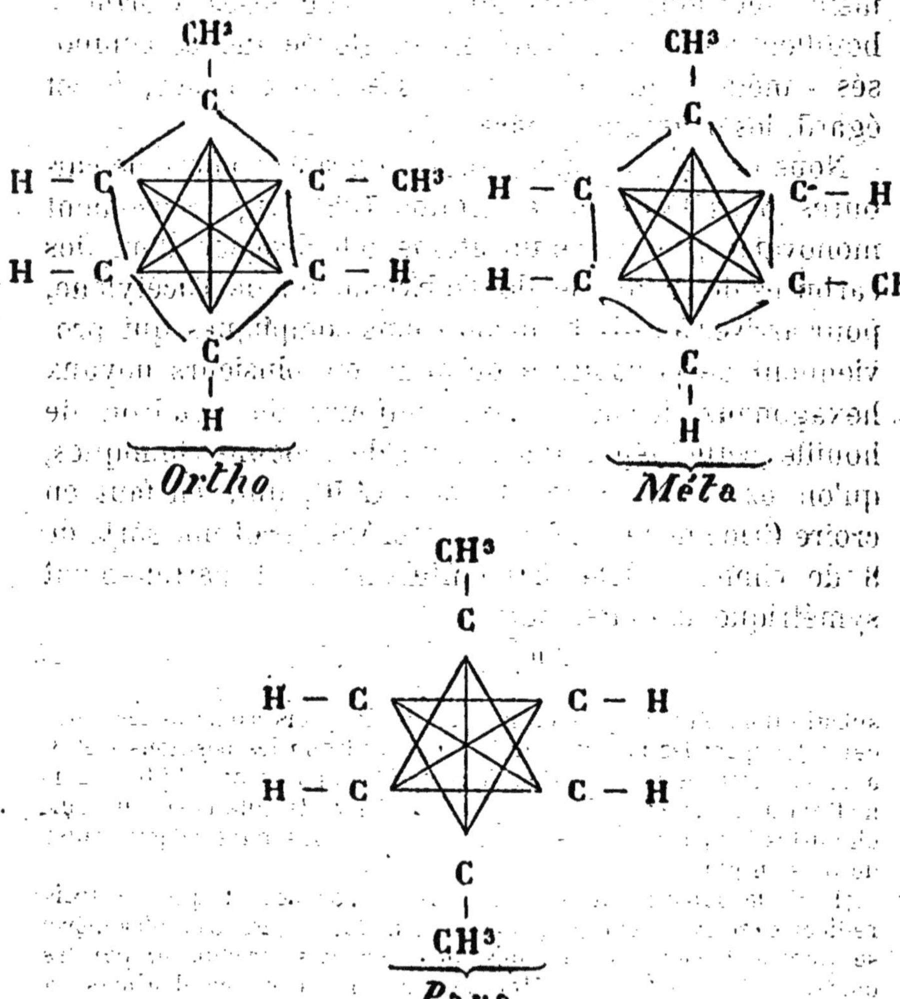

(1) En attribuant toujours le numéro 1 à l'atome d'en haut, dont l'hydrogène est toujours censé disparaître le premier en cas de

Le premier schéma représente l'« orthoxylène », le second le « métaxylène », et le troisième le « paraxylène ». Plus généralement tous les dérivés bi-substitués du noyau benzénique sont tirés par la nature à trois exemplaires, et peuvent tous être distribués soit dans l'orthosérie, soit dans la métasérie, soit dans la parasérie. A cette différence de constitution correspond un phénomène physique persistant : les composés « ortho » bouillent à une température plus élevée que les composés « méta », et ceux-ci surpassent eux-mêmes, à cet égard, les composés « para » [1].

Nous passerons sous silence un grand nombre de carbures dans lesquels le groupe C^6H^5, rigoureusement monovalent, remplace un atome d'hydrogène d'un des carbures de la famille de l'éthylène ou de l'acétylène, pour arriver à ceux beaucoup plus compliqués qui proviennent de la soudure de deux ou plusieurs noyaux hexagonaux fermés. C'est toujours du goudron de houille, cette inépuisable source de produits chimiques, qu'on extrait la « naphtaline » $C^{10}H^8$, qui, s'il faut en croire Erlenmeyer et Græbe, représenterait une sorte de 8 de chiffre couché horizontalement et parfaitement symétrique de toutes parts.

substitution, on voit qu'avec le premier des trois isomères les radicaux occupent les places 1 et 2, avec le second les positions 1 et 3, avec le troisième les situations 1 et 4. L'emploi de ces chiffres, permettant d'économiser les formules détaillées, facilite beaucoup aux chimistes l'exposition de leurs doctrines, et, en somme, se généralise de plus en plus.

(1) Si la substitution affecte trois hydrogènes et que les trois radicaux soient identiques entre eux, les divers cas d'isomérie se ramènent encore au nombre de trois et se traduisent par les chiffres 1-2-3, 1-2-4, 1-3-5. Mais si nos radicaux sont distincts, la complication s'accroît outre mesure, et il faut classer et séparer d'interminables cas particuliers dont l'examen serait long et fastidieux.

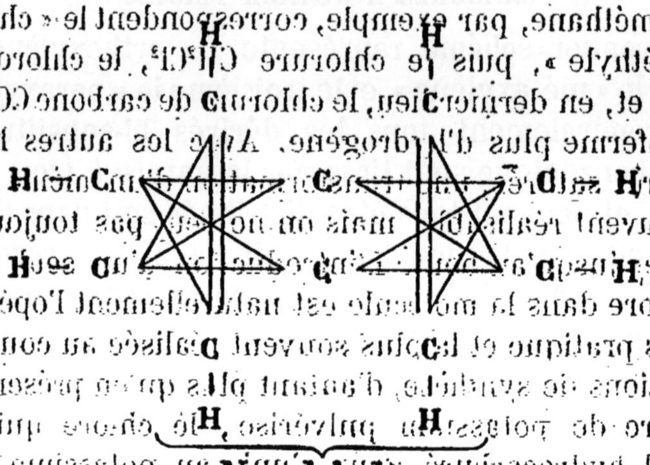

Naphtaline

Le « fluorène » se retire également du goudron de houille et exhibait jusqu'à trois anneaux dans sa formule détaillée que nous nous contentons de signaler. Le « phénanthrène », l'« anthracène », tout aussi fluorescents, et dont l'origine est encore la même, se notent l'un et l'autre $C^{14}H^{10}$ au moyen de symboles d'une forme gracieuse et harmonique, mais dont le mécanisme est trop complexe pour que nous puissions l'exposer ici.

Substitution des éléments halogènes dans les carbures. — Ainsi que nous l'avons déjà répété à plusieurs reprises, au point de vue de la capacité de substitution et de valence, le chlore, le brome, l'iode, sont absolument équivalents à l'hydrogène ; il en résulte que, théoriquement, tous les composés dont nous avons expliqué la nature en quelques mots peuvent échanger leur hydrogène au profit d'un élément de la famille du chlore, sans que, pour cela, l'harmonie de l'ensemble disparaisse.

Au méthane, par exemple, correspondent le « chlorure de méthyle », puis le chlorure CH^2Cl^2, le chloroforme $CHCl^3$, et, en dernier lieu, le chlorure de carbone CCl^4, qui ne renferme plus d'hydrogène. Avec les autres hydrocarbures saturés, une transformation d'un même ordre est souvent réalisable, mais on ne peut pas toujours la pousser jusqu'au bout. L'introduction d'un seul atome de chlore dans la molécule est naturellement l'opération la plus pratique et la plus souvent réalisée au cours des opérations de synthèse, d'autant plus qu'en présence du cyanure de potassium pulvérisé, le chlore quitte le radical hydrocarburé pour s'unir au potassium, et le cyanogène prend la place du chlore, dont il remplit les fonctions, du moins en apparence ; le cyanure de radical monovalent se prête, comme nous le verrons plus loin, à de précieuses décompositions. Au reste, de même que les carbures saturés constituent, pour ainsi dire, des variétés d'hydrogènes condensés, de même les chlorures de méthyle, d'éthyle [1], etc., jouent un rôle qui rappelle un peu celui de l'acide chlorhydrique.

Nous avons déjà dit que les hydrocarbures bivalents comme l'éthylène se combinaient très facilement au

(1) Très souvent le méthane, l'éthane, etc., sont appelés hydrure de méthyle, d'éthyle. Tous ces corps dérivent de la molécule d'hydrogène $\left\{\begin{matrix}H\\H\end{matrix}\right.$ dans laquelle un des atomes ferait place successivement au méthyle, à l'éthyle et consorts $\left\{\begin{matrix}CH^3\\H\end{matrix}\right.$, $\left\{\begin{matrix}C^2H^5\\H\end{matrix}\right.$. De même considérez l'acide chlorhydrique ou chlorure d'hydrogène $\left\{\begin{matrix}H\\Cl\end{matrix}\right.$; substituez à l'hydrogène les groupes équivalents CH^3, C^2H^5 et, vous obtenez les chlorures de méthyle ou d'éthyle.

En particulier, le chlorure méthylique a pris dans l'industrie une certaine importance, depuis qu'on l'emploie pour produire des froids très vifs. On l'utilise à bord des navires pour la conservation des viandes et poissons importés en Europe. L'échange de H contre CH^3 a permis de passer d'un gaz difficilement liquéfiable à un liquide très volatil.

chlore, au brome, à l'iode, pour former des chlorures, bromures, iodures, appartenant au type saturé. Soumises à l'action de la potasse ou de la soude, ces dernières molécules perdent deux atomes et rentrent dans le type des « oléfines », dont l'éthylène ou gaz oléfiant est le point de départ. Toutefois, il faut observer que le carbure primitif ne se reforme point; la potasse, par exemple, dont la formule est KOH, tendra à fournir de l'eau et du bromure de potassium KBr; elle arrachera donc à la molécule un hydrogène, en même temps qu'un brome. Le bromure d'éthylène tombera à l'état d' « éthylène bromé » C^2H^3Br; ce dernier est susceptible de se compléter avec un brome, puis ensuite de perdre de l'acide bromhydrique sous l'influence des alcalis, etc. Grâce à l'emploi de cette méthode lente et pénible, mais sûre, on arrivera à chasser par degré tout l'hydrogène et à isoler le bromure C^2Br^4. Une dernière addition de brome réalisera le « bromure d'éthylène perbromé » C^2Br^4, Br^2 ou C^2Br^6.

Si, de la série grasse, nous passons à la série aromatique, nous voyons tout de suite que les éléments de la tribu du chlore peuvent sans difficulté remplir les fonctions de l'hydrogène, tantôt à l'intérieur même du noyau benzénique, lequel bien entendu conserve sa structure propre, tantôt dans les chaînons secondaires. Lorsqu'on opère à froid avec les homologues de la benzine (toluène, xylène...), c'est le dernier phénomène qui se produit, et le composé résultant de la substitution est tellement stable, que la potasse elle-même ne saurait dérober le chlore ou le brome à l'atome de carbone auquel il semble rivé. Jamais le produit obtenu n'est seul de son espèce; deux au moins des trois isomères prévus par la théorie prennent toujours naissance; par exemple, l'action du brome sur le toluène fournit concurremment de l' « orthobromotoluène » (1-2), et du « parabromotoluène » (1-4) facile à séparer, puisque le premier est liquide et le dernier est solide.

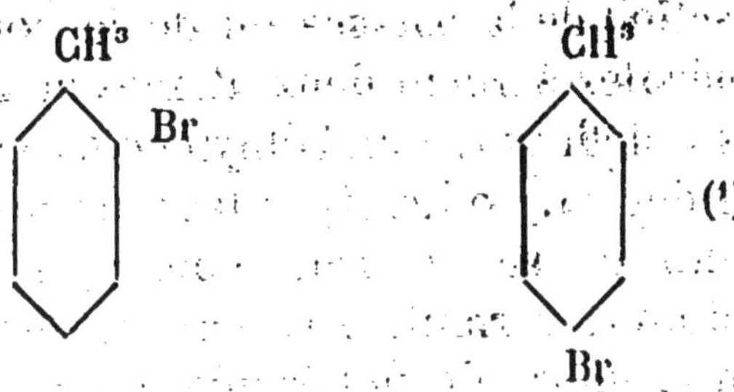

Au contraire, les corps halogènes, fonctionnant à chaud, s'insinuent dans les groupes latéraux seulement; le toluène, par exemple, fournit le « chlorure de benzyle » isomère avec les toluènes chlorés, mais qui est unique dans son genre, et, de plus, ne résiste que médiocrement aux réactifs.

Enfin, on peut introduire du chlore à la fois dans les chaînes latérales et dans le noyau.

Si on fait agir le chlore sur la benzine en présence des rayons solaires, on parvient à créer des produits d'addition contenant tous une molécule de benzine, avec des proportions croissantes de chlore, Cl^2, Cl^4, Cl^6 et jusqu'à Cl^8, dernière limite. Chaque fois que l'on insère une molé-

(1) Presque toujours, lorsque les six atomes centraux restent étrangers à la substitution, les chimistes actuels conviennent, afin d'abréger les écritures, de tracer d'abord un hexagone qui simule, non seulement les six carbones, mais aussi les hydrogènes primitifs non altérés. Seuls les radicaux introduits sont explicitement rappelés, eu égard aux positions qu'ils occupent.

cule de chlore, la constitution du noyau benzénique change, parce que deux valences réunissant une paire d'atomes deviennent libres, mais lorsqu'on est parvenu au terme suivant :

Cl H
C
H Cl C C Cl H
H Cl C C Cl H
C
H Cl

le gain d'une nouvelle paire d'atomes de chlore n'est plus possible, à moins que la chaîne ne cesse d'être fermée; il faut donc que l'hexagone se déchire ; la molécule, à la suite de la rupture, devient linéaire, et, au lieu de se rattacher au type aromatique, rentre dans le type de la série grasse ; dans le composé $C^6H^6Cl^6$ on reconnaît en effet un dérivé de l'hexane, sixième hydrocarbure saturé. Du reste, jusqu'à ce que la transformation finale soit accomplie, si au moyen de la potasse bouillante on enlève le chlore, les liaisons transversales se reforment et la structure de la benzine reparaît absolument intacte. De là sorte, l'hexachlorure de benzine dont on vient de tracer la formule développée fournit de la benzine trichlorée.

Cl Cl

Cl

§ III. — Alcools et phénols; aldéhydes et acétones; acides et éthers.

Alcools de la série grasse. — L'alcool du vin, — dont nous n'avons point à rappeler ici ni l'origine ni les propriétés physiques ou physiologiques, ni les emplois médicaux ou industriels, — soumis d'abord à l'analyse élémentaire, puis volatilisé et pesé à l'état de vapeur, accuse la formule brute C^2H^6O ; il serait donc assimilable au carbure C^2H^6 nommé éthane, augmenté d'un atome d'oxygène. Or, l'éthane, se trouvant faire partie de la classe des carbures saturés, ne peut s'être réuni purement et simplement à l'oxygène sans avoir modifié sa propre constitution. Mais dans quelle mesure ? Un procédé de préparation de l'alcool, d'ailleurs purement théorique et aussi peu usité dans les laboratoires que dans les usines, va nous indiquer la solution de ce problème. On n'a pas oublié que l'éthane est capable de troquer, sans modifier en rien son type moléculaire, un des hydrogènes contre un atome d'iode, de brome ou de chlore. Le corps C^2H^5Cl par exemple, soumis à l'action de la potasse, fait avec cette base la double décomposition :

$$\underbrace{C^2H^5.Cl}_{\text{Chlorure d'éthyle.}} + \underbrace{K.OH}_{\text{Potasse.}} = \underbrace{KCl}_{\text{Chlorure de potassium.}} + \underbrace{C^2H^5.OH}_{\text{Alcool.}}$$

Il se forme du chlorure de potassium et l'oxhydryle OH, radical qui, nous le savons, joue un rôle équivalent à celui des corps halogènes, remplace le chlore du chlorure d'éthyle. Le corps $C^2H^5.OH$ appartient au type eau ; l'atome bivalent d'oxygène est lié d'une part à l'hydrogène, et d'autre part au groupe éthyle assimilable à l'hydrogène :

$$\underbrace{O<^{H}_{H}}_{\text{Eau.}} \qquad \underbrace{O<^{C^2H^5}_{H}}_{\text{Alcool.}}$$

Si l'on tient à retracer un symbole de constitution plus détaillé, il faut écrire de la façon suivante :

$$H^3C - C \leqslant^{H^2}_{O - H}$$

ou tout au moins :

$$H^3C - CH^2.OH.$$

L'alcool sert de modèle à une classe extrêmement nombreuse de composés et l'extension successive de la définition s'est étendue si loin, que bien des « alcools », du chimiste moderne, n'ont avec leur type primitif qu'une ressemblance assez confuse, résultant de certaines analogies de fonctions d'ordre purement théorique. En tous cas, on ne saurait nier les rapports incontestables, de toute nature, qui rattachent à ce même alcool ordinaire l'« esprit-de-bois », dont la notation rationnelle $CH^3.OH$ indique la nature. C'est du méthane dans lequel un hydrogène a fait place à un oxhydryle, permutation que l'on peut réaliser absolument comme on l'a vu tout à l'heure, quand on tient à obtenir l'esprit-de-bois en partant du gaz des marais. Il faut donc nommer l'esprit-de-bois : « alcool méthylique », et même ce composé, occupant le premier rang de toute la série, aurait dû servir à la baptiser, si l'immense notoriété de l'esprit-de-vin n'avait fait pencher la balance en faveur de ce dernier.

Plus volatil que son homologue supérieur, l'alcool

méthylique bout à 66° au lieu de 79°; l' « alcool propylique » $C^3H^7.OH$ bout à 97°; le terme suivant, l' « alcool butylique » $C^4H^9.OH$, entre en ébullition à 115°, et enfin, l' « alcool amylique » ou « huile de pommes de terre » ne se volatilise totalement que dans le voisinage de 130°. Tous ces liquides se rencontrent à très faibles doses dans les vins et eaux-de-vie de vin, mais ils se trouvent en proportion beaucoup plus forte dans les produits de distillation des grains, des betteraves et des pommes de terre. C'est même à leur présence qu'il faut attribuer l'insalubrité notoire de ces boissons ou des cognacs frelatés du commerce, tandis qu'au contraire la pure eau-de-vie de raisin peut être absorbée à doses modérées, sans inconvénients pour la santé, et mérite d'être déchargée en partie de tous les méfaits dont les alcools supérieurs sont responsables.

Le lecteur a dû s'apercevoir de la croissance régulière des températures d'ébullition mentionnées ci-dessus, bien que l'intervalle du premier au second terme soit inférieur à la moyenne générale exigée. Il se trouve en présence d'un cas particulier, dépendant d'une règle approchée très générale qui englobe toute la chimie organique. L'alcool propylique, par exemple, diffère de l'alcool ordinaire par la substitution de CH^3 à H, c'est-à-dire par CH^2 en plus, et ainsi des autres. Ce remplacement de H par CH^3 élève *toujours* le point d'ébullition et le hausse d'une quantité variable, mais rarement inférieure à 15° ou supérieure à 23°, et atteignant en moyenne 18° ou 19°. Seulement, de l'esprit-de-bois à l'alcool ordinaire la différence est trop faible, parce que la loi s'applique mieux avec des molécules riches en atomes. L'on remarquera également une progression trop faible de l'alcool butylique à l'alcool amylique; mais il existe un autre alcool amylique bouillant non plus vers 130°, mais vers 137°, dont le mode de génération est quelque peu différent, et dont les propriétés, bien que très voisines de celles de son congénère, ne sont pas complètement identiques avec les caractères de ce dernier. Pareillement, Würtz avait déjà signalé un deuxième alcool butylique bouillant à 109° seulement au lieu de 115°. Quelle est la raison d'être de ces combinaisons faisant, pour ainsi dire, double emploi? L'anomalie s'explique si l'on examine à nouveau les formules que nous avons attribuées au butane et au pentane. Entre autres modifications, tous deux peuvent exister sous la forme normale ou linéaire

$$H^3C - H^2C - CH^2 - CH^3 \qquad H^3C - H^2C - CH^2 - CH^3,$$

ou sous la forme secondaire avec un symbole bifurqué

$$\begin{matrix} H^3C \\ H^3C \end{matrix} > CH - CH^3 \qquad \begin{matrix} H^3C \\ H^3C \end{matrix} > CH - CH^2 - CH^3$$

Changeons H en OH dans tous les chaînons extrêmes de droite et nous obtenons *deux* alcools butyliques et *deux* alcools amyliques parfaitement distincts. Les uns, figurés par une notation rectiligne, sont dits « normaux » et se relient directement à l'esprit-de-bois et à l'alcool du vin; les autres alcools, avec leurs formules ramifiées, se rattachent au type anormal et se nomment alcools butylique et amylique de fermentation. La différence de leurs points d'ébullition atteint 130° — 109° ou 21°, nombre assez régulier, tandis que le vrai terme supérieur à l'alcool butylique normal est, non l'huile de pommes de terre, mais l'alcool amylique bouillant à 137°.

Les alcools dont l'histoire générale vient d'être esquissée dans les pages précédentes forment une première catégorie : celle des alcools *primaires*. On connaît aussi des alcools *secondaires* ou « iso-alcools », qui prennent naissance lorsque la mutation de H en OH affecte un chaînon CH^2, qui devient dès lors CH.OH. Le plus simple de tous est l'alcool isopropylique :

$$H^3C - CH.OH - CH^3$$

bouillant à 86°, c'est-à-dire 11° plus bas que son isomère, l'alcool propylique. Si, en troisième lieu, un chaînon CH d'un hydrocarbure (alors nécessairement doué de branches latérales) devient C.OH, le composé résultant est un alcool *tertiaire* (Boutlerow). Exemple : l'alcool butylique tertiaire ou « triméthylcarbinol (1) ».

$$\begin{matrix} H^3C \searrow \\ H^3C \longrightarrow C - OH \\ H^3C \nearrow \end{matrix}$$

C'est à Würtz qu'est due la découverte d'une deuxième

(1) En partant de l'alcool méthylique $H - \overset{\displaystyle H}{\underset{\displaystyle H}{\overset{|}{\underset{|}{C}}}} - OH$, auquel on attribue pour la circonstance le nom de « carbinol », il est facile, non seulement de définir, mais même de nommer les diverses classes d'alcool. Si *un* des trois hydrogènes fait place à un radical hydrocarboné monovalent, on a un alcool *primaire*, puisqu'il contient le groupement $CH^2.OH$

$$H^3C - \overset{\displaystyle H}{\underset{\displaystyle H}{\overset{|}{\underset{|}{C}}}} - OH$$

Alcool éthylique ou « méthylcarbinol ».

Si la substitution affecte simultanément *deux* hydrogènes, l'alcool est *secondaire ;* les atomes restants sont alors CH.OH

$$H^3C - \overset{\displaystyle CH^3}{\underset{\displaystyle H}{\overset{|}{\underset{|}{C}}}} - OH$$

Alcool isopropylique ou « diméthylcarbinol ».

En troisième lieu, tous les hydrogènes peuvent être éliminés, tandis que les trois atomes C.OH restent seuls intacts. C'est le cas série d'alcools moins simples dont le premier terme et le plus important de tous s'appelle le « glycol de Würtz (1) », et a fini par imposer un nom à la tribu entière. Lorsque l'on traite l'éthylène bromé $C^2H^4Br^2$ par la potasse, que l'on « saponifie », comme disent les chimistes, un oxhydryle remplace chaque atome de brome et la substance obtenue $C^2H^4(OH)^2$ ou $HO.H^2C - CH^2.OH$ présente la même constitution moléculaire qu'un alcool, sauf que l'addition d'oxygène, au lieu de s'être effectuée à un seul bout de la chaîne, s'est également produite aux deux extrémités. De plus, comme le mode de formation est identique, puisque le glycol dérive du bromure d'éthylène, de la même façon que l'esprit-de-bois $CH^3.OH$ vient du chlorure de méthyle $CH^3.Cl$, il est permis de dire que le glycol de Würtz, de même que ses congénères, présente *deux* fois le caractère alcool, ou bien, comme on l'exprime plus brièvement, ces matières sont des alcools *bivalents* par opposition aux alcools *monovalents* comme l'esprit-de-bois (2).

des alcools tertiaires en général, et, en particulier, de l'alcool butylique que nous venons de citer. Mais on peut citer des exemples plus compliqués. L'alcool suivant

$$\begin{array}{c} C^2H^5 \\ | \\ CH^3 - C - OH \\ | \\ CH^3 \end{array}$$

serait le diméthyléthylcarbinol.

(1) S'il faut en croire certains ouvrages de chimie, le glycol (et non le gly*cool*) doit son nom au goût sucré qu'il possède (γλυκυς, doux); d'autres auteurs affirment que ce terme représente la contraction en un seul mot des deux substantifs *gly*cérine et al*cool*, parce qu'en effet le liquide découvert par Würtz s'intercale naturellement entre la glycérine et l'alcool du vin.

(2) Dans la plupart des traités de chimie moderne, on fait usage des expressions « monoatomiques » ou « diatomiques » au lieu de celles de « monovalents » et de « bivalents » lorsqu'on définit les alcools. Toutefois, nous ne nous écarterons point de la règle que nous avons posée dès le début de cet ouvrage (note de la page 17).

Les glycols étudiés jusqu'à ce jour sont moins nombreux que les alcools monovalents, mais ils peuvent être distribués, non plus comme ceux-ci, en trois ou quatre, mais bien en cinq ou six catégories, suivant que la double substitution de OH à H se produit dans deux chaînons CH^3 (c'est le cas du glycol ordinaire), dans deux chaînons CH^2 ou dans deux chaînons CH. On doit distinguer des glycols deux fois primaires (glycols normaux), deux fois secondaires « isoglycols », ou deux fois tertiaires « pseudo-glycols », sans parler des alcools bivalents à fonctions mixtes, dont l'énumération serait fastidieuse. Il est bon cependant de noter une restriction d'ordre général : jamais on n'a pu réussir à introduire deux oxydryles à la fois dans le même chaînon. Ainsi le glycol suivant $CH^2(OH)^2$, dérivé du méthane, n'existe que sur le papier. Lorsque l'on cherche à l'isoler, il se décompose en eau et « aldéhyde ».

$$\underbrace{CH^2(OH)^2}_{\text{Glycol hypothétique.}} = \underbrace{H - CO - H}_{\text{Aldéhyde formique.}} + \underbrace{H^2O}_{\text{Eau.}}$$

Effectivement, les hydroxyles sont trop voisins pour que l'oxygène de l'un ne cherche pas à se saturer par l'hydrogène de l'autre, pour reformer au plus vite de l'eau dont la stabilité est exceptionnelle.

Progressons encore d'un pas en avant et abordons la glycérine $C^3H^8O^3$, dont la formule développée

$$HO.H^2C - CH.OH - CH^2.OH$$

met en évidence les fonctions alcooliques trivalentes. On n'ignore pas que la glycérine, découverte il y a plus d'un siècle par Scheele, se prépare en masses énormes dans les industries de la savonnerie et des bougies ; c'est même un produit secondaire de valeur médiocre, que les fabricants en gros sont heureux d'écouler à bas prix. Cela n'empêche naturellement pas, ni les parfumeurs de vendre fort cher les flacons de glycérine qu'ils distribuent à leurs clients et surtout à leurs clientes, ni les pharmaciens de faire bien payer aux malheureux diabétiques la glycérine que ces derniers consomment en guise de sucre. Ce sirop, très lourd et à peine jaunâtre, incapable de se vaporiser à la température ordinaire, et bouillant seulement au delà de 250°, sans parler d'un grand nombre d'emplois que nous ne mentionnerons pas, sert à des usages de nature moins inoffensive. En effet, la partie active de la dynamite se compose de nitroglycérine, dont nous parlerons bientôt, en restant toujours, cela va sans dire, dans le domaine de la théorie.

La glycérine — à part un homologue sans importance — est seule de son espèce. Elle doit se comporter et se comporte en effet comme un alcool secondaire, réuni à un double alcool tertiaire. On conçoit facilement l'infinie variété des combinaisons du même ordre, que les chercheurs peuvent espérer découvrir quelque jour, même en tenant compte de l'impossibilité où l'on se trouve de rapprocher trois oxhydryles dans le même chaînon. Ajoutons, pour en finir avec les alcools trivalents, que M. Friedel a jadis réussi à préparer de la glycérine artificielle au moyen des éléments, c'est-à-dire en se servant exclusivement de réactifs obtenus par synthèse; mais, par malheur, nous ne saurions, sous peine de franchir le cadre limité que nous nous sommes imposé, expliquer en détail les transformations ingénieuses qui ont permis à M. Friedel de s'élever par degrés de l'acétylène à la glycérine.

On connaît bien quelques alcools de valence supérieure, mais dont la synthèse n'a pas encore été effectuée. L'*érythrite* de Stenhouse est tétravalente; elle s'extrait de certains lichens et correspond au butane normal. Il suffit d'imaginer qu'un oxhydryle prend place dans chaque chainon de cet hydrocarbure, en déplaçant un hydrogène, et l'on s'aperçoit qu'un pareil alcool est deux fois primaire et deux fois secondaire :

$$\underbrace{HO.H^2C - HO.HC - CH.OH - CH^2.OH}_{\text{Érythrite.}}$$

Après avoir signalé une lacune qui reste à combler et noté que la case réservée aux alcools pentavalents est encore vide, nous terminerons notre rapide énumération, en classant parmi les alcools hexavalents la *mannite*, la *dulcite*, dont la forme brute $C^6H^{14}O^6$ est seule connue, mais dont la constitution nous échappe, abstraction faite de quelques conjectures plus ou moins bien fondées. On obtient la dulcite et la mannite en soumettant à l'influence de l'hydrogène naissant la *glucose* ou la *galactose*, qui s'écrivent toutes deux $C^6H^{12}O^6$.

Si l'on compare, au point de vue des propriétés physiologiques et physiques, le glycol à l'alcool vinique, et, plus généralement, si on fait le parallèle des alcools d'inégales valences (en ne rapprochant, bien entendu, que ceux possédant le même nombre d'atomes et de carbone, ou, si l'on préfère, ceux qui sont issus du même hydrocarbure saturé), on s'aperçoit immédiatement d'une tendance de caractère assez net. A mesure que la valence s'élève, la volatilité tend à diminuer, le pouvoir toxique s'atténue et la saveur s'adoucit peu à peu. La mannite et la dulcite, matières solides cristallisées, ressemblent à coup sûr beaucoup moins à l'esprit-de-vin qu'aux « sucres » en général ; et l'innocuité presque absolue de la glycérine ressort bien mieux, si on tient compte des désordres que produit dans l'organisme l'ingestion de quelques grammes d'alcool propylique.

Phénols et alcools aromatiques. — A force de pousser notre exploration vers des limites de plus en plus reculées, nous sommes amenés à étudier la série aromatique ; et la combinaison que nous rencontrons en premier lieu n'est autre que le « phénol » ou « acide phénique ». Le nom d'acide phénique n'est pas tout à fait impropre, car ce corps, éminemment utile mais d'odeur peu agréable, joue dans certaines circonstances le rôle d'un acide faible ; il est fort corrosif à l'état pur et souvent son emploi externe irréfléchi a provoqué dans les hôpitaux des accidents que jamais l'usage de la glycérine, du glycol ou de l'esprit-de-bois, ne saurait provoquer. Chimiquement le phénol ordinaire est un dérivé de la benzine et, comme elle, se retire du goudron de houille ; on peut aussi le préparer au moyen de deux procédés de laboratoire que nous n'avons pas à décrire, et qui, en somme, reviennent à remplacer dans une molécule de benzine un atome d'hydrogène par un oxhydryle, de façon à réaliser le composé $C^6H^5.OH$. En chassant d'un phénol un des cinq hydrogènes restants au profit d'un méthyle, on obtient tour à tour les trois « crésylols » prévus par la théorie, ortho, méta ou para, suivant les positions relatives mutuelles qui occupent les radicaux : le méthyle et l'oxhydryle. Par exemple, l'orthocrésylol se formule ainsi :

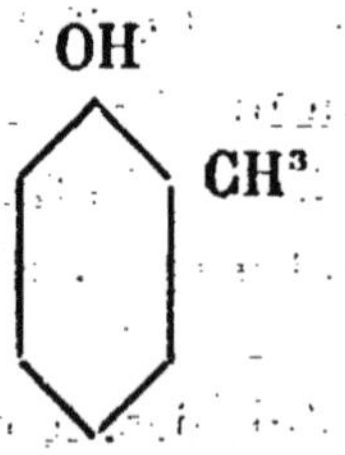

OH

CH³

Dans certains phénols, la substitution peut être encore plus profonde. Exemple : le *thymol*.

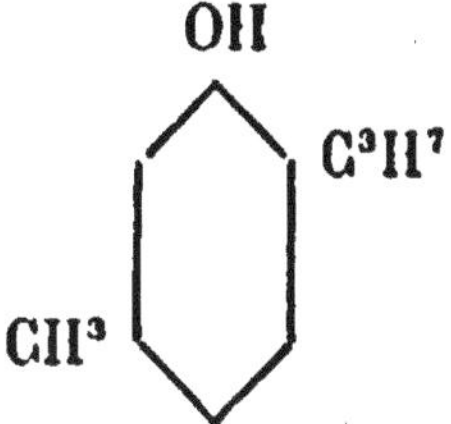

Il existe encore des phénols bisubstitués ou diphénols qui jouent, par rapport à l'acide phénique, le rôle que le glycol remplit vis-à-vis de l'alcool du vin, des « triphénols », qui, dans le même ordre d'idées, feraient les fonctions de glycérines. Tels sont, d'une part, les trois isomères : « pyrocatéchine, résorcine, hydroquinone » $C^6H^4 < {OH \atop OH}$ et le « pyrogallol » des photographes $C^6H^3(OH)^3$ (1).

Somme toute, l'analogie des alcools et des phénols est réelle, mais, l'étude de leurs dérivés nous le prouvera, de profondes divergences séparent les deux groupes. Il n'en est pas ainsi pour les alcools dits aromatiques, qui ressemblent à s'y méprendre aux composés correspondants de la série grasse. En ce qui concerne leur classification, le lecteur n'aura qu'à se reporter aux détails que nous avons déjà fournis relativement à la série grasse : la liste parallèle de la série aromatique est complète : alcools primaires, secondaires, tertiaires, monovalents, bivalents, etc., rien n'y manque. On réalise de semblables composés en introduisant des oxydryles non plus dans le noyau benzénique proprement dit, mais au cœur même des chaînes latérales des carbures homologues de la benzine. Le plus simple de tous, l' « alcool benzylique » $C^6H^5.CH^2.OH$, se rattache au

(1) A la température ordinaire, le phénol, — comme l'acide acétique cristallisable — se présente sous la forme de cristaux très facilement fusibles; il en est de même des crésylols et thymols. Les di et triphénols ne se liquéfient qu'au delà de 100°.

toluène $C^6H^5.CH^3$ et bout à 206° (1); il est forcément unique de son espèce, puisque le toluène n'a pas d'isomères, mais sa formule brute ne diffère pas de celle des trois crésylols mentionnés plus haut. Ajoutons que c'est à M. Grimaux, professeur à l'École Polytechnique, qu'il revient l'honneur d'avoir signalé un glycol et une glycérine aromatique.

De plus, on a réussi à préparer des corps à la fois alcools et phénols, et que, pour cette raison, M. Grimaux a nommés *alphénols*. Exemple : la *saligénine*.

Aldéhydes et acétones. — Lorsque l'on traite un alcool monovalent appartenant soit à la série grasse, soit à la série aromatique, par un agent oxydant, on obtient, comme terme final de la réaction, un acide ou des acides, mais si, au lieu de pousser la transformation jusqu'à ses limites extrêmes, on l'arrête en chemin, en modérant l'influence du réactif, ce qui n'est pas impossible, on provoque la formation de certains produits dont nous devons dire quelques mots.

Précisons les faits. Si l'on s'adresse à l'alcool du vin, dont la formule demi-brute est $H^3C - CH^2.OH$, on peut dérober au groupe déjà oxydé une molécule d'hydrogène qui s'unit à l'oxygène réagissant pour former de l'eau et l'on réalise la combinaison $H^3C - COH$, qu'on peut aussi écrire

$$O = C < {H \atop CH^3}$$

en développant la constitution.

(1) En somme, ce composé représente de l'esprit de bois $CH^3.OH$ dans lequel un atome d'hydrogène serait remplacé par un phényle C^6H^5. L'échange de H contre C^6H^5 suffit pour hausser la température d'ébullition d'environ 140°. Il est facile de généraliser ce principe en substituant à l'alcool méthylique un autre alcool gras, et en admettant que plusieurs phényles peuvent tenir lieu d'un nombre égal d'hydrogènes.

On voit que la soustraction de H^2 a modifié les échanges de valence, que l'oxygène, lié au carbone central non par une, mais par deux valences, occupe une extrémité de la molécule, et qu'enfin l'hydrogène de l'oxhydryle primitif s'est directement amarré à ce même carbone (1).

Le nom d' « aldéhyde » qu'on attribue à notre nouveau composé a besoin d'être expliqué; il signifie « alcool déshydrogéné » et traduit fidèlement la modification que l'alcool a subie. Du reste, cette modification est réversible : un agent réducteur ou hydrogénant impressionnant l'aldéhyde, ferait renaître l'alcool primitif, au lieu qu'un agent oxydant la transformerait en acide acétique : de là vient l'origine du terme complet d'aldéhyde acétique, correspondant à la matière qui nous occupe.

Si, au lieu de choisir comme exemple l'alcool vinique, nous nous étions adressé à l'esprit-de-bois, nous aurions créé l' « aldéhyde formique » correspondant à l'acide formique. C'est la plus simple de toutes.

$$OC < {H \atop H}$$

Aldéhyde formique.

Et les homologues supérieurs de ces alcools primaires chefs de série nous auraient fourni d'autres aldéhydes plus complexes, dans lesquelles H ou CH^3 auraient été successivement remplacés par de l'éthyle, du propyle, etc. Telle est, par exemple, l'aldéhyde butyrique

$$OC < {H \atop C^3H^7}.$$

(1) Le passage de l'alcool à l'état d'aldéhyde correspond à un notable accroissement de volatilité et à un abaissement assez fort du point d'ébullition. Ce fait prouve surabondamment qu'une révolution moléculaire s'est opérée, car, *a priori*, la perte de deux atomes d'hydrogène, élément ultra-gazeux, aurait dû plutôt exagérer la fixité.

L'alcool benzylique engendre l' « aldéhyde benzoïque »,

$$OC < {H \atop C^6H^5},$$

dans laquelle le phényle remplit les fonctions d'un radical alcoolique.

Prenons un alcool secondaire comme l'alcool isopropylique, oxydons-le avec ménagement; nous enlèverons H^2 au chaînon où se trouve l'oxhydryle ; il semble, en effet, que ce chaînon déjà entamé par la substitution de OH à H soit plus attaquable qu'un autre. Du groupement

$$H^3C - CH.OH - CH^3$$

nous passerons au suivant

$$H^3C - CO - CH^3$$

et nous obtenons une « acétone ». Les acétones sont des aldéhydes d'alcools secondaires et présentent une constitution tout à fait analogue à celle des véritables aldéhydes, bien qu'un peu moins simple ; il suffit d'imaginer que l'hydrogène isolé de celles-ci fait place à un groupe alcoolique. Il va sans dire que les deux noyaux hydrocarbonés qui terminent la molécule ou plutôt le symbole d'une acétone peuvent être distincts au lieu d'être identiques.

Avec les alcools monovalents de la série aromatique, on peut encore obtenir d'autres aldéhydes et acétones calqués sur les modèles précédents, et dans lesquelles le phényle tient la place d'un hydrogène ou d'un radical monovalent de la série grasse. En revanche, les alcools tertiaires et les phénols, dont le noyau caractéristique C.OH ne saurait perdre H^2, sont incapables de fournir des composés du même ordre, dans les mêmes circonstances. Si l'on généralise, en s'adressant aux glycols ou aux alcools de valence supérieure, la théorie fait prévoir et la pratique permet quelquefois de réaliser de très nombreux dérivés à fonctions mixtes : aldéhydes-alcools, acétones-alcools et, de plus, des « dialdéhydes-diacétones, » des « aldéhydes-acétones ». Contentons-nous de mentionner l'existence de ces corps, qui n'ont d'intérêt qu'aux yeux des chimistes théoriciens. Il n'en est pas de même des *sucres*.

Lorsque l'on traite par l'hydrogène naissant la glucose, dont certains confiseurs pourraient très bien indiquer l'emploi, et qui, suivant la formule consacrée par tous les ouvrages de chimie, « se rencontre dans le miel, le jus de raisin et l'urine des personnes atteintes du diabète », on obtient la mannite, dont nous avons déjà dit un mot. La glucose différerait donc de la mannite par de l'hydrogène en moins, et, de fait, il ressort de la comparaison des deux symboles que la glucose est à la mannite ce que l'aldéhyde est à l'alcool du vin. Seulement, comme, dans un alcool hexavalent, le caractère alcoolique est accusé six fois, il en résulte que la glucose une fois aldéhyde reste encore cinq fois alcool.

$C^6H^{14}O^6$	$C^6H^{12}O^6$
Mannite.	Glucose.

Dans la deuxième molécule, le carbone, l'hydrogène et l'oxygène sont réunis de telle sorte qu'un mélange de 72 parties de carbone avec 108 parties d'eau offrirait même composition centésimale brute. Les chimistes, sans attacher aucune importance à ce caractère purement fortuit, ont néanmoins voulu le signaler en classant la glucose au nombre des « hydrates de carbone ».

Ces derniers sont assez nombreux et bon nombre d'entre eux sont doués d'une saveur sucrée. Tel est le cas de ceux dont la formule coïncide avec celle de la glucose, dont ils ne diffèrent que par quelques propriétés secondaires : la *lévulose*, la *maltose*, la *galactose* et la *mannitose*, sont notés $C^6H^{12}O^6$. D'autres hydrates de carbone dont le plus connu est le sucre de canne ou de betterave (*saccharose*) (1), sont figurés par un symbole plus complexe $C^{12}H^{22}O^{11}$ ou $C^{12} + 11\ H^2O$. Si on les soumet à l'action de l'eau acidulée bouillante, on introduit dans la molécule les éléments de l'eau, et une décomposition a lieu, qui donne naissance à deux corps de la famille des glucosides. Ainsi traité, le sucre de canne se convertit en un mélange du glucose et de lévulose. Quoique la transformation inverse soit irréalisable, du moins avec les agents dont nous disposons actuellement, les auteurs n'en considèrent pas moins la saccharose et consorts comme formées de deux molécules de glucose de même espèce ou de différents genres soudées ensemble par la perte d'une molécule d'eau, et ils ont interprété cette hypothèse au moyen de l'expression d'« alcools polyglucosiques »

$$\underbrace{O < \begin{matrix} C^6H^7O \equiv (OH)^4 \\ C^6H^7O \equiv (OH)^4 \end{matrix}}_{\text{Sucre de canne.}} + \underbrace{H^2O}_{\text{Eau.}} = \underbrace{C^6H^7O(OH)^5}_{\text{Glucose.}} + \underbrace{C^6H^7O(OH)^5}_{\text{Lévulose.}}$$

Dans le sucre ordinaire, le caractère alcool subsisterait encore, huit fois répété. Il en est de même pour tous les congénères du sucre de canne, dont le plus connu est la *lactose* ou « sucre de lait », employée journellement dans la médecine homœopathique (2).

(1) Lorsque l'on veut obtenir du charbon chimiquement pur, il suffit de calciner du sucre en vase clos; la réaction s'effectue alors sans intervention d'aucune matière étrangère, et le sucre se dédouble purement et simplement en eau et carbone.

(2) Comme, loin de composer un cours sommaire de chimie, nous nous bornons strictement à l'étude parallèle des théories et des

Acides et éthers de la série grasse. — Pour peu que l'on réfléchisse sur les circonstances dans lesquelles le vin ou le moût s'aigrissent, on n'aura pas de peine à comprendre que l'acétification ou la transformation de l'alcool en acide acétique est le résultat d'une oxydation. Dans un laboratoire, il est même possible, comme nous l'avons laissé entrevoir, de mettre en évidence deux phases distinctes et d'arrêter la réaction après le passage de l'alcool à l'état d'aldéhyde. C'est en enlevant H^2 à l'alcool que ce dernier composé prend naissance, et c'est par l'addition d'un oxygène remplaçant d'ailleurs l'hydrogène primitivement dérobé que l'acide dérive de l'aldéhyde. Entre l'aldéhyde et l'acide, il existe le même rapport qu'entre un hydrocarbure saturé et un alcool. L'inspection du petit tableau suivant fera encore mieux ressortir le parallélisme.

$\begin{cases} H^3C - CH^2.H \\ C^2H^5.H \end{cases}$	$\begin{cases} H^3C - CH^2.OH \\ C^2H^5.OH \end{cases}$	$\begin{cases} H^3C - CO - H \\ C^2H^3O.H \end{cases}$	$\begin{cases} H^3C - CO - OH \\ C^2H^3O.OH \end{cases}$
Éthane ou hydrure d'éthyle.	Alcool vinique ou éthylique.	Aldéhyde acétique.	Acide acétique.

L'acide acétique est précédé immédiatement par l'*acide formique*

$$H - CO.OH$$

et suivi par l'*acide propionique* $H^5C^2 - CO.OH$, l'*acide butyrique* $H^7C^3 - CO.OH$, etc. Les acides de la série des alcools monovalents renferment tous le groupe constant $CO.OH$, auquel on a donné le nom de « carboxyle » et qui paraît, du reste, absolument nécessaire à une subs-

notations, nous ne parlerons ici ni de l'amidon, ni de la dextrine, ni de la cellulose ou des gommes, dont la formule rationnelle est à peine soupçonnée et dont le poids moléculaire reste inconnu.

tance organique pour qu'elle puisse remplir les fonctions d'un acide. A ce terme invariable viennent successivement s'adjoindre l'hydrogène, le méthyle, l'éthyle et ainsi de suite. Qu'on suppose un atome de potassium, de sodium ou d'argent, venant prendre la place de l'hydrogène de l'oxhydryle, et il se produira un sel formiate, acétate, etc., dont les caractères généraux correspondent parfaitement aux propriétés des sels de même base et de nature minérale. Il est clair que pour se figurer la constitution d'un sel à métal bivalent, calcium, plomb, etc., il faut réunir par la pensée deux molécules d'acides et remplacer à la fois les deux hydrogènes des hydroxyles par l'atome unique du plomb ou du calcium. Exemple :

$$\left.\begin{matrix} C^2H^3O.O \\ C^2H^3O.O \end{matrix}\right> Pb'' \qquad \left.\begin{matrix} C^4H^7O.O \\ C^4H^7O.O \end{matrix}\right> Ca''$$

Acétate de plomb. — Butyrate de calcium.

Il est essentiel de rappeler, à propos de la constitution des acides, une distinction d'une importance majeure, d'autant plus essentielle à signaler qu'elle s'étend également aux molécules alcooliques et aldéhydiques, et qu'elle ne concerne pas moins la série aromatique que la série grasse. Dans les acides, les alcools, les phénols, l'hydrogène qu'accusent les analyses élémentaires et qu'on représente dans la formule brute se trouve directement rattaché au carbone et alors fait partie du noyau même de la molécule (hydrogène de substitution), ou bien ne se relie au carbone que grâce à l'intermédiaire de l'oxygène (hydrogène typique). En général, toutes les fois qu'une molécule organique est oxydée, elle devient susceptible de renfermer à la fois des atomes d'hydrogène de l'une ou l'autre espèce.

Autant d'hydrogènes typiques dans une molécule d'alcool, autant de valences dans ce même alcool. Le glycol ordinaire est bivalent à raison des hydrogènes qui terminent symétriquement son symbole et qui caractérisent ses allures chimiques ; le rôle des quatre hydrogènes « intérieurs » est beaucoup moins essentiel

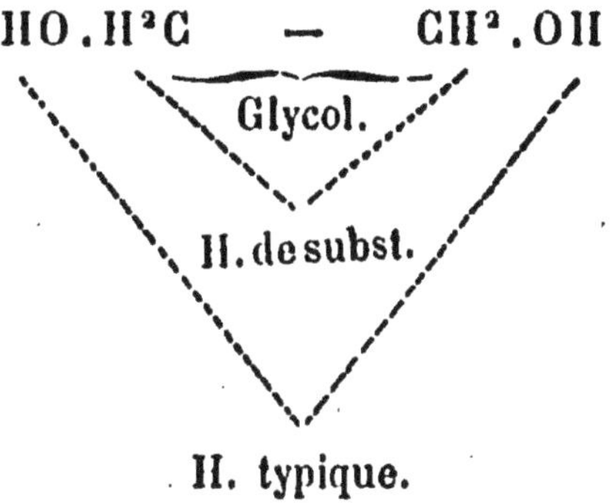

L'acide formique renferme un atome d'hydrogène de substitution contre un atome d'hydrogène typique

H — CO . OH

H. de substitution. H. typique.

Acide formique.

L'hydrogène de substitution d'un alcool ou d'un acide peut être remplacé plus ou moins aisément par un radical alcoolique ; mais, du moment que l'échange est réalisable, le nouveau composé obtenu présente des propriétés similaires de celles de l'ancienne molécule. Du glycol proprement dit, on passe à un glycol supérieur à peu de chose près parallèle à celui-là ; et quand même l'hydrogène de gauche de l'acide formique serait exclu au profit d'un méthyle ou d'un éthyle, la transformation en acide acétique ou propionique influerait médiocrement sur les allures de l'acide gras.

Mais il est possible d'aller encore plus loin et d'insinuer à la place d'un ou plusieurs atomes d'hydrogène de substitution, non des atomes métalliques, mais un pareil nombre d'atomes de chlore, sans troubler pour cela ni le plan général de la molécule, ni même ses tendances principales. Un dérivé très connu de l'acide acétique porte le nom d' « acide trichloracétique »

$H^3C - CO.OH$	$Cl^3C - CO.OH$
Acide acétique.	Acide trichloracétique,

et continue à remplir les fonctions d'un véritable acide correspondant lui-même au « chloral » ou « aldéhyde trichlorée »

$H^3C - CO - H$	$Cl^3C\ CO - H$
Aldéhyde.	Chloral.

Abstraction faite des phénates et des alcoolates, corps de médiocre importance et de faible stabilité, l'hydrogène typique n'est échangeable contre du potassium que dans le cas d'un acide. L'acide acétique fournira de l'acétate de potassium

$$H^3C - CO.OK.$$

Mais, et cette distinction est de la plus haute valeur, l'hydrogène typique, soit des acides, soit des alcools, ne saurait *jamais* faire place à du chlore, du brome ou de l'iode. Lorsque l'on introduit du chlore dans la molécule en s'adressant au chainon OH, le métalloïde remplace exactement OH, et s'emparant du poste occupé par l'hydrogène, chasse l'oxygène en même temps. L'alcool ordinaire fournit le chlorure d'éthyle :

$H^3C - CH^2.OH$	$H^3C - CH^2.Cl$
Alcool.	Chlorure d'éthyle.

Au moyen du chlorure phosphorique, dont l'action

comme chlorurant est extrêmement énergique, on obtient le « chlorure d'acétyle »

$$H^3C — CO.Cl$$

et le rôle des chlorures d'éthyle ou d'acétyle est sans rapport avec celui que remplissent respectivement l'alcool et l'acide acétique.

En définitive, le terme d'hydrogène typique appliqué à ces atomes signifie que c'est d'eux et d'eux seuls que dépendent les propriétés fondamentales et caractéristiques, en un mot, le « type » même du composé.

Le chlorure d'éthyle $C^2H^5.Cl$ ou l' « éther éthylchlorhydrique », ou, plus brièvement encore, l' « éther chlorhydrique », rappelle, grâce à sa structure binaire, l'acide chlorhydrique ou le chlorure de sodium. Il se prépare en saturant l'alcool ordinaire de gaz chlorhydrique, absolument comme le chlorure de sodium prend naissance lorsqu'on arrose la soude d'acide chlorhydrique :

$$\underbrace{C^2H^5.OH}_{\text{Alcool.}} + \underbrace{HCl}_{\text{Acide chlorhydrique.}} = \underbrace{C^2H^5.Cl}_{\text{Éther.}} + \underbrace{H^2O}_{\text{Eau.}}$$

$$\underbrace{Na.OH}_{\text{Soude.}} + \underbrace{HCl}_{\text{Acide.}} = \underbrace{NaCl}_{\text{Chlorure de sodium.}} + \underbrace{H^2O}_{\text{Eau.}}$$

Remplacez l'acide chlorhydrique par un autre acide quelconque minéral ou organique ; substituez à l'alcool un de ses homologues, et le mode de génération, aussi bien que la constitution, communs à tous les corps de la classe des « éthers », se trouvent indiqués. Les éthers se forment à froid, plus souvent avec l'influence d'une douce chaleur, par l'action des acides sur les alcools, avec élimination d'eau (1). Tous sont calqués sur le même modèle et rappelleraient les sels à certains égards si les métaux offraient plus d'analogie avec les radicaux alcooliques qu'ils n'en présentent en réalité. Comme, d'autre part, ces mêmes radicaux sont des homologues de l'hydrogène, il vaut mieux concevoir les éthers comme parallèles aux acides, d'autant plus que si l'on met un éther en présence d'une base, soude, potasse ou chaux, il se détruit avec formation d'un sel correspondant à l'acide éthérificateur primitif, tandis que l'alcool se régénère.

$$\underbrace{C^2H^5.Cl}_{\text{Éther.}} + \underbrace{KOH}_{\text{Potasse.}} = \underbrace{KCl}_{\text{Chlorure de potassium.}} + \underbrace{C^2H^5.OH}_{\text{Alcool.}}$$

Abstraction faite de la complication de la formule, un composé tel que l' « azotate de méthyle » ou « éther méthylazotique » $AzO^3.\ CH^3$ ou $AzO^2.\ OCH^3$ est absolument calqué sur le type du chlorure de méthyle. Mais il existe d'autres cas particuliers moins simples et pour lesquels une courte discussion devient indispensable. Ainsi, l'on éthérifie un alcool pour un acide bibasique comme l'acide sulfurique; que va-t-il se passer? La théorie montre et l'expérience justifie que l'on peut obtenir, soit un éther complet, le « sulfate éthylique »,

$$SO^2 < \begin{matrix} OC^2H^5 \\ OC^2H^5, \end{matrix}$$

(1) Une proportion suffisante d'eau froide ou chaude décompose les éthers et régénère l'alcool et l'acide. Comme, d'autre part, il ne saurait y avoir d'éthérification sans élimination d'eau, il s'ensuit que ce phénomène de production des éthers s'arrêterait de lui-même au bout d'un certain temps, grâce à l'influence de l'eau dégagée, si dans la pratique on n'avait pas soin de séparer les matières obtenues au fur et à mesure qu'elles prennent naissance. Les lois de création des éthers ont été jadis analysées à fond par Berthelot et Péan de Saint-Gilles.

soit un corps à fonctions mixtes, l'acide éthylsulfurique

$$SO^2 < {OC^2H^5 \atop OH,}$$

demi-éther, demi-acide, et, comme tel, susceptible, soit de passer à l'état d'éther complet, soit d'engendrer des sels, les « éthylsulfates », distincts des sulfates ordinaires et jouissant d'une individualité bien nette.

Les acides gras, homologues de l'acide formique, se comportent, en somme, absolument à la façon des acides minéraux, et, tout comme ces derniers, sont capables d'éthérifier les alcools avec une grande facilité. Les éthers auxquels ils donnent lieu ne diffèrent de ceux dont nous avons déjà parlé que par leur constitution plus régulière et plus symétrique. Considérons l'éther acétique (acétate d'éthyle)

$$C^2H^3O - O.C^2H^5.$$

Les deux valences de l'oxygène central sont saturées, l'une par un radical alcoolique, et l'autre par un radical acide

$$O < {C^2H^5 \atop C^2H^3O.}$$

Le nombre des radicaux acides ou alcooliques étant considérable, on voit quelle série interminable de combinaisons le chimiste synthétiseur peut fabriquer et sans que de grandes difficultés pratiques viennent l'arrêter. Mais il est beaucoup plus malaisé de réaliser la formation de certaines molécules dont la formule précédente permet de soupçonner l'existence en tant que cas particuliers. L'un de ceux-ci, et le plus intéressant, se présente lorsque les deux groupes rattachés à l'oxygène sont tous les deux de nature hydrocarbonée. Imaginons donc un oxygène retenant captif deux radicaux alcooliques, et nous obtenons les éthers « proprement dits » ou « éthers de Williamson » (du nom du chimiste anglais qui, le premier, les a observés), composés se rattachant au type de l'eau et aussi difficiles à produire que stables une fois engendrés. Il est aisé de concevoir que rien n'empêche d'associer deux carbures pareils entre eux [1], et, de fait, cette coïncidence s'observe avec l'éther commun

$$O < \begin{matrix} C^2H^5 \\ C^2H^5, \end{matrix}$$

ou oxyde d'éthyle, remarquable par la symétrie parfaite de sa formule.

Les pharmaciens qui débitent ce liquide volatil étiquettent leurs flacons « éther sulfurique », dénomination absolument impropre si on prend les termes dans leur acception scientifique, puisque les véritables éthers sulfuriques sont connus et se notent, comme on a pu le voir, d'une façon absolument différente. L'expression n'a de raison d'être que si on se rappelle le mode de préparation de l'éther : on déshydrate l'alcool du vin au moyen de l'acide sulfurique, dont pas une trace n'entre en combinaison [2].

$$\underbrace{2\,(C^2H^5.OH)}_{\text{2 mol. d'alcool.}} - \underbrace{H^2O}_{\text{Eau.}} = \underbrace{(C^2H^5)^2O}_{\text{Éther.}}$$

(1) Si les deux groupes sont différents, l'éther est « mixte » ; sinon, il est « simple ».

(2) Beaucoup de gens du monde se figurent que l'éther est à l'alcool ce que celui-ci est à l'eau-de-vie, c'est-à-dire une sorte de quintessence d'alcool fort riche en esprit. Les apparences semblent leur donner raison, puisque c'est en retranchant de l'eau à l'eau-de-vie de vin qu'on obtient l'alcool des pharmaciens, et que c'est en soumettant ce dernier à une nouvelle soustraction d'eau qu'on ob-

Les chimistes ont réussi, non sans peine, à isoler des composés fort peu stables, et dont l'existence a été longtemps niée ; nous faisons allusion aux anhydrides d'acides plus intéressants pour le théoricien qu'utiles en pratique. Ces anhydrides sont formés de deux radicaux d'acides le plus souvent pareils, mais parfois dissemblables, saturant un atome d'oxygène. Exemple : l'anhydride acétique $O < \begin{matrix} C^2H^3O \\ C^2H^3O \end{matrix}$ dérivant de deux molécules d'acide acétique $C^2H^3O.OH$ soudées ensemble par la perte d'une molécule d'eau. Il est presque inutile de faire ressortir la grande analogie qui rattache, sinon au point de la stabilité, du moins au point de vue de la constitution, les anhydrides d'acide et les éthers de Williamson.

Nous voyons en résumé que l'hydrogène typique des acides minéraux et organiques, de l'eau, qui après tout n'est qu'un acide particulier, s'échange facilement contre des radicaux de nature alcoolique, et que d'autre part l'hydrogène typique des alcools, plus apte encore à la substitution, fait place sans difficulté, non seulement à des groupes acides, mais encore à des groupes hydrocarbonés. Cette faculté de remplacement qui se manifeste avec une grande netteté, si les associations atomiques destinées à être rapprochées sont de natures hétérogènes, est générale, et continue à se manifester dans les acides supérieurs, dont il nous faut parler

tient le terme final de l'évolution : l'éther. Mais les eaux-de-vie ou esprits-de-vin du commerce sont très inégalement riches en alcool pur ou absolu, et réciproquement, si l'on ajoute de l'eau à ce dernier, on peut obtenir des liqueurs de concentration arbitraire ; en d'autres termes, on ne forme que de simples mélanges physiques d'eau et d'alcool. Au contraire, d'un poids donné d'alcool absolu, on ne peut extraire qu'une proportion d'éther fixe et limitée ; une fois obtenu, l'éther, qui, au rebours de l'alcool, se mêle très difficilement à l'eau, l'éther, disons-nous, a beau être « mouillé », il conserve sa nature et ne se convertit nullement en esprit-de-vin.

maintenant. L'oxydation plus ou moins énergique des alcools polyvalents permet d'obtenir des corps qui présentent à la fois un ou plusieurs chaînons acides constitués par l'agglomération CO^2H (carboxyle) et des chaînons alcooliques primaires, secondaires ou tertiaires non altérés. Parfois même, la transformation peut être complétée au point que la fonction alcoolique n'existe plus ; le composé ne joue plus alors que le rôle d'un acide. Hâtons-nous de le dire : la plupart de nos acides, et surtout ceux qui sont utilisés dans les arts ou dans les laboratoires comme réactifs, se retirent directement des sucs végétaux dans lesquels ils se sont formés, et quelques-uns se rattachent à des alcools inconnus.

Sans parler de l'hydrogène de substitution, de pareils acides contiennent deux variétés d'atomes d'hydrogène typique. Les uns, ceux des carboxyles, sont remplaçables par des métaux alcalins, par de l'ammonium, ou par des radicaux d'alcool : les autres ne peuvent céder la place qu'à des homologues du méthyle ou de l'acétyle. Pour caractériser la nature d'un acide, on comptera d'abord le chiffre total des oxhydryles qu'il présente, et, d'après leur nombre, on estimera la « valence » de ce même acide ; puis on appréciera la « basicité », comme on a vu au § 4 du précédent chapitre, c'est-à-dire en énumérant les hydrogènes susceptibles d'être chassés au profit d'un métal. Il est clair que la basicité pourra être égale à la valence dans certains cas particuliers, mais sans jamais pouvoir la surpasser ; généralement elle lui sera inférieure.

La seule énumération des noms de toutes les molécules fonctionnant comme acides polyvalents nous prendrait plusieurs pages de ce volume, et l'histoire complète de ces molécules doublerait l'ouvrage. Néanmoins, comme nous avons hâte de sortir de l'abstraction et qu'il faut à tout prix éclairer nos théories par des exemples, nous dirons quelques mots de trois substances du plus grand intérêt et dont les emplois journaliers sont connus de tous.

Poison violent et d'autant plus perfide que sa blancheur permet de le confondre avec d'autres matières innocentes, l'acide oxalique constitue en revanche un précieux réactif qualitatif et quantitatif, et sert en outre à la préparation de l'oxyde de carbone. On l'obtient au moyen de divers procédés ; le seul qu'on n'emploie pas est celui qui consisterait à partir du glycol

$$HO.H^2C - CH^2.OH$$

et à oxyder complètement les deux chaînons de façon à obtenir le couple de carboxyles jumeaux

$$HO.OC - CO.OH,$$

qui constitue l'acide oxalique bivalent et bibasique. L'inspection de cette molécule remarquable permet *à priori* de prédire l'existence de deux séries d'éthers et de deux séries de sels, les uns neutres, les autres acides. C'est même à cette dernière catégorie que se rattache le « sel d'oseille » ou oxalate acide de potassium.

Les acides tartrique et citrique n'ont rien de dangereux, puisque les cafetiers en usent journellement pour la confection des limonades et des glaces dites « au citron ». Le premier, mélangé à la poudre de craie et délayé dans l'eau, fait dégager l'acide carbonique du calcaire et fournit de la sorte l'eau de Seltz artificielle. Ce n'est pas tout : le nom de l'acide tartrique a été si souvent prononcé durant le cours des plaidoiries relatives à la palpitante question du plâtrage des vins qu'il n'existe pas, de Narbonne à Aigues-Mortes, un propriétaire viticulteur ou un négociant à qui ce terme ne soit pas absolument familier ; nous terminerons cette digression en signalant l'emploi de l'acide tartrique pour la conservation de certains vins provenant des vignes américaines. Quoi qu'il en soit, considérez la formule rationnelle de la substance

$$HO^2C - HO.HC - CH.OH - CO^2H$$

et vous voyez que l'acide tartrique est formé, comme l'érythrite, de quatre chaînons tous oxygénés, les deux extrêmes étant suroxydés de façon à assurer une double fonction acide (1). Il a déjà été question, au cours du précédent chapitre, de la question de la bibasicité de l'acide tartrique, ainsi que des sels intéressants qu'il forme avec les métaux ou radicaux, et il est superflu de revenir sur ce sujet. Il vaut mieux faire observer que les deux groupes intermédiaires, contenant chacun deux hydrogènes de substitution, caractérisent un alcool doublement secondaire. En somme, le corps est bibasique et tétravalent.

Quant aux éthers tartriques, rien de plus complexe; on en connaît jusqu'à *sept* classes bien distinctes. Dans celle qui est caractérisée par le nombre maximum de phénomènes de substitution, quatre radicaux remplacent les quatre hydrogènes typiques: on peut indiquer comme exemple à l'appui l' « acide diacétyldiéthyltartrique ». Le nom de ce dernier, — outre qu'il n'est pas bref, — est assez impropre, puisque le prétendu acide ne possède plus d'hydrogène typique et se trouve de fait figurer un éther complet, mais il explique la constitution intime du dérivé

$$H^5C^2O.O^2C - OH^3C^2O.HC - CH.OC^2H^3O - CO.OC^2H^5.$$

(1) Il est aisé de voir que l'acide tartrique joue, par rapport à l'érythrite, le même rôle que l'acide acétique par rapport à l'alcool ordinaire.

La synthèse de l'acide tartrique a été réalisée bien avant celle de l'acide citrique, dont la structure est notablement moins simple. Théoriquement, l'acide citrique se rattache à un hexane secondaire; il remplit un rôle tétravalent, mais il jouit non plus de deux, mais bien de trois oxhydryles acides. Le quatrième hydroxyle appartient à un alcool tertiaire, et en définitive la molécule correspond au symbole assez compliqué :

$$\begin{array}{c} CO^2H \\ | \\ CH^2 \\ | \\ HO - C - CO^2H \\ | \\ CH^2 \\ | \\ CO^2H \end{array}$$

Les deux hydrogènes inférieur et supérieur, ainsi que l'atome de même nature situé à droite, peuvent faire place à des groupes alcooliques, tandis qu'au dernier, situé à gauche, on peut substituer un acétyle.

Nous pourrions nous imposer la tâche facile d'énumérer d'autres séries de combinaisons acides dérivées des modèles que nous venons d'étudier au moyen de transformations chimiques peu complexes; nous pourrions faire remarquer qu'il existe des acétones-acides et des aldéhydes-acides, des acides incomplets auxquels il manque un couple d'hydrogènes, et dont la structure est telle qu'il faille supposer qu'un ou plusieurs atomes de carbone se conduisent comme des centres bivalents, des anhydrides d'acides capables de saturer les bases avec les oxhydryles qu'ils possèdent encore. Nous serions en droit, à propos de l'acide tartrique en particulier, de citer deux de ses composés dont la constitution mixte n'est pas dépourvue d'intérêt; avec l' « acide nitrotartrique, — la tendance acide bibasique du type primitif demeure intacte, mais la double fonction alcoolique a disparu à la suite d'une éthérification par l'acide nitrique.

$$HO^2C - O^2AzO.HC - CH.OAzO^2 - CO^2H,$$

Acide nitro-tartrique.

Inversement, les deux groupes extrêmes peuvent être saturés par des radicaux hydrocarbonés, les chaînons intermédiaires étant respectés. Il se forme un éther-alcool secondaire,

$$H^5C^2.O^2C - HO.HC - CH.OH - CO^2.C^2H^5$$

Tartrate diéthylique.

Mais à force de vouloir tout passer en revue, tout citer, nous risquerions de nous égarer dans un labyrinthe de détails. Nous préférons, avant de quitter la série grasse pour la série aromatique, formuler une observation d'intérêt général. Nous avons mentionné divers acides dont la *basicité* était inférieure à l'*atomicité*, et nous aurions été en droit d'ajouter que cette inégalité constituait non l'exception, mais bien la règle en chimie organique. A-t-on découvert en chimie minérale des exemples du même ordre ? L'affirmative est probable *à priori*, car les lois de la chimie ne sont pas spéciales à telle ou telle substance, mais, plus ou moins modifiées, s'étendent à toutes les combinaisons connues; du reste, il y a mieux : l'expérience intervient pour fournir des exemples tout à fait probants qui confirment l'hypothèse. Il a été dit, dans le cours du paragraphe consacré aux sels et aux acides, que l'acide phosphoreux $P(OH)^3$, malgré ses trois hydrogènes, n'était que bibasique. Or, le troisième hydrogène, impropre à la substitution métallique, peut sans difficulté céder la place à un éthyle, aussi bien que les deux autres. Il s'ensuit que l'acide phosphoreux, susceptible d'engendrer trois séries d'éthers, est bel et bien trivalent et renferme un oxhydryle de nature alcoolique.

Acides de la série aromatique. Quinones. — Les composés acides de la série aromatique, du moins en ce qui concerne la structure atomique, ne font guère que doubler les dérivés de la série grasse dont nous venons de dire quelques mots ; l'acide benzoïque $C^6H^5.CO^2H$, qu'on doit choisir comme point de départ, occupe la place de l'acide acétique $CH^3.CO^2H$, succédant immédiatement comme ce dernier à l'acide formique $H.CO^2H$, et voilà toute la différence. L'histoire des aldéhydes (1), des acétones, des éthers qui se rattachent aux carbures à noyaux fermés, nous obligerait à de fréquentes répétitions. Le lecteur a déjà vu ce qu'était un phénol, et il n'a pas oublié que nous avons insisté sur leur rôle de quasi-acide ; nous sommes en droit d'ajouter que cette tendance persiste dans beaucoup de molécules à fonctions doubles ou multiples. Les acides-phénols sont nombreux et importants : nous ne mentionnerons cependant qu'un seul d'entre eux : l'*acide salicylique*,

CO^2H

OH

lequel, après avoir eu en médecine son heure de célébrité lorsqu'on le proposait comme remède contre la goutte, a soulevé et soulève encore journellement des

(1) L'aldéhyde benzoïque est fort connue sous le nom d'« essence d'amandes amères » $HCO - C^6H^5$.

discussions encore plus passionnées depuis que dans certaines brasseries, et surtout en Allemagne, nombre d'industriels en additionnent leurs produits dans le but d'assurer la conservation de la bière destinée à l'exportation. Mais l'exposition de ces débats dans lesquels l'hygiène, l'économie politique et le chauvinisme se trouvent simultanément mis en jeu, nous entraînerait trop loin.

Le nom de l'acide salicylique n'a pas été béni ; mais à coup sûr, jamais il n'a excité le concert de malédictions par lequel l'alizarine a été accueillie lors de son entrée en scène. On n'ignore pas que pour certains département du sud-est de la France, et notamment dans la Vaucluse, la culture de la garance était une véritable source de richesse à cause du prix élevé de la belle teinture rouge qu'on en retirait. Or, depuis plusieurs années déjà, cette matière colorante a pu être, non pas contrefaite ou imitée, mais reproduite chimiquement à l'aide de réactifs et de matières premières assez peu coûteux. Le premier auteur qui ait indiqué la possibilité de cette transformation est un Allemand, M. Grœbe.

La constitution et la synthèse de l'alizarine méritent d'être expliquées. Plutôt que de nous appuyer sur des bases non encore définies, nous préférons revenir sur nos pas et parler encore des diphénols. Si l'on oxyde un des trois diphénols connus, une molécule d'hydrogène s'élimine à l'état d'eau et il reste une « quinone »,

$$\underbrace{C^6H^4 \left\langle \begin{matrix} OH \\ \\ OH \end{matrix} \right.}_{\text{Diphénol.}} + \underbrace{O}_{\text{Oxygène.}} = \underbrace{H^2O}_{\text{Eau.}} + \underbrace{C^6H^4 \left\langle \begin{matrix} O'' \\ | \\ O'' \end{matrix} \right.}_{\text{Quinone.}}$$

molécule de structure très remarquable contenant deux chaînes fermées, celle constituée par le noyau benzénique proprement dit et celle formée par les deux atomes d'oxygène, chacun de ceux-ci échangeant une valence avec son associé, de façon que le radical O^2 n'est, en somme, que bivalent. On se rend encore mieux compte de cette disposition en examinant la formule développée :

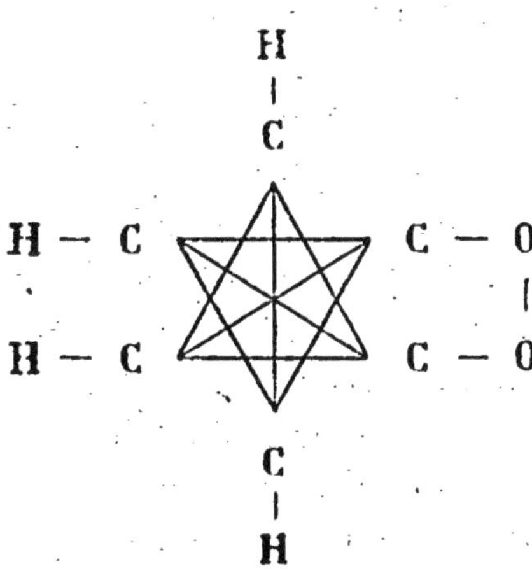

Réciproquement, sous l'action de l'hydrogène, il se reforme un diphénol ; celui-ci n'est, en somme, qu'une quinone hydrogénée, ce que l'on traduit par l'expression d' « hydroquinone », synonyme de celle de diphénol et destinée à mettre en évidence le rapport simple qui relie les deux classes de composés. « Classe » est bien le mot propre, car il existe un fort grand nombre de quinones et d'hydroquinones se rattachant les unes à l'anthracène, les autres au phénanthrène ou à la naphtaline (nous connaissons déjà ces benzines multiples) [1]. Considérons en particulier l' « anthraquinone » $C^{14}H^8(O^2)''$, et déplaçons de ce composé deux atomes d'hydrogène que nous remplacerons par du chlore ou, mieux encore, par du brome. Traitons la « bibromoanthraquinone » $C^{14}H^6Br^2(O^2)''$ ainsi réalisée par la potasse, qui, on ne

(1) Voir page 261.

l'ignore pas, permet de substituer deux oxhydryles aux deux bromes, et nous créons l'alizarine ou « dioxyanthraquinone », pour l'appeler par son nom scientifique. Du reste, l'alizarine n'a pas moins de sept isomères dont l'existence peut être facilement prévue si l'on réfléchit à la complication de sa formule ; et, chose curieuse, l'analyse des racines de garance a permis de retrouver, associé à l'alizarine et à une trioxyanthraquinone (la purpurine), un de ces isomères théoriquement signalés et synthétiquement obtenus par les chimistes : la « purpuroxanthine ».

Nous terminerons ce paragraphe par l'indication de l'acide mellique. Ce corps très curieux, sinon par ses propriétés, du moins par sa constitution, n'est pas un produit de l'art, mais il se présente tout formé dans la nature à l'état de sel d'aluminium. Qu'on se figure de la benzine dans laquelle les six atomes d'hydrogène ont fait place à six carboxyles, de façon à engendrer un acide hexavalent et hexabasique,

$$CO^2H$$
$$|$$
$$C$$

$$HO^2C - C \qquad C - CO^2H$$

$$HO^2C - C \qquad C - CO^2H$$

$$C$$
$$|$$
$$CO^2H$$

On comprendra facilement quelle est la variété infinie des éthers et des sels qu'un pareil symbole permet d'indiquer par avance.

§ IV. — Dérivés organiques contenant des corps de la famille de l'azote ou des métaux.

Même bornée aux seules combinaisons ternaires, au sein desquelles le carbone se retrouve associé à l'hydrogène et à l'oxygène, l'énumération des différentes tribus de composés que les chimistes ont su retrouver au fond de leurs capsules ou de leurs récipients n'a, pour ainsi dire, pas de limites. Que serait-ce donc si l'on réfléchissait que le phospore, le soufre, les métaux eux-mêmes, viennent, dans un bon nombre de cas, s'ajouter aux éléments ci-dessus mentionnés, et tendent soit à s'insinuer dans certains groupes, soit à contribuer à la création de nombreuses molécules ? L'azote enfin, au point de vue de l'importance de ses dérivés hydrocarbonés, occupe une situation tout à fait hors ligne. On peut hésiter, non sans de bonnes raisons, à le considérer comme l'émule de l'oxygène, mais on ne saurait non plus méconnaitre le rôle essentiel qu'il remplit, surtout dans la série aromatique. Si, au lieu de restreindre notre cadre au domaine de la chimie théorique, nous l'eussions élargi de façon à y faire entrer la chimie biologique, nous aurions été obligé d'aller plus loin et de classer l'azote sur le même rang que le carbone, l'hydrogène, l'oxygène.

Amines et amides. — Depuis une quarantaine d'années environ, les chimistes, grâce aux belles recherches qui ont immortalisé le nom de Würtz, connaissent l'existence d'une matière gazeuse dont les caractères sont de nature à faire commettre d'étranges bévues à un observateur, fût-il même assez habile à caractériser les substances usuelles. Voici un fluide doué d'une odeur piquante très caractéristique, facilement absorbé par l'eau, se combinant aux acides avec dégagement de chaleur et production de sels cristallisés. La solution aqueuse de ce même gaz est susceptible de troubler les liqueurs renfermant des sels de mercure, de fer, de manganèse, d'aluminium, en donnant lieu à des précipités diversement colorés; elle est capable aussi de changer en azur intense le bleu pâle des sels cuivriques dilués dans un excès d'eau. En un mot, toutes les propriétés de l'alcali volatil se trouvent réunies. Cependant, le composé dont il est question, qui prend feu au contact d'une allumette enflammée, ne saurait être la véritable ammoniaque, et, d'ailleurs, des recherches plus attentives prouvent qu'il a un poids spécifique notablement supérieur à la densité de cette dernière, et qu'il entre du carbone dans sa constitution élémentaire. La formule brute $AzCH^5$ n'est guère plus instructive que l'ensemble des autres symboles du même ordre ; mais le mode de préparation de notre gaz permet de fixer la formule rationnelle : $AzH^2 (CH^3)$. Nous avons affaire à de l'ammoniaque AzH^3, dont un hydrogène a disparu et a été remplacé par un radical que nous connaissons bien : le méthyle. Celui-ci, une fois entré en combinaison, est capable — bien des exemples nous l'ont appris — de tenir lieu d'hydrogène; mais, dans aucune circonstance, les modifications de propriétés causées par le remplacement n'étaient aussi faibles. L'accroissement du poids moléculaire a provoqué une hausse de 35° du point d'ébullition ; et, d'autre part, l'introduction d'un atome de carbone et de deux nouveaux hydrogènes a suffi pour rendre combustible le fluide obtenu. Mais les caractères primitifs essentiels sont restés immuables.

Conformément aux usages reçus en chimie organique, le composé dont nous venons de parler devrait se nommer « méthylammoniaque », mais on a préféré se servir du terme plus euphonique de « méthylamine » ou bien de celui de gaz « méthyliac », pour indiquer nettement l'analogie avec le gaz « ammoniac ». On n'a pas eu besoin de forger des expressions de même ordre terminées en « ac » pour les autres ammoniaques composées obtenues avec l'éthyle, le propyle, etc., puisqu'elles constituent non plus de véritables gaz, mais des liquides plus ou moins volatils, et on les a baptisés du nom générique d' « amine ». Le point d'ébullition se relève progressivement à mesure que le radical substitué devient plus complexe. L' « éthylamine » $AzH^2 (C^2H^5)$ bout à 19°; la « propylamine » $AzH^2 (C^3H^7)$ bout à 50°.

La propylamine, en particulier, a cela d'intéressant qu'elle n'est pas unique de son espèce; on lui connaît un isomère bouillant à 32°. La présence de cette « doublure » s'explique par les mêmes raisons qui nous ont conduit dans le paragraphe précédent à prévoir l'existence de l'alcool isopropylique. En somme, qu'est-ce qu'une amine? Une ammoniaque dont l'hydrogène a été substitué au profit d'un groupe alcoolique, avons-nous dit, mais on peut répondre aussi, en adoptant une définition plus générale, que c'est un alcool dont l'oxhydryle caractéristique s'est éliminé en faisant place au groupe AzH^2 ou « amidogène » (il eût mieux valu, assurément, dire « aminogène »).

$C^2H^5.OH$	$C^2H^5.AzH^2$
Alcool éthylique.	Éthylamine.
$H^3C - CH^2 - CH^2.OH$	$H^3C - CH^2 - CH^2.AzH^2$
Alcool propylique.	Propylamine.
$H^3C - CH.OH - CH^3$	$H^3C - CH.AzH^2 - CH^3$
Alcool isopropylique.	Isopropylamine.

Dès lors, on conçoit que l'introduction de l'amidogène soit dans un chaînon CH^3, soit dans un chaînon CH^2, produise deux composés isomères, mais bien distincts.

Toutes les amines que nous venons d'énumérer sont « primaires », parce que la substitution ne porte que sur un seul des trois atomes d'hydrogène de l'ammoniaque, qu'on suppose, par définition, être le premier. Mais, comme les deux autres atomes n'ont pas perdu pour cela leur faculté d'échange, on peut prévoir l'existence d'autres ammoniaques plus complexes, qui, du reste, ont toutes été préparées et qui constitueraient des amines « secondaires » ou « tertiaires », avec deux ou trois radicaux alcooliques retenus par l'azote. Rien ne s'oppose à ce que les groupes hydrocarbonés soient identiques ou différents.

La nomenclature des ammoniaques composées est fort simple, et, du reste, elle est conforme à la règle généralement adoptée en chimie organique. On fait précéder le terme amine qui indique la fonction typique par les noms des radicaux substitués, précédés, s'il y a lieu, des syllabes indicatrices *bi*, *tri*. On utilise dans l'industrie un amine qu'on extrait des résidus de mélasses de betterave ; son symbole étant $Az(CH^3)^3$, on l'appellera « triméthylamine » (tertiaire) (1). Il faudrait traduire la notation $Az \left\langle \begin{matrix} CH^3 \\ C^2H^5 \\ C^3H^7 \end{matrix} \right.$ par « méthyléthylpropylamine ».

Ce terme peut paraître un peu long ; toutefois il est possible d'en trouver de plus compliqués encore, lors-

(1) Il semble qu'à mesure que le nombre et le poids moléculaire des radicaux substitués s'accroissent, la solubilité des amines dans l'eau tende à diminuer. Ainsi, une des amylamines d'une part, et d'autre part la triéthylamine $Az(C^2H^5)^3$, ne se mêlent pas à l'eau, tandis que les premiers termes de la série se dissolvent aussi bien que l'ammoniaque.

qu'il s'agit de nommer les sels des ammoniums provenant de la soudure des amines complexes avec les chlorures, bromures et iodures alcooliques, lesquels, avons-nous dit, fonctionnent à la façon des acides chlorhydrique, bromhydrique et iodhydrique. Il est de fait qu'il serait peu pratique, dans le langage courant, de parler du « chlorure de diméthylpropylamylammonium » ($Az(CH^3)^2(C^3H^7)(C^5H^{11})Cl$) ou de l'« iodure de méthyléthylpropylbutylammonium » ($Az(CH^3)(C^2H^5)(C^3H^7)(C^4H^9)I$), mais comme il s'agit de corps dénués d'importance et qu'on a rarement occasion de citer dans les leçons de chimie ou dans les mémoires scientifiques, on continuera pendant longtemps encore d'employer ces interminables expressions aussi propres à délier la langue des étudiants chimistes qu'à fournir de faciles plaisanteries aux journalistes à court de copie.

Primaires, secondaires ou tertiaires, les ammoniaques composées fournissent toutes des sels et presque toutes des hydrates, parallèles aux hydrates et aux sels de même ordre fournis par l'ammoniaque. Quant aux ammoniums, même quaternaires, ils ne cessent de se modeler sur le radical AzH^4, et, circonstance importante en pratique, les chlorures les plus complexes, comme ceux que nous avons donnés en exemple, continuent de s'unir au chlorure de platine et précipitent des liqueurs platiniques des sels doubles de platine et d'ammonium de couleur jaune, presque insolubles dans l'eau. Il est possible de figurer l'ensemble de ces chlorures doubles au moyen du symbole général

$$PtCl^4.2Az\left\{\begin{matrix}R\\R'\\R''\\R'''\end{matrix}\right\}Cl.$$

les lettres R, R', R'', R''', désignant à volonté, soit de l'hydrogène, soit un radical hydrocarboné quelconque.

Le caractère alcalin subsiste dans les amines, comme dans l'ammoniaque, beaucoup mieux marqué, tant que les groupes introduits n'ont pas trop alourdi la molécule, peut-être un peu plus atténué, mais encore parfaitement net, s'il s'agit des termes les plus élevés de la série. La raison de ce fait est facile à saisir; nos remplacements successifs n'ont introduit avec l'hydrogène, élément essentiellement électro-positif, que du carbone, corps à tendances médiocrement accusées, dont le rôle inerte consiste principalement à servir de lien et de ciment entre les autres atomes de la molécule. Il n'est plus de même dans le cas des *amides* (1); on nomme ainsi les produits de déshydratation des sels ammoniacaux se rattachant aux acides monobasiques. Par exemple, considérons l'acétate d'ammonium représenté par la formule $C^2H^3O.OAzH^4$; cet ensemble devient, après la perte d'une molécule d'eau, perte qui affecte invariablement le groupe de droite, dont les matériaux ne sont pas très solidement unis entre eux,

$$C^2H^3O.AzH^2.$$

On reconnait de l'ammoniaque, dont un hydrogène aurait fait céder la place à un radical acide, nécessairement oxygéné. En somme, un amide ne diffère d'une amine que par la présence d'un radical acide au lieu d'un radical alcoolique. Seulement, au point de vue des propriétés et des tendances générales, il s'en faut que la substitution dans l'ammoniaque de l'un ou de l'autre groupe soit chose indifférente, puisque l'on ne retrouve plus dans les amides les propriétés si énergiques et si franches de l'ammoniaque, et c'est à la présence de l'a-

(1) Ce mot est-il une contraction de *am*moniaque-ac*ide*, de même qu'amine dériverait d'*am*moniaque-alcal*ine*?

tome électro-négatif d'oxygène qu'on doit attribuer cette perturbation. Il existe des amides-amines dans lesquelles l'azote peut être à la fois saturé par des radicaux acides et par des radicaux carbonés et des amides secondaires ou bisubstitués, mais, en revanche, les amides tertiaires sont à peine connues. Ce fait n'a rien de surprenant : l'azote ne saurait s'accommoder facilement, au lieu de trois atomes d'hydrogène, de trois radicaux à tendances électro-négatives ; tout au plus est-il capable d'en subir un ou deux.

Il existe des amides et des amines dérivant d'alcools bivalents ou polyvalents : effectivement, enlevons par la pensée un des deux oxhydryles du glycol $C^2H^4 < \begin{matrix} OH \\ OH \end{matrix}$, et il nous reste un radical monovalent $(C^2H^4\text{-}OH)'$ qui peut prendre la place d'un atome d'hydrogène dans l'ammoniaque et fournir le composé $AzH^2(C^2H^4\text{-}OH)'$, qu'on a obtenu synthétiquement. Plus généralement, l'amidogène s'intercale aux lieu et place d'un oxhydryle, soit d'un glycol, soit d'une glycérine, et cette faculté de substitution n'est pas limitée : les oxhydryles, les uns après les autres, sont tous également capables de s'éliminer devant l'amidogène. Les composés ainsi formés s'appellent « diamines » ou « polyamines », expressions qu'il nous faut élucider : on a voulu marquer ainsi que ces substances, loin de rattacher au type simple AzH^3, se relient à des types condensés Az^2H^6 ou Az^3H^9. Dans la diamine glycolique

$$H^2Az.H^2C - CH^2.AzH^2,$$

le radical divalent C^2H^4 réunit deux molécules d'ammoniaque primitivement distinctes en occupant à lui seul le poste occupé par deux hydrogènes n'appartenant pas à la même molécule.

$$\left.\begin{array}{l}Az\left\{\begin{array}{l}H\\H\\H\end{array}\right.\\ Az\left\{\begin{array}{l}H\\H\\H\end{array}\right.\end{array}\right\} \qquad Az^2\left\{\begin{array}{l}H\\H\\C^2H^{4\prime\prime}\ (^1)\\H\\H\end{array}\right.$$

Deux molécules d'ammoniaque. — Diamine glycolique.

Le groupe AzH^2 a beau s'implanter dans une molécule polyvalente aux lieu et place d'un oxhydryle, les autres oxhydryles n'en sont nullement affectés et conservent intacts leurs caractères et leurs propriétés. La « glycéramine » de Berthelot

$$H^2Az.H^2C - CH.OH - CH^2.OH$$

demeure encore alcool bivalent une fois primaire et une fois secondaire, et l'on comprend combien de corps à fonctions mixtes peuvent prendre naissance pour peu que les deux chaînons restants soient modifiés d'après les règles que le lecteur connaît déjà. Le plus singulier de l'affaire, c'est que certaines molécules peuvent jouer à la fois le rôle d'un acide et celui d'une base. Prenons l'acide chloracétique, qui s'obtient facilement par l'action du chlore sur l'acide acétique en présence des rayons solaires ; traitons-le par l'ammoniaque, il se produira du chlorure d'ammonium et une sorte de matière sucrée cristallisable, le *glycocolle* (2).

(1) Théoriquement, il pourrait exister des amines telles que deux ou même trois atomes d'hydrogènes de AzH^3 seraient chassés par un radical glycolique bivalent ou par un radical glycérique trivalent. En pratique, jamais ces corps n'ont pu être préparés, et toujours ces mêmes groupes se trouvent appartenir en indivis à deux ou trois amidogènes.

(2) Ce corps a été tout d'abord extrait de la gélatine.

$$\underbrace{ClH^2C - CO.OH}_{\text{Acide chloracétique.}} + \underbrace{2AzH^3}_{\text{Ammoniaque (2 moléc.).}} = \underbrace{AzH^4Cl}_{\text{Chlorure d'ammonium.}} + \underbrace{H^2Az.H^2C - CO.OH}_{\text{Glycocolle.}}$$

On voit comment le glycocolle, qu'on nomme aussi acide glycolamidique, se rattache au glycol ordinaire $HO.H^2CCH^2.OH$. Des deux chaînons symétriques de ce dernier, l'un transformé en carboxyle, exerce les fonctions acides, et l'autre est devenu ammoniacal. Par le fait, ce curieux composé s'unit aux bases telles que les oxydes d'argent ou de zinc pour engendrer de véritables sels, tout en se montrant d'ailleurs capable de se copuler avec l'acide chlorhydrique, en tant qu'ammoniaque composée. Il est juste de dire que la seconde tendance est bien moins énergique que la première et cela pour les mêmes raisons que celles que nous avons déjà suggérées à propos de la médiocre alcalinité des amides.

Puisque ce mot d'amide revient sous notre plume, il est à propos de nous demander s'il existe des combinaisons de cet ordre correspondant aux acides polyvalents, qu'ils soient monobasiques ou non. La réponse doit être affirmative ; il est toujours possible de remplacer un oxhydryle acide par un radical AzH^2, et, comme exemple d'une matière à constitution intéressante et à rôle multiple, on peut citer l' « asparagine (1) », à la fois amine, amide et acide :

$$\underbrace{H^2Az.OC}_{\text{Fonction amide.}} - H^2C - \underbrace{CH.AzH^2}_{\text{Fonction amine.}} - \underbrace{CO.OH}_{\text{Fonction acide.}}$$

Nitriles. Carbylamines. Urées. — Ces trois familles de composés se rattachent naturellement aux ammoniaques

(1) Ainsi nommée parce qu'elle se forme dans les jeunes pousses d'asperge.

complexes et aux amines, et les deux premières ont cela d'intéressant qu'elles présentent des phénomènes d'isoméries aussi curieux à envisager pour le théoricien que profitables au praticien.

Les « nitriles » ont pour type l'acide cyanhydrique, jadis considéré comme parallèle à l'acide chlorhydrique,

$$\underbrace{HCl}_{\text{Acide chlorhydrique}} \qquad \underbrace{HCAz}_{\text{Acide cyanhydrique}}$$

le cyanogène $(CAz)^2$ étant lui-même assimilé au chlore Cl^2. Mais le vrai nom de ce prétendu acide est « nitrile formique », et sa constitution (déjà indiquée page 135) se traduit ainsi

$$\begin{array}{c} C \equiv Az \\ | \\ H \end{array}$$

L'azote trivalent est saturé par trois des quatre affinités du carbone, la quatrième valence de celui-ci retenant l'hydrogène. Ou bien si l'on veut, on peut partir de l'ammoniaque et supposer que le radical trivalent $(C\text{-}H)'''$ a pris la place de trois hydrogènes. Ceci posé, en substituant tour à tour à l'hydrogène le méthyle, l'éthyle, etc., on créera toute une série de dérivés homologues.

Quelle est la raison d'être du terme « nitrile formique » ? C'est que ce dérivé s'obtient en déshydratant le formiate d'ammonium :

$$\underbrace{H - CO.OAzH^4}_{\text{Formiate d'ammonium.}} = \underbrace{2H^2O}_{\text{Eau.}} + \underbrace{HCAz}_{\text{Nitrile formique.}}$$

Deux molécules d'eau sont ainsi arrachées au formiate ; on n'ignore pas que si on n'en avait dérobé qu'une, c'est l'amide formique qui aurait pris naissance. Les amides s'intercalent donc entre les sels ammoniacaux d'une part et les nitriles de l'autre (1). Au surplus, sous l'influence des acides aqueux, la transformation inverse se produit et le nitrile formique redevient formiate ammoniacal.

On peut invoquer deux arguments pour établir qu'en dépit de certaines apparences, et malgré l'existence des cyanures métalliques, l'acide cyanhydrique n'est pas au fond un véritable acide. D'abord il s'unit aux oxacides ou hydracides pour engendrer des sels de nature spéciale ; ensuite, si l'on remplace l'atome d'hydrogène par un groupe alcoolique, on n'obtient pas un éther dans le sens strict du mot. Par exemple, le nitrile acétique n'est pas du cyanure de méthyle, car, traité par la potasse, il ne donne pas de l'acide cyanhydrique et de l'alcool méthylique, mais bien de l'acétate de potassium et de l'ammoniaque :

$$\underbrace{H^3C - CAz}_{\text{Acétonitrile.}} + KOH + H^2O = \underbrace{H^3C - CO^2K}_{\text{Acétate de potassium.}} + AzH^3$$

On voit que dans cette réaction le radical alcoolique n'a pas quitté le carbone, ce qui justifie la formule rationnelle retracée plus haut (2).

Nous avons dit que les « carbylamines » de Gautier présentent la même composition chimique que les ni-

(1) On sait que l'azote et l'oxyde azoteux Az^2O s'obtiennent respectivement par déshydratation de l'azotite et de l'azotate d'ammonium. Tous deux constitueraient donc de véritables nitriles si la fonction ainsi dénommée ne se définissait que par le mode d'obtention.

(2) On connaît encore des nitriles provenant des sels ammoniacaux d'acides bibasiques. L'un d'eux, le nitrile oxalique, n'est autre que le cyanogène libre AzC — CAz, coïncidence d'autant plus facile à prévoir que l'acide oxalique HO.OC. — CO.OH est constitué de carboxyle doublé.

triles; cependant, d'une série à l'autre, les caractères physiques, organoleptiques et chimiques, diffèrent notablement. Il a suffi que le même groupe hydrocarboné, au lieu d'être rivé au carbone, soit venu s'amarrer à l'azote, et que la valence du carbone tombât de quatre unités à deux pour que la molécule, primitivement stable, devienne oxydable, pour que le point d'ébullition s'abaisse, pour que l'odeur s'exhale repoussante. On formule le « méthylcarbylamine »

$$H^3C^2 - Az''' = C''$$

et on peut invoquer à l'appui de cette notation le phénomène de dédoublement par l'eau

$$\underbrace{H^5C^2 - Az = C}_{\text{Éthylcarbylamine.}} + \underbrace{2H^2O}_{\text{Eau.}} = \underbrace{\begin{matrix}CO.OH\\ |\\ H\end{matrix}}_{\text{Acide formique.}} + \underbrace{H^5C^2 - Az = H^2}_{\text{Éthylamine.}}$$

Ainsi que les nitriles et mieux que ces derniers, les carbylamines possèdent des propriétés basiques. Il ne faut pas s'en étonner; l'azote, au lieu d'être lié uniquement au carbone par sa triple valence, se trouve uni à un radical des carbylamines, analogue à l'hydrogène, dont la présence tend à conserver le caractère ammoniacal.

L'acide carbonique $CO < {OH \atop OH}$, dont l'étude serait, à certains égards, mieux placée en chimie organique qu'en chimie minérale, si l'on se conformait aux principes rigoureux de la théorie au lieu de suivre la routine commode imposée par la pratique, l'acide carbonique, disons-nous, est nettement bibasique, quoique ses deux fonctions acides soient très inégales. Au moyen de diverses récoltes synthétiques dont l'exposé serait oiseux, il est facile de substituer aux deux oxhydryles deux amidogènes, et l'on retrouve la diamide carbonique ou « urée », déjà extraite par Scheele de l'urine normale, bien avant que sa composition fût connue et sa molécule reconstituée :

$$CO < \begin{matrix} AzH^2 \\ AzH^2 \end{matrix} \text{ ou bien } \begin{matrix} Az \begin{cases} H \\ H \end{cases} \\ CO \\ Az \begin{cases} H \\ H \end{cases} \end{matrix}$$

Urée.

Ceci posé, nous sommes en droit de déplacer un, deux, trois ou quatre des hydrogènes au profit d'autant de radicaux alcooliques, et de former ainsi des « urées » composées. Si ces mêmes groupes introduits sont acides, nous réalisons des « uréides » dont la constitution est parfois d'une complication extrême. La tendance basique ou ammoniacale disparait alors graduellement pour se changer en une propension acide. La condensation moléculaire peut aussi s'accroître. Dans l'état actuel de nos connaissances, on est en droit de rattacher aux uréides un certain nombre de matières azotées, jadis rangées dans les corps à sérier, et dont l'importance est considérable. Parmi ces substances, dont la structure intime n'est pas encore connue dans tous ses détails, nommons l' « acide urique », lequel constitue une notable portion du guano, et, d'autre part, joue, comme partie constituante du sang, un rôle qui n'est pas négligeable, et n'oublions pas deux principes extraits du cacao et du café : la « théobromine » et la « caféine », dont la synthèse s'effectuera quelque jour. Finalement, le phosphore, prenant la place de l'azote, et le soufre, occupant celle de l'oxygène, fournissent des urées phosphorées ou sulfurées que nous nous contenterons de mentionner en passant.

Phosphines, arsines, stibines, composés organo-métalliques. — Abandonnons momentanément les corps azotés pour nous lancer dans une digression qui s'impose tout naturellement de prime abord, mais qui, petit à petit, nous ramènera au cœur d'une question déjà traitée et d'ordre bien différent : la classification des métaux et la loi de Mendeléjeff.

Nous n'avons plus à insister sur les analogies imparfaites, il est vrai, mais cependant indéniables, qui rapprochent l'ammoniaque et le phosphure d'hydrogène gazeux PH^3 d'une part, l'iodure d'ammonium AzH^4I et l'iodure de phosphonium PH^4I de l'autre. Cette assimilation est d'autant plus légitime qu'aux amines primaires, secondaires et tertiaires, qu'aux ammoniums complexes, correspondent réellement des phosphines et des phosphoniums calqués absolument sur le même modèle. La méthylphosphine $PH^2(CH^3)$ est gazeuse et se diffuse très bien dans l'eau, mais, à mesure que la substitution se complète, que l'ordre des radicaux s'élève, et que les poids moléculaires s'accroissent, les phosphines successivement formées bouillent à des températures croissantes et deviennent rapidement insolubles, grâce à une évolution semblable à celle que nous avons naguère observée à propos des amines, mais cependant plus franche et plus rapide.

Les « arsines » et les « stibines » obtenues en soudant à l'arsenic ou à l'antimoine trois radicaux alcooliques (1), tout en se rapprochant des amines par leur constitution et quelques-unes de leurs propriétés, s'en écartent, à

(1) Les arsines ou stibines primaires et secondaires n'ont pas été préparées jusqu'à ce jour.

certains égards, ce qui ne saurait nous surprendre, les ressemblances de ces deux métalloïdes avec l'azote étant déjà passablement confuses. Une circonstance toutefois est digne de remarque : l'hydrogène arsénié AsH^3, ce poison si redoutable, et l'hydrogène antimonié SbH^3, ne s'unissent pas aux oxacides comme le fait l'ammoniaque, ni même à certains hydracides comme le fait l'hydrogène phosphoré ; leur neutralité est parfaite. Pourtant, les arsines et stibines, simplement parce que l'antimoine ou l'arsenic sont reliés à du méthyle ou à de l'éthyle, tendent à se rapprocher quelque peu de l'ammoniaque et des amines, et se trouvent capables, non seulement de se combiner aux iodures alcooliques (comme l'iodure d'éthyle C^2H^5I), mais même de s'unir à l'oxygène et au soufre. Le radical complexe, associé à l'iode et formé d'un atome d'arsenic ou d'antimoine entouré de quatre groupes carburés, joue parfaitement le rôle d'un métal composé auquel on donne le nom d' « arsonium » ou de « stibonium », suivant le cas. Si on traite l'iodure de tétréthylarsonium, par exemple, par l'oxyde d'argent humide, il se forme de l'iodure d'argent, et un véritable hydrate prend naissance, qui rappelle l'hydrate de potassium ou d'ammonium

$$\underbrace{IAs(C^2H^5)^4}_{\text{Iodure de tétréthylarsonium.}} + \underbrace{AgOH}_{\text{Hydrate d'argent.}} = \underbrace{AgI}_{\text{Iodure d'argent.}} + \underbrace{As(C^2H^5)^4.OH}_{\text{Hydrate de tétréthylarsonium.}}$$

Cet hydrate absorbe les acides avec avidité et fonctionne comme une base puissante (1).

(1) Un autre dérivé de l'arsenic, connu depuis plus d'un siècle, fonctionne aussi comme un radical électropositif, bien qu'avec moins d'énergie que les arsoniums ; c'est le *cacodyle* $As < {CH^3 \atop CH^3}$, qui se double à l'état libre et correspond alors au phosphure d'hydrogène liquide

$$\underbrace{As^2(CH^3)^4}_{\text{Cacodyle.}} \qquad \underbrace{P^2H^4}_{\text{Phosphure liquide.}}$$

Le silicium est susceptible de grouper autour de lui des méthyles ou des éthyles ; mais alors les combinaisons qu'on réalise ne sont, pour ainsi dire, que des contrefaçons des carbures saturés.

$$\begin{array}{c} CH^3 \\ | \\ H^3C - C - CH^3 \\ | \\ CH^3 \end{array} \qquad\qquad \begin{array}{c} CH^3 \\ | \\ H^3C - Si - CH^3 \\ | \\ CH^3 \end{array}$$

Pentane tertiaire (tétraméthylméthane). — Silicium-méthyle ou siliciure de méthyle.

Malgré la présence d'un atome central de silicium, les propriétés fondamentales des homologues du gaz des marais subsistent encore.

Des divers composés que nous venons d'énumérer aux véritables dérivés organo-métalliques, la transition n'est pas brusque, attendu que l'arsenic et l'antimoine, par leurs allures, se rapprochent sensiblement des véritables métaux. Mais, chose singulière ! ces mêmes agglomérations hydrocarbonées, copiant l'hydrogène, le remplaçant, et, en fin de compte, donnant lieu à des molécules calquées fidèlement sur celles de l'ammoniaque et des hydrogènes phosphoré, arsénié, antimonié, peuvent faire ce que les atomes du corps simple sont impuissants à réaliser ; ils entrent en conflit avec les métaux. En traitant l'iodure d'éthyle par un excès de zinc, on obtient, outre de l'iodure de zinc, une certaine proportion de zinc-éthyle (expression allemande employée de préférence à celle d'éthylure de zinc).

$$\underbrace{2Zn}_{\text{2 atomes de zinc.}} + \underbrace{2(C^2H^5I)}_{\text{2 molécules d'iodure d'éthyle.}} = \underbrace{ZnI^2}_{\text{Iodure de zinc.}} + \underbrace{Zn(C^2H^5)^2}_{\text{Zinc-éthyle.}}$$

Le zinc-éthyle constitue un liquide limpide, assez volatil, fumant à l'air, très inflammable. Les amines, phosphines, les silicates méthyliques et consorts, étaient solubles ou insolubles dans l'eau, mais néanmoins indéposables par ce liquide; au contraire, toutes les combinaisons des radicaux alcooliques, non seulement avec le zinc, non seulement avec les métaux quels qu'ils soient, mais aussi avec le bore, sont instantanément décomposés par l'eau en oxydes et carbures homologues du méthane.

On attribue le nom de « composés organo-métalliques » aux produits résultant de la copulation du méthyle, de l'éthyle, etc., avec les métaux. Toutefois, la série dont nous parlons n'est pas absolument complète; les composés organo-métalliques du magnésium, du calcium, du cuivre, du fer, de l'argent, de l'or, du platine, manquent à l'appel. En revanche, les composés mixtes abondent, formés tantôt avec deux groupes alcooliques distincts, tantôt avec des halogènes qui ont réussi à prendre la place de radicaux carbonés, sans que l'économie générale de la molécule ait eu à souffrir.

Comme les associations CH^3, C^2H^5, etc., et plus généralement C^nH^{2n+1} se comportent toujours comme l'hydrogène au point de vue de la capacité de substitution et sont toujours monovalents comme lui, l'examen des molécules organo-métalliques permet de suppléer à l'étude des hydrures absents, et de fournir, peut-être mieux que le fait l'analyse des chlorures, des renseignements utiles sur la valence, et par suite sur la classification des métaux. L'on remarque, en effet, que le sodium et le potassium ne retiennent qu'une agglomération éthylique, que le zinc et le mercure en exigent deux, et le bismuth, trois.

Nous appellerons l'attention du lecteur sur plusieurs cas intéressants concernant le bismuth, l'étain, le plomb, et surtout l'aluminium.

Le bismuth engendre deux dérivés distincts, instables tous les deux, le bismuth éthyle Bi (C^2H^5) et le bismuth triéthyle Bi $(C^2H^5)^3$. L'un n'est pas plus saturé que l'autre, puisque le second, tout comme le premier, est apte à absorber deux atomes halogènes, de sorte qu'en fin de compte, nous apprenons que le bismuth est indifférem-ment tri ou pentavalent, quoique par le fait son caractère trivalent soit un peu plus accusé. Comme nous l'avons déjà répété, ce rôle à double face n'est pas moins manifeste dans l'histoire du phosphore, proche parent du bismuth.

En revanche, le composé organo-métallique que forme le plomb ne peut guère servir à confirmer des notions déjà acquises. Ce métal, sous beaucoup de rapports, est l'analogue du calcium et du baryum; les formules et les propriétés des principaux sels de plomb concordent à merveille avec celles des dérivés alcalino-terreux (1). Une conséquence forcée s'imposait : le plomb était bivalent comme le baryum; seule, l'existence du bioxyde de plomb PbO^2, calqué d'ailleurs sur le modèle du bioxyde de baryum BaO^2, paraissait indiquer une vague propension à la tétravalence. Mais le plomb-éthyle, ou, pour parler plus correctement, le plomb-tétréthyle se notant Pb $(C^2H^5)^4$, il faut bien convenir que la capacité de saturation du métal est mesurée par le nombre quatre. Cette raison, si elle était la seule, ne suffirait sans doute pas à séparer le plomb du calcium, car il serait permis de remarquer que le plomb, à raison de l'exagération de

(1) Le sulfate de plomb, de même que les trois sulfates de la triade du calcium, est insoluble dans l'eau, et surtout dans l'eau alcoolisée. Le carbonate de plomb (*cérusite*) est isomorphe avec les carbonates calcaire et barytique. Du chlorure de calcium, sel très déliquescent, au chlorure de plomb, assez insoluble pour pouvoir servir aux dosages analytiques, la transition se fait tout naturellement par le chlorure de strontium, fort soluble, et le chlorure barytique, médiocrement miscible à l'eau.

son poids atomique et sa situation d'« appendice de triade » (voyez au chapitre II, page 89), n'a pas droit à jouir d'une valence bien immuable. Mais les tables de Mendeléjeff permettent de trancher la question en rejetant définitivement le plomb loin des alcalino-terreux pour le rapprocher de l'étain. Celui-ci forme le « stannétréthyle » $Sn(C^2H^5)^4$, absolument parallèle au méthane, à l'hydrogène silicié, aux chlorures stannique et titanique, et, finalement, au plomb-éthyle dont nous venons de parler; mais la présence des radicaux alcooliques s'attachant à l'étain ou au plomb parvient même à développer ou à provoquer dans les atomes respectifs de ces deux corps simples, le caractère si prononcé qui singularise le carbone. Nous voulons parler de la faculté de soudure mutuelle de deux atomes, formant noyaux, qu'on observe dans l'éthane C^2H^6, qu'on retrouve dans le « stannitriéthyle » $Sn^2(C^2H^5)^6$, et, chose beaucoup plus surprenante, qu'on observe dans le « plomb-triéthyle » $Pb^2(C^2H^5)^6$.

Les chimistes qui s'intéressent aux théories philosophiques de la science moderne, se sont beaucoup préoccupés de la question du poids moléculaire des composés organo-métalliques de l'aluminium. Les premiers observateurs, MM. Odling et Buckton, opérant à quelques degrés au-dessus du point d'ébullition de ces liquides, arrivèrent à un chiffre un peu trop fort pour une molécule de symbole $Al'''(C^2H^5)^3$ ou $Al'''(CH^3)^3$, mais, en revanche, beaucoup trop faible pour s'accorder avec la constitution régulière et probable $(Al^2)^{VI}(C^2H^5)^6$, $(Al^2)^{VI}(CH^3)^6$. On se trouvait en présence d'une énigme assez difficile à résoudre; il ne s'agissait pas, il est vrai, d'une anomalie de même ordre que celle présentée jadis par les chlorures de phosphore ou d'ammonium, ou par l'hydrate de chloral; il n'était question ni de sacrifier la loi d'Ampère, ni de couper en deux des poids atomiques irréprochablement établis; rien ne s'opposait à ce qu'on écrivit AlR^3; mais alors il était au moins singulier, que, contrairement à toutes les règles de combinaisons chimiques, l'éthylure d'aluminium ne fut pas constitué comme le chlorure de même base, dont le symbole se trouvait être Al^2Cl^6. De plus, remarquons-le bien, ce chiffre expérimental ne donnait pas complètement satisfaction aux partisans du symbole réduit, et l'écart ($\frac{1}{8}$ environ) dépassait les divergences que les savants constatent d'habitude entre la théorie et l'expérience.

Plus tard, on observa que les molécules des bromure et iodure aluminique ne renfermaient pas huit, mais bien quatre atomes seulement, et, dans l'intervalle, M. Mendeléjeff développant ses belles conceptions, avait classé l'aluminium non à côté du fer, mais auprès du bore, dont la trivalence est hors de doute et qui fonctionne toujours par atomes simples. M. Pettersson, enfin, il y a quelques mois, réussit à prouver que rien ne distingue, à haute température, le chlorure d'aluminium du chlorure de bore. L'anomalie primitive non-seulement semblait effacée, mais encore ce qui avait été l'exception devenait la règle, et l'aluminium-éthyle, loin de constituer une molécule mal conformée, s'annonçait comme un assemblage susceptible d'atteindre, à température relativement basse, son équilibre définitif.

Cependant les premiers observateurs s'étaient mépris : d'une part, M. Raoult, par l'application de la méthode cryoscopique à la densité gazeuse de l'aluminium-éthyle, s'est convaincu que la formule $Al^2 (C^2H^5)^6$ était la seule véritable; d'autre part, MM. Louïse et Roux, après avoir mesuré à diverses températures cette même densité, en prenant toutes les précautions recommandées par les auteurs les plus compétents, ont pu s'assurer de l'exactitude du symbole doublé; le nombre trouvé diminue, il est vrai, rapidement, lorsqu'on surchauffe, mais ce phénomène, loin de correspondre à une « détente » ou à un dédoublement, est dû à une décomposition progressive en produits hétérogènes. En résumé, l'aluminium peut fonctionner tantôt comme atome double sexvalent, tantôt comme atome simple trivalent, selon le degré de chaleur qu'il subit, mais toutes les molécules ne sont pas capables de résister suffisamment à ce travail intérieur, et se disloquent auparavant sans pouvoir atteindre leur degré normal de condensation.

Composés nitrés. Amines aromatiques. — Le radical AzO^2 (azotyle), qui, malgré sa monovalence nettement définie ne se double qu'à basse température, lorsqu'on le met en liberté, est singulièrement disposé à s'introduire dans les molécules, au lieu et place d'un atome d'hydrogène, absolument comme le feraient le chlore, le brome ou l'iode. A côté des chlorures de méthyle et d'éthyle

$$CH^3Cl \quad \text{et} \quad C^2H^5Cl$$

se rangent le « nitrométhane », et le « nitréthane »

$$CH^3.AzO^2 \qquad C^2H^5.AzO^2.$$

Le « nitroforme » $CH.(AzO^2)^3$ correspond exactement au chloroforme, de même que la « chloropicrine » $CCl^3(AzO^2)$. Il n'est pas permis d'affirmer que toutes ces matières et beaucoup d'autres du même ordre, que nous passons sous silence, sont toutes douées d'une couleur jaunâtre, d'une saveur amère et de propriétés explosives ; toutefois la plupart d'entre elles présentent au moins un de ces trois caractères spéciaux aux corps nitrés. En fait d'explosifs, il n'en est pas de plus dangereux que le fulminate d'argent, dont la constitution présente un vif intérêt : figurez-vous un atome de carbone dont les quatre affinités sont saturées, une par de l'azotyle, une autre par du cyanogène et les deux dernières par deux atomes d'argent (1).

```
        CAz
         |
AzO² — C — Ag
         |
        Ag
```

La nitroglycérine n'est pas un corps nitré dans le vrai sens du mot, mais bien un éther triazotique de la glycérine, c'est-à-dire que le radical azotyle remplace non de l'hydrogène de substitution, mais de l'hydrogène typique; cette dangereuse substance ne rentre donc pas, malgré son nom, dans la catégorie de matières dont nous nous occupons en ce moment. Cette remarque ne s'appliquerait pas à la « nitro-cellulose » ou « fulmi-coton », mais nous avons déjà prévenu le lecteur que nous ne parlerions pas des composés dont le poids moléculaire est inconnu.

Les dérivés nitrés de la série aromatique ne sont pas moins utilisés dans l'industrie que ceux faisant partie de la série grasse, mais ils intéressent bien davantage le théoricien, puisque leurs molécules se laissent peser.

(1) On voit que cette association, sans avoir besoin d'emprunter aucun atome extérieur, contient de quoi fournir directement : 1° Une molécule d'argent libre Ag^2; 2° une molécule d'azote libre Az^2; 3° deux molécules d'oxyde de carbone CO. L'argent et l'azote sortent toujours facilement de leurs combinaisons; l'oxyde de carbone se forme sans difficulté en dégageant beaucoup de chaleur. On conçoit qu'une faible élévation de température amène la destruction complète d'un ensemble dont les différentes parties ont tout intérêt à se séparer. L'expansion subite de l'azote et de l'oxyde de carbone libérés concourent à exhalter les propriétés explosives du fulminate d'argent.

Le mercure engendre un composé de même ordre, un peu moins dangereux, dans lequel un atome de mercure tient la place de deux atomes d'argent $C(AzO^2)(CAz)Hg''$.

De plus, il ne faut pas laisser passer, sans la signaler, une particularité intéressante; nous avons vu naguère le groupe AzO^2 faciliter l'aptitude à détoner, provoquer l'amertume de la saveur et faire virer la couleur vers le jaune, et nous aurions eu le droit d'ajouter que certaines substances nitrées, bien que très différentes des acides par leur constitution, peuvent en quelque sorte être assimilées aux véritables acides, grâce à la faculté dont elles jouissent de former des corps cristallisés. Toutes ces tendances se retrouvent dans la classe de la benzine, plus nettes et plus accentuées, principalement en ce qui concerne la teinte jaune.

Deux exemples suffiront à justifier ce que nous venons de dire, et suffiront d'autant plus qu'il ne s'agit pas de poser une formule absolue. La « nitrobenzine » ou *essence de Mirbane* $C^6H^5.AzO^2$ s'emploie en parfumerie, à raison de son odeur d'amandes amères; sa couleur est peu prononcée, mais il n'en est pas de même de l' « acide picrique » (πικρος amer). Ce dernier s'emploie à deux usages de nature bien différente. D'abord, il constitue pour la soie un excellent colorant, grâce à la pureté de sa belle nuance jaune [1]; ensuite, le picrate de potassium a été fréquemment utilisé comme corps explosif. Au point de vue de la composition chimique, l'acide picrique est du phénol trinitré $C^6H^2(AzO^2)^3.OH$. — On a beau qualifier le phénol d'acide phénique, ce n'est pas un acide à proprement parler, et les phénates, bien que plus stables que les alcoolates, ne sauraient être regardés comme des sels. Mais la triple introduction du groupe AzO^2 accentue cette faible propension au point

(1) Trempez un écheveau de soie dans l'acide nitrique, il jaunira sur le champ. Comme on s'est assuré que lors de la réaction de l'acide azotique sur la soie il se formait de l'acide picrique, il est permis de supposer que c'est ce dernier produit qui colore les fils immergés dans la liqueur acide.

d'en faire une tendance bien caractérisée; l'acide picrique mérite son nom et les picrates dont l'amertume est insupportable sont doués d'une individualité très nette. N'était le danger de son emploi, le sel potassique, presque insoluble dans l'eau, pourrait être utilisé comme réactif.

Reprenons la nitrobenzine, et, conformément aux indications du savant russe Zinin, traitons-la par l'hydrogène naissant : une molécule d'hydrogène H^2 prend la place d'une molécule d'oxygène O^2.

$$\underbrace{C^6H^5.AzO^2}_{\text{Nitrobenzine.}} + \underbrace{3H^2}_{\substack{\text{Hydrogène}\\ \text{(3 mol.)}}} = \underbrace{2H^2O}_{\substack{\text{Eau}\\ \text{(2 mol.)}}} + \underbrace{C^6H^5.AzH^2}_{\text{Aniline.}}$$

L'aniline que nous obtenons semble formée sur le modèle de la méthyl- ou de l'éthylamine. Nous venons effectivement de réaliser une ammoniaque composée aromatique, la plus simple de toutes; elle compte plusieurs homologues à commencer par les trois « toluidines », dérivées du toluène. Seulement, tandis que les amines primaires, de la série grasse, simulent parfaitement la véritable ammoniaque, l'aniline et les toluidines, liquides visqueux insolubles dans l'eau, bleuissent à peine le tournesol. Toutefois ces bases engendrent des sels bien définis. L'introduction, dans la molécule de l'ammoniaque, d'un second et, à plus forte raison, d'un troisième noyau aromatique, affaiblit encore la tendance alcaline; cet effet tient à ce que le radical phénylique ou toluique, s'il remplace à merveille l'hydrogène au point de vue de la stabilité moléculaire, n'arrive qu'à remplir imparfaitement ses fonctions chimiques, en se chargeant d'un rôle dont les groupes alcooliques et surtout le méthyle, le moins riche en carbone, s'acquittent infiniment mieux.

L'aniline et les sels d'aniline sont presque incolores.

Il en est de même des amines reliées aux phénols bivalents et que nous mentionnons seulement en passant, afin d'arriver plus vite aux magnifiques principes colorants de la série aromatique.

Prenons le « triphénylméthane » $CH(C^6H^5)^3$ et remplaçons par un amidogène chaque cinquième atome d'hydrogène du groupe phényle pour obtenir la triamine suivante

$$HC \begin{cases} C^6H^4.AzH^2 \\ C^6H^4.AzH^2 \\ C^6H^4.AzH^2 \end{cases}$$

qui, sous l'influence des agents d'oxydation, donne l' « hydrate de rosaniline »

$$HO - C \begin{cases} C^6H^4.AzH^2 \\ C^6H^4.AzH^2 \\ C^6H^4.AzH^2 \end{cases}$$

Cette matière est incolore comme les précédentes, mais soumise à l'action de l'acide chlorhydrique, elle donne naissance à un sel magnifiquement teinté de rouge : la *fuschine*, jadis employée pour colorer artificiellement les vins. Nous nous dispenserons d'écrire une troisième fois cette formule passablement compliquée ; le lecteur n'aurait, en effet, qu'à remplacer dans le symbole précédent HO par Cl, et il lui suffirait de permuter H en AzO^2 pour obtenir l' « azaléine », qui se réalise pratiquement avec l'acide azotique et dont l'éclat et les usages sont les mêmes que ceux de la fuschine (1).

Ceci posé, dans la molécule de la fuschine, il est possible d'échanger trois hydrogènes ou bien contre trois

(1) Ce qui rend surtout dangereux l'emploi de la fuschine et de l'azaléine, matières presque innocentes par elles-mêmes, c'est que, pour les préparer, on se sert d'oxydants tels que l'acide arsénique, dont les moindres traces peuvent occasionner de graves accidents au cas où la substance colorante aurait été incomplètement séparée du réactif qui a servi à la produire.

méthyles, ce qui nous donne le « violet de Paris », ou bien contre trois phényles, ce qui nous fournit le « bleu d'aniline ». Enfin, l'hydrate de rosaniline, convenablement traité, engendre le « vert-lumière », dont la constitution est trop complexe pour qu'on mette sous les yeux du lecteur la formule qui la traduit. Comme, du reste, nous ne voulons point sortir du domaine de la science pure et tenons à éviter de nous perdre dans les détails de la chimie proprement dite et de ses applications industrielles, nous n'en dirons pas davantage sur cette intéressante question des matières colorantes aromatiques, passant également sous silence les combinaisons azoïques et diazoïques dont l'emploi en teinture est devenu courant. Avant d'abandonner une question à peine effleurée en quelques lignes, observons une règle assez curieuse : les substitutions opérées au sein de molécules incolores tendent à favoriser l'apparition d'une couleur, tandis que la teinte, si elle préexiste, tend, sous la même influence à remonter la gamme spectrale.

La série pyridique. — Ainsi qu'il arrive continuellement en chimie, le cadre englobant les dérivés de la série aromatique a dû être progressivement élargi jusqu'au jour où il a fallu séparer de cette même classe et ranger séparément divers composés assez nombreux, pour occuper actuellement un rang fort honorable à la fin des traités de chimie organique. C'est par l'examen des substances faisant partie de la série pyridique, démembrée depuis peu de la catégorie des corps benzéniques, que prendra fin notre revue sommaire des divers types des molécules organiques.

Théoriquement, la constitution de la *pyridine* (1) est

(1) La pyridine s'extrait des produits de la distillation sèche des os. C'est une base énergique susceptible de fixer les acides.

fort simple. Prenez un hexagone de benzine et remplacez à un des sommets le radical trivalent $(C - H)'''$ par un atome d'azote.

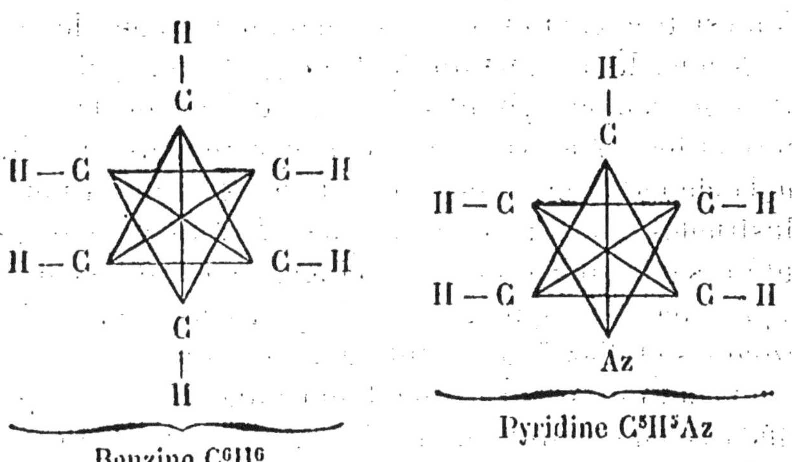

Il reste cinq hydrogènes de substitution. Que l'on remplace un ou plusieurs d'entr'eux par des radicaux alcooliques, par des carboxyles, et voilà toute une longue suite de composés prévus par la théorie et expérimentalement réalisés. En apparence, les phénomènes d'isomérie semblent être les mêmes que dans le cas de la benzine ; par le fait, ils sont beaucoup plus nombreux. Il n'y aura pas moins de trois méthylpyridines, par exemple, suivant que le groupe CH^3 se sera fixé près du carbone voisin de l'azote, ou à côté de celui qui est diamétralement opposé ou bien dans une position intermédiaire. L'explication ne diffère du reste pas de ce que l'on a indiqué à propos du toluène (page 262).

Parmi les produits substitués, nous ne mentionnerons qu'un seul corps, la « quinoléine », d'abord parce qu'elle présente une constitution mixte assez curieuse, et puis parce qu'elle sert de fondement à toute une série secondaire.

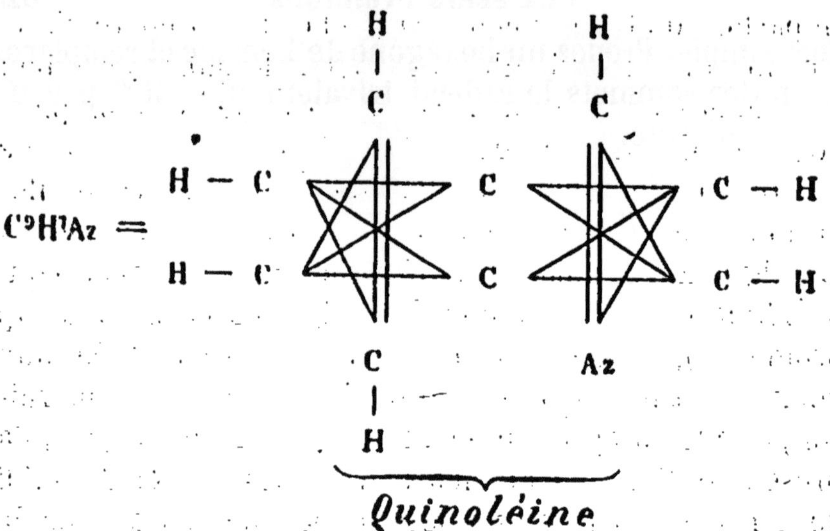

On voit que deux noyaux, l'un pyridique, l'autre aromatique, se sont soudés (¹).

L'histoire chimique de la quinoléine et de ses dérivés, l'étude de ses facultés d'assimilation se trouve être un des sujets les plus intéressants de la chimie du XIXᵉ siècle; nous ne parlons pas seulement au nom de la science pure, mais nous nous plaçons au point de vue thérapeutique et humanitaire. Comme l'étymologie de son nom le fait déjà soupçonner, la quinoléine est une sorte de liquide huileux qu'on retrouve dans les produits de distillation de la quinine. Il est donc non seulement possible, mais probable qu'une relation plus ou moins compliquée rattache la base insignifiante et le précieux alcaloïde. Si l'enchainement des réactions conduisant de la quinoléine à la quinine était connu dans tous ses détails, il serait relativement facile a l'aide des procédés de synthèse si généraux, dont les chimistes disposent actuellement, de préparer artificiellement de la quinine,

(1) Il n'est pas malaisé d'apercevoir l'analogie de structure de la quinoléine et de la naphtaline $C^{10}H^8$.

en partant de la quinoléine. Or, celle-ci se prépare directement et sans difficultés au moyen de substances bon marché et par l'intermédiaire de procédés fort simples. Le jour où, au lieu de sulfate de quinine extrait de l'écorce de quinquina et valant cinq cents francs le kilogramme, le médecin disposera d'un fébrifuge artificiel identique au premier sous tous les rapports, mais coûtant huit ou dix fois moins cher (et ce n'est pas beaucoup promettre), la série aromatique sera réhabilitée aux yeux des esprits chagrins qui observent, non sans raison, que les progrès de la science n'ont abouti jusqu'à présent qu'à ruiner plusieurs arrondissements du midi de la France, à favoriser les fraudes des marchands de vin, et à permettre aux brasseurs allemands d'intoxiquer les consommateurs, au moyen des acides picrique et salicylique.

FIN.

ERRATA ET *ADDENDA*

Page 40, ligne 8 en descendant, au lieu de : *tables claires*, lisez : *tables-claviers.*

Page 85, après le passage suivant : « La molécule du chlore se dissocie la première, puis celle du brome, en dernier lieu celle de l'iode, » ajoutez : Tel paraissait être le résultat des expériences de M. Meyer ; celles de M. Crafts, poursuivies à des températures très élevées conduiraient à un résultat absolument opposé.

Page 92, à la suite de la note (3), ajoutez : La loi périodique avait été soupçonnée, il y a plusieurs années déjà, par un de nos compatriotes, M. de Chancourtois, professeur à l'École des Mines.

Page 132. La règle que nous posons n'est absolue qu'abstraction faite d'un petit nombre de cas particuliers discutés page 147.

Page 150, ligne 12 en remontant, ajoutez à la suite de l'alinéa : Durant l'impression de cet ouvrage, MM. Friedel et Crafts ayant répété les expériences de Nilson et Pettersson relatives au chlorure d'aluminium, ont observé un poids spécifique de vapeur correspondant à l'ancienne formule doublée Al^2Cl^6. La trivalence de l'aluminium n'est donc pas absolument démontrée.

Page 215, ligne 5 en descendant, ajoutez : Divers chimistes n'ont pu réussir à préparer l'alun d'argent annoncé par Church.

Page 302, après le passage : « Ce corps très curieux, sinon par ses propriétés, du moins par sa constitution, n'est pas un produit de l'art, mais il se présente tout formé dans la nature à l'état de sel d'aluminium, » ajoutez : MM. Friedel et Crafts ont opéré la synthèse de l'acide mellique en oxydant l'hexaméthylbenzine au moyen du permanganate de potassium.

TABLE ANALYTIQUE

TABLE ANALYTIQUE

TABLE DES MATIÈRES

IMP. GEORGES JACOB, — ORLÉANS.